A HARMONIA DO MUNDO

MARCELO GLEISER

A HARMONIA DO MUNDO

*Aventuras e desventuras de Johannes Kepler,
sua astronomia mística e a solução do mistério cósmico,
conforme reminiscências de seu mestre Michael Maestlin*

O selo jovem da Companhia das Letras

Copyright © 2006 by Marcelo Gleiser

Grafia atualizada segundo o Acordo Ortográfico da Língua Portuguesa de 1990, que entrou em vigor no Brasil em 2009

Capa
Mariana Newlands

Imagem de capa
O astrônomo (1668), óleo sobre tela de Johannes Vermeer (1632-75).
Museu do Louvre, Paris.

Ilustrações
Mariana Newlands

Preparação
Márcia Copola

Revisão
Arlete Sousa
Carmen S. da Costa

Atualização ortográfica
Página Viva

Dados Internacionais de Catalogação na Publicação (CIP)
(Câmara Brasileira do Livro, SP, Brasil)

Gleiser, Marcelo
  A harmonia do mundo : aventuras e desventuras de Johannes Kepler, sua astronomia mística e a solução do mistério cósmico, conforme reminiscências de seu mestre Michael Maestlin / Marcelo Gleiser. — 1ª ed. — São Paulo : Seguinte, 2021.

  ISBN 978-85-5534-182-3

  1. Ficção brasileira I. Título.

21-76598   CDD-B869.3

Índice para catálogo sistemático:
1. Ficção : Literatura brasileira B869.3
Cibele Maria Dias — Bibliotecária — CRB-8/9427

[2021]

Todos os direitos desta edição reservados à
EDITORA SCHWARCZ LTDA.
Rua Bandeira Paulista, 702, cj. 32
04532-002 — São Paulo — SP
Telefone (11) 3707-3500
www.seguinte.com.br
contato@seguinte.com.br

/editoraseguinte
@editoraseguinte
Editora Seguinte
editoraseguinteoficial

*Aos meus mentores, vivos e mortos,
com gratidão e saudades*

Vidas não podem ser fielmente registradas em papel, sobretudo aquelas que merecem ser recontadas. Mas, se cabe ao escriba, honesto em seu propósito, a missão de relatar uma vida, o relato, inevitavelmente desfigurado e incompleto, consistirá na soma de várias histórias.

PARTE I
Tübingen

Quando a furiosa tempestade ameaça naufragar o Estado, nada mais nobre nos resta fazer senão ancorar nossos estudos no chão firme da eternidade.

Johannes Kepler, carta a Jakob Bartsch,
6 de novembro de 1629

1

Mestre Maestlin ergueu as mãos trêmulas em direção à corda que pairava sobre sua cabeça. Amaldiçoando o torpor do corpo octogenário, o rosto retorcido de dor, esticou os braços até finalmente conseguir agarrar a extremidade da corda: sem ela não podia levantar-se da confortável poltrona, sua favorita, que ficava diante da lareira. E o fogo estava para morrer. Cambaleou na direção dele e reanimou-o. "Quisera poder fazer o mesmo com minha mente", pensou.

Ouviu sons vindos da cozinha. Seu filho Ludwig apareceu, mastigando um pedaço de pão. "Pai, o senhor precisa de alguma coisa? Mais lenha? Leite? Daqui a pouco vou ver meus pacientes."

Ludwig, o médico. Sempre impecavelmente vestido, barba e cabelos ruivos meticulosamente aparados, unhas limpas. Maestlin nunca confiou nele. Alguém tão dedicado à aparência decerto esconde algo. Aquele filho fazia-o pensar nas primeiras amoras da primavera, tão amargas que só podiam ser comidas depois de mergulhadas em mel.

"Não, obrigado, Ludwig. Queria apenas terminar de ler estas cartas", disse Maestlin, apontando para a mesinha ao lado, sobre a qual havia uma pilha de cartas antigas. "Você sabe, são do…"

"Kepler, o astrônomo, é evidente!", interrompeu Ludwig, atirando o resto do pão no fogo. "Não é hora de desistir dessa sua obsessão, pai? Estamos em 1630, faz mais de trinta e cinco anos que Kepler saiu de Tübingen! O que o senhor espera encontrar lendo e relendo as mesmas cartas todo santo dia?"

Maestlin olhou para a corda, perguntando-se se não seria melhor tê-la apertada em torno do pescoço. Pegou a carta do topo, protegendo-a como se fosse um objeto sagrado. "Sei que me considera um velho idiota, perdido no passado. Mas *tenho* de fazê-lo, entende? Só quando decifrar o enigma encontrarei minha paz."

"Que enigma?"

"O enigma que Kepler decifrou. O enigma da mente de Deus."

"Quê? O senhor acredita que Kepler, um mero mortal como nós dois, decifrou a mente do Criador?"

"Kepler não é como nós dois."

"Ah, não? E por quê?"

"Você jamais compreenderia."

"Pai, o senhor é um dos astrônomos mais famosos da Europa. Qualquer pessoa instruída já ouviu falar do seu nome. Não chega? O senhor quer mais o quê?" Ludwig sentiu saudades da mãe. O pai era bem mais razoável com ela por perto.

Maestlin baixou a cabeça e pôs-se a ler a carta.

"Não sei por que perco meu tempo", disse Ludwig. "Muito bem, pai, já vou. A Maria não deve demorar. Imagino que o senhor ainda faça a pobre coitada levá-lo ao mercado, não?"

"É, Ludwig, faço, sim."

Quando Ludwig ia abrir a porta, Maestlin gritou: "Espere! Tem notícias de seu irmão?".

"Recebi uma carta de Michael no mês passado, do mosteiro", respondeu Ludwig, a voz choca como a cerveja dos ingleses. "Escreveu que está adorando a vida de padre jesuíta." Maestlin deixou escapar um longo suspiro. "Odeio ter de lhe dizer isso, pai, mas será que o senhor não devia prestar mais atenção nos que estão à sua volta? O senhor só pensa no filho que abandonou nossa fé e nesse pupilo que não vê há mais de vinte anos", bufou Ludwig. "Esqueça-os! O Michael é um papista. Papista! E o Kepler, sabe lá por onde anda... Pode até estar morto. Quando foi a última vez que recebeu notícia dele?" Uma lágrima rolou lentamente pela face de Maestlin. "Escute, pai, não falo essas coisas por mal. Mas vejo o senhor sofrer em vão, gastar um tempo precioso correndo atrás de fantasmas." A lágrima caiu sobre a carta, misturando-se com a tinta, despertando o passado. "Ludwig, você também é pai, e não devia dizer essas tolices. Prefiro morrer a não pensar naqueles que amo. Enquanto penso neles, permanecem vivos para mim. E eu permaneço vivo com eles." Maestlin dirigiu o olhar para o fogo. "E, agora, se não for pedir muito, gostaria de ficar sozinho." Ludwig ia dizer algo, mas mudou de ideia. Jogou o manto sobre os ombros e saiu em silêncio.

Maestlin deixou-se afundar na poltrona, esperando que o fogo lhe aquecesse as articulações. Fitou a carta por um tempo, lutando contra as pálpebras, que teimavam em fechar-se. Urânia, sua gata preta e roliça, acomodou-se ao lado dele, miando com a satisfação costumeira. Logo os dois dormiam, ninados pelos estalidos. Porém, a paz não foi duradoura. Uma inquietude insistente perturbava os sonhos do mestre. Ou será que ele estava acordado? Não saberia dizer. A cada dia que passava, a fronteira entre sonho e memória tornava-se menos distinta. Ambos disputavam sua mente com tal avidez que, no final, não fazia diferença... E lá estava ele, lecionando astronomia aos pupilos do Stift, o Seminário Teológico da Universidade de Tübingen.

"Deveria estar absolutamente clara", disse em tom solene, "a distinção entre astrônomos e filósofos naturais: astrônomos visam *descrever* com a maior precisão possível os movimentos dos objetos celestes, enquanto filósofos naturais estão interessados nas *causas* dos fenômenos observados aqui na Terra." Aprumou-se e fitou atentamente os alunos. "A astronomia pertence aos céus, onde os movimentos não têm causas físicas. Lembrem-se de que as esferas celestes são feitas de éter e, portanto, não obedecem às leis que regem os fenômenos que observamos à nossa volta, as transformações dos quatro elementos. Elas são imutáveis, postas para girar em círculos perfeitos desde o instante da Criação. E assim o farão até o dia do Juízo Final."

Enquanto falava, notou o jovem Johannes Kepler — pálido, de compleição frágil, com olhos castanhos que jorravam energia — movendo-se impaciente na cadeira. O aluno ergueu a mão, pedindo licença para fazer uma pergunta. Maestlin sabia o que estava por vir. Kepler não escondia a intenção de combinar astronomia e causas físicas. Ingênuo, não via que suas ideias poderiam ter consequências trágicas. Mas Maestlin tinha um plano... "Mestre, não consigo entender como os corpos celestes podem se mover sem um agente causador. Deve haver uma explicação! As coisas não se movimentam por mágica, não é verdade?"

"Movimentam-se sem causa se for essa a vontade de Deus", respondeu Maestlin secamente. "Não será você, nem ninguém, que vai combinar física e astronomia quando não existe necessidade disso. Você precisa abandonar essas ideias."

Kepler baixou os olhos, balbuciando palavras ininteligíveis.

Maestlin ignorou o mal-estar do pupilo e continuou: "Repito: não temos interesse algum em encontrar as causas físicas dos movimentos celestes, pois não é esse o objetivo da astronomia. Somos herdeiros de Ptolomeu, que escreveu que é por meio da descrição dos movimentos celestes que nos aproximamos de Deus. O estudo dos fenômenos da esfera terrestre e de suas causas afasta-nos do Senhor e deve ser abandonado. Nossas mentes devem ascender aos céus".

Consultou suas notas. Havia chegado a hora. "Como vocês sabem, existem dois sistemas que descrevem o mundo, um em que a Terra é o centro, o sistema de Ptolomeu, e outro em que o Sol é o centro, o sistema de Copérnico." Ao mencionar o nome do astrônomo polonês, ele percebeu uma ligeira agitação entre os alunos. Exatamente como antecipara, seu plano causaria sensação no Stift. Após breve pausa para endireitar o rufo e achar as palavras certas, continuou quase num sussurro, como se revelasse um segredo: "Já faz cinquenta anos que o livro de Copérnico foi publicado, em 1543. Embora a maioria dos teólogos considere que o sistema dele viola os ensinamentos bíblicos, acredito que vocês devem ao menos se familiarizar com algumas de suas ideias básicas. O quinquagésimo aniversário é uma ótima oportunidade". Nesse momento, seus olhos encontraram os de Kepler. "Kepler e Brenz, vocês prepararão um debate apresentando e contrastando os sistemas de Ptolomeu e Copérnico. Kepler defenderá o sistema copernicano, e Brenz, o ptolomaico. O debate será daqui a duas semanas."

Maestlin sentiu uma ponta de culpa por usar Kepler como porta-voz, o patriarca oferecendo o filho em sacrifício. Contudo, havia muito estava querendo apresentar o sistema copernicano aos colegas de Tübingen — testar a reação deles —, sem, claro, comprometer sua própria posição. Em Kepler finalmente encontrou o candidato perfeito. Sabia que o pupilo faria um excelente trabalho. Além disso, o jovem precisava aprender uma lição, antes que fosse tarde.

O velho astrônomo abriu ligeiramente os olhos, o bastante para conferir o fogo. Satisfeito, deixou-se levar de volta à fronteira entre memória e sonho, ao pódio da sala de aula, de onde olhava para Kepler e Brenz, seus melhores alunos. Urânia permaneceu imóvel. Para ela, sonho e memória eram bem menos importantes do que o calor que emanava do colo do dono.

Kepler esfregava as mãos, movendo-se ainda mais animadamente na cadeira, o corpo vibrando de emoção. Já Brenz parecia mais pálido que o normal, nada entusiasmado com a ideia de enfrentar toda a escola.

"Senhores, caso tenham alguma pergunta a respeito do debate, venham à minha sala. Por hoje é só. Aula encerrada."

No final do dia, quando Maestlin cruzava o pátio central do Stift, Kepler foi ao seu encontro. "Mestre, posso lhe fazer uma pergunta?", murmurou, acanhado.

"Claro, Johannes, do que se trata?"

Kepler olhou ao redor, certificando-se de que ninguém espionava. "Primeiro, mestre, gostaria de agradecer-lhe esta oportunidade tão especial." Maestlin balançou a cabeça afirmativamente. Kepler olhou outra vez ao redor. "Mas confesso que não entendo uma coisa. Não quero de modo algum ser insolente, mas me parece que o senhor tem grande interesse pelo sistema de Copérnico. Por que, então, não o menciona no seu texto de astronomia, o que usamos nas aulas?" Falou, e baixou os olhos, chocado com a própria audácia.

Maestlin fitou o pupilo, surpreso, sentindo-se como uma criança flagrada no meio de uma travessura. "Johannes, vamos adiar essa discussão para um de nossos encontros semanais em minha casa. Este não é o local nem o momento adequado." Apenas disse isso, deu meia-volta e prosseguiu em direção à saída, sem dar a Kepler chance de reagir.

2

O velho mestre virou-se de lado na poltrona, tentando estimular a circulação. Urânia miou em protesto, agarrando-se às roupas do dono, insatisfeita. Maestlin deixou a mente vagar, detendo-se ocasionalmente numa imagem ou num fragmento de lembrança, como um ramo levado pelas águas de um rio, capturado aqui e ali por pequenos redemoinhos antes de continuar. Por fim, como todos os ramos levados pelas águas, esse também chegou ao seu destino.

Dois dias haviam passado desde o anúncio do debate entre Kepler e Brenz. Era noite, a lareira estava acesa, e Maestlin circulava pela sala tentando organizar as ideias, como costumava fazer quando ponderava alguma questão astronômica. Batidas na porta interromperam-no. Kepler entrou cambaleando, cheirando a cerveja e fumaça, roupa rasgada, rufo torto, lábios e nariz ensanguentados. Toda noite, estudantes de teologia encontravam-se numa taverna debruçada sobre o rio Neckar, na rua Bursagasse. Ainda que se mantivessem à distância de outros estudantes menos inclinados a celebrar a palavra divina, o álcool surtia o mesmo efeito nas mentes pias e nas pecadoras, e com frequência ocorriam brigas.

"Saudações, mestre Maestlin", exclamou Kepler num tom um tanto impertinente. Seus olhos castanhos, úmidos e vítreos, refletiam a coreografia das chamas na lareira. "Vamos discutir Copérnico hoje?"

"Vamos, Johannes", respondeu Maestlin, sorrindo, paternal. Mas o sorriso não durou. "Esteve brigando?"

Kepler recuou um passo. "Bem, mestre, eu... Na verdade,

estive, sim. Uns colegas me ofenderam, chamaram-me disso e daquilo, e perdi o controle."

"Eles o chamaram de quê, exatamente?", perguntou Maestlin, fingindo estar mais preocupado do que estava; lembrara-se de suas brigas na juventude. Kepler não respondeu. "Johannes?"

"Já que o senhor insiste... Quando eu saía da taverna, três estudantes cercaram-me e começaram a cantarolar 'Protegidinho do mestre, protegidinho do mestre'. Tentei me defender, gritando que eles não passavam de um bando de invejosos idiotas. Um deles me pegou por trás, e outro me deu um soco na barriga. Eu tinha de me defender! Mil perdões, mestre, mas às vezes não consigo me controlar. Os rapazes estavam enciumados. O senhor sabe da competição que há no Stift."

"Sei, Johannes, sei." Maestlin pôs a mão no ombro do pupilo. "Vá até a cozinha e peça um pano úmido a Margaret, para limpar o rosto."

"Muito obrigado, mestre. Desculpe-me por tudo." Kepler baixou a cabeça, reverente, e seguiu para a cozinha. Após alguns minutos estava de volta, aparentemente mais relaxado. "Onde está o resto do grupo, mestre?", perguntou.

"Hoje é só você", respondeu Maestlin em tom provocador.

"Ah, é? E por quê?", indagou Kepler, intrigado.

"Quero discutir algumas ideias copernicanas com você, para o debate." Maestlin calou-se por um momento. Uma sombra baixou sobre seus olhos. "Fora a astronomia, que você está aprendendo rapidamente, existem questões das quais não está a par; questões sérias, perigosas."

Kepler ergueu as sobrancelhas. "Perigosas?", repetiu, com a expressão de um cão prestes a receber um belo osso.

"Bem, acho que podemos começar", disse Maestlin, sentando-se ao lado de Kepler à mesa, copo de vinho na mão. "Você sabe que o modelo copernicano descreve a ordem cósmica com grande elegância, apresentando uma proporção e simetria ausentes na versão ptolomaica, não sabe?"

"Sei", respondeu Kepler. "É perfeitamente razoável pôr o Sol no centro do cosmo com os planetas girando ao seu redor, ordenados de acordo com o tempo que cada um leva para dar uma volta completa: Mercúrio, o Veloz, com três meses, é o mais próximo do Sol; Vênus segue-o com nove; logo depois vem a Terra, com um ano, e Marte, o Guerreiro, com dois; Júpiter, o Grandioso, demora doze anos, e, finalmente, Saturno, o Sábio, trinta. Em minha opinião, nenhum arranjo cósmico pode ser mais natural. O cosmo de Ptolomeu é corcunda, com a Terra imóvel no centro. Acho absurdo supor que todos os objetos celestes — Sol, planetas, estrelas — giram em torno da Terra em vez de supor que a Terra gira em torno de si mesma como um pião. Sei que Deus nos criou segundo Sua imagem e dotou nossa mente com fagulhas de Sua sabedoria, mas não estou convencido de que esta esfera sobre a qual viajamos através dos céus seja assim tão importante para Ele."

"Excelente!", exclamou Maestlin, "mas é justamente aí que está o perigo." A sombra retornou aos seus olhos. Continuou: "Martinho Lutero zombou de Copérnico, afirmando que só um tolo poderia acreditar que a Terra gira ao mesmo tempo em torno de si e em torno do Sol, como se o cosmo fosse um carrossel. Estamos na universidade luterana mais conhecida da Europa e juramos seguir as doutrinas da Fórmula de Concórdia, que definem nossa fé. Nosso generoso patrono, o duque de Württemberg, conta com isso. Essa aliança não pode ser rompida". A voz de Maestlin soava como um martelo batendo em uma bigorna. Kepler fitava o mestre, incrédulo. Jamais o vira tão peremptório. "Será que está tentando esconder seu próprio medo?", pensou. "Será que é por isso que Copérnico não aparece no livro dele?" O mestre prosseguiu: "Nesta época de disputas e conflitos entre as várias facções cristãs, qualquer sinal de fraqueza ou hesitação nossa servirá apenas para fortalecer nossos rivais, principalmente os calvinistas e os católicos. Se os teólogos de Tübingen suspeitarem de heresia entre nossos próprios fiéis, posso garantir-lhe que ela será silenciada sem nenhuma piedade. Dissidências não serão toleradas em nossa casa". Assim que Maestlin terminou o pequeno discurso, alguém bateu à porta. Era Matthias Hafenreffer, o jovem professor de teologia, um dos preferidos de Kepler. "Estranha coincidência", pensou o pupilo.

"Boa noite, caro mestre Maestlin, boa noite, Johannes", disse Hafenreffer em tom jovial. "Estava passando e resolvi fazer uma visita rápida. Espero não interromper alguma coisa importante." Seus frios olhos negros faiscavam de curiosidade.

"Claro que não, Matthias", balbuciou Maestlin, traindo seu desconforto. "Discutíamos apenas alguns pormenores para o debate que organizo sobre os sistemas ptolomaico e copernicano. Será daqui a duas semanas. Kepler e Brenz apresentarão os argumentos..." Sua voz dissipou-se no ar como se carregada por uma rajada de vento. Ele sabia o que estava por vir.

"É mesmo?", surpreendeu-se Hafenreffer. "Parece-me que tais ideias não deveriam ser discutidas em nossa escola", acrescentou, e enrijou o corpo, como um general prestes a iniciar uma batalha.

"Caro Matthias", respondeu Maestlin, "acho muito importante que nossos alunos possam discutir abertamente todas as teorias sobre o mundo, mesmo aquelas incongruentes com nossa teologia. Afinal, se não aprenderem a defender os ensinamentos de Lutero agora, como saberão fazê-lo quando estiverem pregando em suas paróquias, longe do Stift?" Maestlin sorriu, satisfeito. Em geral, evitava discutir com teólogos, conhecidos como os melhores argumentadores. Sobretudo com Hafenreffer, o mais afiado deles.

Kepler mal podia acreditar no que ouvia. Um ensaio do debate bem na frente dele e, melhor ainda, com seus dois professores preferidos. Não podia deixar aquela oportunidade escapar. Tinha de testar as águas. "Caro mestre Hafenreffer, se o senhor me permite, não consigo entender o que é tão — desculpe-me a expressão — tolo no sistema copernicano, embora o próprio Lutero assim o tenha afirmado."

Hafenreffer lançou um olhar desafiador para Kepler. Maestlin balançou a cabeça e bebeu um grande gole de vinho.

Acenou à esposa para que trouxesse uma taça ao colega, na esperança de que o vinho o acalmasse.

"Johannes", disse Hafenreffer, a voz dura e seca como pão velho, "você não acredita que a Terra se mova de fato, acredita? Afinal, nós não só não percebemos esse movimento com nossos sentidos, como a noção se encontra em flagrante violação à Bíblia." Recusou o vinho com um gesto rápido. "Ou você acha que a palavra de um homem pode desafiar a palavra de Deus?" Olhou para cima, como se recebesse instrução diretamente dos céus, e prosseguiu: "Para seu próprio bem, espero que não esteja levando a sério essas especulações copernicanas". Dirigiu o olhar a Maestlin.

"Não se preocupe, Matthias", tranquilizou-o Maestlin. "Eu cuidarei das confusões teológicas de Kepler."

"Espero que sim", disse Hafenreffer, e pôs a capa sobre os ombros, preparando-se para partir. "Veremos o que acontecerá no debate." Bateu a porta com força, e o vento apagou a vela que estava diante de Kepler. Este deu um salto, e sua mão esbarrou no copo de Maestlin, derramando o vinho.

"Seu tolo!", exclamou Maestlin, enquanto Kepler tentava desajeitadamente deter o avanço da bebida sobre a mesa. "Espero que agora entenda o que eu quis dizer quando falei em perigo. O vinho derramado hoje pode ser o sangue de amanhã!"

Kepler ergueu os olhos, que, pela primeira vez, traziam uma ponta de medo. Não entendia por que suas palavras tinham provocado aquela reação em Hafenreffer. Sentia-se confuso, dividido entre ser fiel às próprias convicções e agradar aos mentores. "Perdoe-me, mestre", disse, quase num sussurro. "Pedia apenas uma explicação racional, que não soasse como dogma." Maestlin baixou os olhos, concentrando-se no vinho, que teimava em fluir em sua direção. "Se alguém me convencesse de que, de fato, o sistema de Copérnico não faz sentido, eu não teria problema nenhum em concordar com Lutero. No entanto, até agora estou plenamente convencido do contrário: o sistema de Ptolomeu é que não faz sentido." Debruçou-se na mesa, esquecendo-se do vinho. "E, mestre, sei que tenho muito que aprender em teologia, mas também não vejo grandes conflitos entre o sistema de Copérnico e a Bíblia. Afinal, embora revelem a palavra de Deus, os textos sagrados são interpretados por homens, e homens são falíveis. As interpretações podem estar erradas." O mestre ouvia em silêncio, olhos fixos no vinho, que continuava a se aproximar dele. Kepler prosseguiu, a frustração encrespando-lhe os lábios: "Não é verdade que, se a interpretação fosse única, não haveria disputas entre católicos, luteranos e calvinistas? Não haveria necessidade de uma Fórmula de Concórdia, essa parede que nos separa das outras fés cristãs? Será que ninguém vê que as pessoas estão se matando feito moscas em nome de um mesmo Deus?".

Maestlin suspirou longamente. "Calma, Johannes! Esse seu temperamento vai acabar destruindo-o. Você não pode continuar assim, brigando com todo mundo. Respeito sua honestidade e simpatizo com muito do que você diz. Contudo, precisa aprender que, às vezes, querendo ou não, temos de comprometer nossas ideias para evitar prob... Ah, não, o vinho!" Kepler avançou sobre a mesa com a manga da camisa, mas era tarde; o vinho cascateou sobre o manto preto de Maestlin. "Johannes, veja o que você fez! Estou encharcado de sangue herético!" Kepler levou as mãos à boca e olhou apavorado para o mestre. Maestlin, entretanto, sorria. Sabia que o sangue a ser derramado não seria o dele.

3

Urânia saltou de repente do colo de Maestlin, interrompendo seu devaneio. "Gato estúpido!", gritou ele. Sonhos e recordações eram seus momentos mais preciosos, agora que não lhe restava muito tempo pela frente. "Morrer deve ser isso", pensou, "não ter presente nem futuro, apenas passado." Agarrava-se ao passado como um náufrago a uma tábua. Não podia desistir, afundar, antes de compreender, de encontrar a redenção que tanto procurava. O velho mestre segurou-se na corda e se ergueu lentamente da poltrona. Ouviu um tumulto nas ruas, vidros quebrando, gritos, disparos de canhões ao longe. Conflitos entre jovens protestantes e católicos tornavam-se mais comuns, até mesmo em Tübingen. A guerra, que já havia arruinado grande parte da Europa, estava cada vez mais próxima. Maestlin pensou no filho traidor, o Jesuíta. Que seria do Stift se os católicos invadissem Tübingen? Ele sabia que era essa a intenção do imperador Ferdinando, erradicar o protestantismo da Europa Central, converter todos ao catolicismo. Lembrou-se da previsão feita por Kepler trinta e dois anos antes, quando ele escrevera de Graz implorando um posto de professor em Tübingen; advertia que a paz entre as duas fés era por demais instável, que era inevitável uma conflagração. "Não pensem que as coisas serão diferentes em Tübingen..." Lembrou-se também de que nada fizera para ajudá-lo, que abandonara o jovem pupilo ao próprio destino, um matemático luterano em meio a uma corte católica, cercado por preconceito e desprezo.

Maestlin abriu a janela da sala de estar. O ar frio trouxe um odor de fumaça e pólvora, o perfume da guerra. O sol desaparecia no horizonte. Era início de novembro, e os tentáculos frios do outono começavam a se espalhar nos campos. Mais um inverno se aproximava, o seu octogésimo primeiro. E o sexagésimo de Kepler. "Por onde andará ele?", perguntou-se. "Provavelmente trabalhando, como sempre, escrevendo mais um livro, desvendando mais um mistério, mais uma grande verdade sobre o mundo. Ele sempre soube que apenas a astronomia poderia elevar nossos espíritos em tempos como estes, que só as mentes que ascendem aos céus podem encontrar a paz. E eu tive a pretensão de ensiná-lo..." Lembrou-se de Arquimedes, assassinado enquanto desenhava padrões geométricos na areia, alheio à guerra ao redor. "Em meio à devastação causada pelas batalhas entre católicos e protestantes, em meio ao sangue e à pestilência, Kepler olhava para os céus, buscando a harmonia que não encontrava entre os homens. De onde vinha sua força? O que alimentava seu espírito?" Uma brisa soprou sobre as cartas empilhadas na mesa, fazendo algumas flutuarem lentamente até o chão. Maestlin fitou-as por longo tempo. Pareciam devolver-lhe o olhar, sedutoras. Sabia que a resposta estava naquelas cartas, na obra de Kepler, um enigma, um enigma que precisava decifrar.

Desprezando o caos lá fora, Maestlin resolveu dar uma caminhada. Quem iria se importar com um velho que passeava tranquilamente pela Kronenstrasse e por outras ruas vizinhas? Ele tinha subido e descido as vielas tortuosas de Tübingen durante décadas, e não seria agora que iria deixar de fazê-lo. Debruçada sobre o vale do rio Neckar, a cidade ascende ao longo de uma colina como se pregasse para um Deus austero e distante. No topo, a cidadela do majestoso castelo de Hohentübingen estende suas muralhas como as asas de um anjo guardião. Maestlin costumava visitar o castelo com os alunos, quando ainda se ocupava de observações astronômicas. Escalava rapidamente a íngreme Burgsteige, a via de melhor acesso ao portão principal do castelo, carregando orgulhoso seus instrumentos. De lá, atravessava a vasta área interna até chegar ao promontório com vista para o sudoeste, um excelente ponto de observação. Mas isso fora muito tempo antes, quando suas mãos eram firmes e a visão, acurada. Agora, o único contato dele com os céus era através dos livros de Kepler. Dos seus, preferia esquecer-se.

Voltou-se na direção oposta ao castelo, aproximando-se da Igreja Evangélica. Contava com o costumeiro culto vespertino, com a paz do amplo espaço interno, o qual imitava a abóbada celeste. Se com os olhos abertos já não podia ver as estrelas, ao menos as via, brilhando eternamente junto a Deus, com eles fechados. Quando dobrou a esquina da Kirchgasse, foi barrado por um soldado com a insígnia do duque de Württemberg na armadura.

Olhou em torno. A praça em frente à igreja havia sido transformada num sangrento campo de batalha, dividida ao meio por barris e sacos de areia. De um lado, um grupo de estudantes protestantes, flanqueados por aproximadamente cinquenta soldados do duque, guardavam a pesada porta principal da igreja. Do outro, jovens católicos, ajudados por uns poucos membros do exército do Sagrado Imperador Romano, ameaçavam atravessar a barricada, atirando pedras e gritando: "Morte aos inimigos da Igreja!". Os luteranos devolviam, enfurecidos: "O papa é o Anticristo, a Besta da Babilônia! Morte aos pecadores, que devoram a carne de Cristo!".

Maestlin observava, estarrecido, recusando-se a acreditar no que via. "Você precisa detê-los, ou eles vão se matar, está me ouvindo?", gritou para o soldado. "E tudo por causa da Eucaristia. A que ponto chegamos!"

"Vá embora daqui, velho, antes que seja ferido!", respondeu o soldado, aos berros.

Um jovem católico, vestindo uma longa túnica branca com uma cruz vermelha bordada no peito, saltou sobre um barril e ofereceu a mão a seus companheiros, para que atravessassem a barricada. Dois soldados do duque dispararam os mosquetes. O rapaz caiu sem vida nos braços dos camaradas. Soldados católicos responderam imediatamente, ferindo dois protestantes. Brandindo as espadas, aos gritos de "morte aos papistas!", os protestantes avançaram. Os católicos lutaram bravamente, mas não puderam deter os numerosos inimigos.

Em poucos minutos tombaram todos, com alguns protestantes. O sangue das vítimas, refletindo em tons rubros as nuvens que marchavam nos céus, misturou-se em poças. A morte não distingue crenças. Após o massacre, um oficial do exército ducal ordenou que os líderes do levante católico fossem encontrados. Os soldados trouxeram cinco corpos. Suas cabeças foram cortadas e espetadas em estacas fincadas em frente à igreja, como advertência contra futuras insurreições, enquanto os corpos decapitados foram amontoados no centro da praça como se pertencessem a bestas selvagens, meros despojos de um dia de caça.

    Escondido atrás de uma coluna, Maestlin tremia descontroladamente. Quis mover-se, mas as pernas recusaram-se a fazê-lo. Pensamentos esvoaçavam em sua cabeça como pássaros enlouquecidos. "O que nos leva a tal brutalidade?", murmurou, erguendo os olhos cheios d'água para o céu. "Por que a fé transforma homens em monstros?" Mas ninguém tinha tempo para ouvir os lamentos de um velho. Soldados corriam de um lado para outro, gritando ordens, carregando feridos, mantendo curiosos à distância, tentando reconhecer os mortos, católicos e protestantes, que eram então alinhados em duas fileiras. Uma jovem mulher procurava desesperada pelo companheiro, seus gritos estilhaçando o ar. Encontrou-o caído, empunhando ainda um crucifixo, seu último gesto de desafio. Sacudiu-o pelos ombros, socou o corpo dele, arranhou-lhe o rosto, tentando em vão resgatá-lo da morte que já o havia tomado, até que um soldado, movido por rara piedade, arrastou-a para longe daquele martírio.

    Um aluno do Stift, empapado em suor e sangue, reconheceu o velho mestre, paralisado ainda no mesmo lugar. "Senhor, por favor, vá embora daqui! É muito perigoso", gritou. Maestlin fitou-o com olhos inertes. Resoluto, o jovem pegou-o pelo braço e o levou até a margem do rio, onde a situação estava mais calma. Aos poucos, Maestlin foi saindo do estupor em que se achava. Havia perdido a noção do tempo. Olhou em torno: tudo quieto, apenas gritos e ordens ecoando à distância. Dois cachorros disputavam um osso rua abaixo. "Quão rápido as tragédias da guerra são esquecidas...", pensou. "Uma nova começa, e é como se fosse a primeira, jovens cegos de ambição pela conquista atiram-se a campos de batalha como animais raivosos, até seus corações serem perfurados por balas, suas vidas interrompidas antes de ser vividas."

Naquela noite, Maestlin sonhou com a batalha. Em seus sonhos, porém, a batalha era outra. O primeiro jovem a ser ferido, o que tombou nos braços dos camaradas, era Kepler, enquanto ele, Maestlin, assistia a tudo do interior da igreja luterana, aprisionado, impossibilitado de socorrê-lo.

O velho astrônomo passou os dias seguintes em casa, esperando que Tübingen voltasse à normalidade. Na quarta noite, depois de certificar-se de que as ruas estavam calmas, decidiu dar um passeio. Vagou até parar diante da taverna na Bursagasse, ainda muito popular entre os estudantes de teologia, ao menos os poucos que não tinham sido enviados para a frente de batalha. Para sua surpresa, a taverna estava cheia. Imaginou que as pessoas discutissem os últimos eventos. Cansado, sua mente começou a fraquejar. Espiando pela vidraça embaçada, seus olhos pareciam querer atravessar o tempo, buscando uma cena de outrora. Aos poucos, todas as cabeças se voltaram para a estranha visão, o velho mestre com sua barba rala e amarelada premida contra o vidro, procurando algo, ou alguém. A conversa morreu. Na fumaça espessa, Maestlin assemelhava-se a uma aparição, envolto no manto negro, os cabelos brancos cobrindo parte do rosto corroído pelo tempo. Alguns estudantes se puseram a rir, tentando despertar o mestre do transe. Maestlin não reagiu. Uma tênue luz nos olhos dele revelava que sua mente já havia encontrado o que procurava.

4

O pátio interno do Stift, circundado por uma elegante arcada, estava lotado. Em geral, debates acadêmicos tinham lugar nas salas de aula. No entanto, a radiante manhã de primavera levara Hafenreffer a realizar o debate ao ar livre. "Assim, nossos pensamentos poderão ascender aos céus mais facilmente", ironizou, ao justificar a ideia a Maestlin. Os mestres de teologia, todos presentes, acomodavam-se na primeira fila, em cadeiras bem mais confortáveis que as dos estudantes. Perto deles se encontravam os mestres da faculdade de artes e medicina. A audiência ficou diante de um palco elevado, sobre o qual foram armados dois pódios para os debatedores. Hafenreffer e Maestlin estavam sentados a uma mesa logo abaixo do palco, de onde presidiriam o evento.

Os dois mestres foram buscar os debatedores. Vestidos em longos mantos negros, Brenz e Kepler marcharam solenemente pela ala central em direção ao palco. Uma voz vinda das últimas fileiras exclamou: "Kepler aos leões! Kepler aos leões!". Outra respondeu: "Brenz aos leões! Ele é que será devorado vivo hoje!". Kepler sorria descontraidamente, empunhando suas notas como se fossem o escudo de um gladiador. Após a animada entoação de alguns hinos, era chegada a hora das apresentações. Maestlin foi o primeiro a falar, usando seu tom mais pomposo: "Estamos aqui para testemunhar um debate entre dois sistemas de mundo, o ptolomaico e o copernicano. Brenz apresentará argumentos a favor do sistema ptolomaico, e Kepler, aqueles a favor do sistema copernicano. Devo lembrá-los de que, para sua exposição, cada debatedor terá vinte minutos, durante os quais não serão toleradas interrupções.

Os membros do corpo docente poderão em seguida fazer os comentários e críticas que considerarem pertinentes. Sr. Brenz, a palavra é sua".

Brenz lançou um rápido olhar para a plateia. Gotas de suor brotavam-lhe teimosas da fronte. Da primeira fila, o pai dele, um professor de teologia, fitava-o com orgulho. Brenz pigarreou, evitando seus olhos. "Sortudo, esse Kepler", pensou, "cujo pai era um mercenário, um ninguém." Kepler sorria amistosamente para Brenz.

"Ptolomeu", começou Brenz com voz trêmula, "no segundo século após a morte de Nosso Senhor, concebeu um maravilhoso modelo matemático capaz de descrever os movimentos das esferas celestes." Ele lutava corajosamente contra o nervosismo, tentando olhar para a audiência, como deveria fazer um bom pastor ao pregar seu sermão. "O modelo foi construído com base numa combinação complexa de círculos que carregavam Sol, Lua, estrelas e planetas em suas órbitas ao redor da Terra. Vejamos como ele fez isso. Imaginem um círculo e seu diâmetro, a linha que o divide exatamente ao meio." Como ilustração, Brenz mostrou um arame torcido em forma de círculo, ao qual colou uma linha reta, dividindo-o em duas partes idênticas. Um pouco mais relaxado, continuou: "O objetivo prático de Ptolomeu era descrever as duas anomalias do movimento planetário. Como os senhores sabem, a primeira é a rotação diária do Sol e das estrelas do leste para o oeste. A segunda, mais sutil, é o chamado movimento retrógrado apresentado às vezes pelos planetas, quando eles invertem temporariamente o sentido de suas trajetórias, descrevendo um laço nos céus".

"Será que a razão humana poderia construir um modelo matemático capaz de descrever todos os movimentos que observamos nos céus?", Brenz perguntou, mais animado. "Ptolomeu acreditava que sim. Acreditava, também, que a busca por esse modelo nos aproximava da mente do Criador." Kepler, sorrindo e balançando afirmativamente a cabeça, não tirava os olhos do oponente. Um estudante de teologia bocejou alto, distraindo Brenz. Maestlin, irritado com a interrupção, acenou-lhe para que continuasse.

"Pois bem, Ptolomeu percebeu que, se seguisse os passos dos gregos da Antiguidade, mantendo a Terra imóvel no centro do cosmo e circundando-a com planetas girando em órbitas concêntricas ao seu redor, não poderia obter uma descrição precisa dos movimentos celestes. Dando um passo ousado, deslocou a Terra ao longo do diâmetro do círculo. Portanto, o modelo ptolomaico não é estritamente geocêntrico." Brenz mostrou à audiência o círculo metálico, colando um pequeno disco azul num ponto ao longo de seu diâmetro. Maestlin aprovou a demonstração, sorrindo para o pupilo.

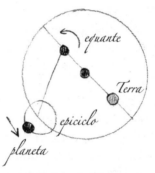

Modelo de Brenz

Brenz continuou, apontando para seu modelo: "Como os senhores podem observar, existe uma distância bem delimitada entre a Terra e o centro do círculo. Ptolomeu definiu então um ponto exatamente equidistante da Terra porém do lado oposto ao centro, chamado *equante*. Em seu sistema, esse é o centro dos movimentos celestes". Brenz colou um disco preto onde deveria estar o equante. Bebeu um pouco de água e olhou para a audiência, certificando-se de que não a perdera por completo. Não percebeu um grande entusiasmo, todavia ninguém cochilava nem bocejava. Satisfeito, prosseguiu: "O equante é o coração do sistema de Ptolomeu. Cada objeto celeste, o Sol, a Lua, os planetas, tem seu próprio círculo e seu equante, posicionado adequadamente de modo a reproduzir as observações astronômicas da melhor forma possível. De fato, o modelo de Ptolomeu é capaz de prever com precisão considerável a posição futura dos planetas, de grande relevância para usos astrológicos. Quanto melhor o modelo, melhores as previsões. Ptolomeu não se importava com argumentos físicos que justificassem as causas dos movimentos celestes, tampouco buscava entender o arranjo concreto dos céus. Seu modelo é apenas isto, um modelo, uma ferramenta de cálculo, não uma descrição concreta da realidade".

Agora era Hafenreffer que sorria, demonstrando sua aprovação. Brenz suspirou aliviado, respirou fundo e continuou: "Para isso, Ptolomeu usou objetos chamados *epiciclos*, inventados séculos antes de seu tempo. O epiciclo nada mais é que um pequeno círculo sobreposto ao círculo que contém o equante". Ele mostrou mais uma vez seu modelo, colando agora um pequeno círculo sobre ele. Girou o círculo maior, salientando como isso levava o círculo menor a também girar. "Ptolomeu supôs que o epiciclo podia também girar em torno de seu centro, tal como uma roda. Imaginem que o planeta seja uma das pás atadas a um moinho d'água. A combinação dos dois movimentos circulares, o do círculo maior e o do epiciclo, leva o planeta a descrever um movimento muito semelhante aos laços observados durante o movimento retrógrado." Brenz reproduziu com os dedos o movimento em laços do planeta. "A grande inovação de Ptolomeu foi propor que o epiciclo de cada objeto girasse com velocidade uniforme em torno do equante, *não do centro do círculo ou da Terra*."

Brenz olhou mais uma vez para a audiência. Algumas cabeças oscilavam pesadamente, como se estivessem equilibradas em molas. Era hora de encerrar. "Concluindo", afirmou em tom triunfal, "o movimento irregular dos planetas observado pelos astrônomos é explicado pela composição de dois movimentos circulares: o do epiciclo em torno do equante e o do epiciclo em torno de si mesmo. Com isso, Ptolomeu pôde reproduzir os movimentos celestes com grande precisão. De fato, seu modelo é o mais usado até hoje. Muito obrigado, senhores, pela atenção."

O estudante suspirou fundo. Seu pai sorria, emocionado. Hafenreffer e Maestlin trocaram olhares e fizeram algumas anotações. Maestlin sussurrou no ouvido do colega: "Excelente exposição, não achou?".

Hafenreffer balançou a cabeça e disse: "Sim, mas, como costuma acontecer com debatedores inexperientes, ele se concentrou quase que exclusivamente em detalhes técnicos, deixando de lado questões mais conceituais e possivelmente controversas". Maestlin franziu o cenho, discordando. O outro o ignorou. "Mesmo assim, concordo que Brenz tenha se saído bem, ao enfatizar a estrutura matemática e a precisão do modelo." Seus olhos frios cravaram-se nos do colega. "Talvez tenhamos de explorar os aspectos filosóficos e teológicos dos dois sistemas depois da exposição de Kepler. A menos, claro, que ele tome a iniciativa, como imagino que fará."

Um estudante usou o manto para desembaçar a vidraça da taverna, proporcionando um espetáculo melhor aos colegas: Maestlin, ainda do lado de fora, alheio à passagem do tempo, desenhava epiciclos e teoremas geométricos no vidro como se argumentasse com alguém, seu corpo oscilando. De repente, perdeu o equilíbrio e estatelou-se no vidro. A audiência explodiu em gargalhadas. Ele olhou assustado para dentro. Fritz, o dono da taverna, finalmente sentiu pena do cliente de muitas décadas e o levou pelo braço até uma mesa diante da lareira. O velho mestre agradeceu. Pediu um prato de sopa de repolho com bolinhos de massa e uma fatia de pão de centeio. Não comia havia quanto tempo? Voltou-se para o fogo. Duas achas ardiam, suas chamas abraçavam-se e afastavam-se como parceiros numa dança caótica. "Kepler e Brenz", Maestlin murmurou, fechando os olhos.

Brenz era todo sorrisos. Tinha sobrevivido aos leões. Maestlin olhou para Kepler, assinalando que este devia começar. Kepler aprumou-se e respirou fundo. Havia chegado a hora.

"Quando eu tinha cinco anos, minha mãe me levou ao topo da colina mais alta em Leonberg, onde vivíamos na época, para admirar uma aparição nos céus, o incrível cometa de 1577. Confesso que, em razão da hora tardia e da minha péssima visão, o que mais me lembro daquela noite é de ter subido a colina de mãos dadas com minha mãe, de sua rara demonstração de carinho e atenção, de seu interesse em me mostrar as maravilhas do céu noturno. Mas outros olhos também estavam fixos na estrela viajante. Entre eles, os do grande astrônomo dinamarquês Tycho Brahe e os de nosso amado mestre, Michael Maestlin." Ao dizer isso, Kepler olhou carinhosamente para o mestre, que baixou os olhos, acenando-lhe para que continuasse.

"Brahe e Maestlin concluíram que o cometa estava além da esfera lunar, em flagrante violação à noção aristotélica que pregava a imutabilidade dos céus. Como os senhores sabem, para Aristóteles e Ptolomeu os objetos celestes, compostos de quintessência, permaneciam por toda a eternidade em suas órbitas perfeitamente circulares; nada mudava, nada de novo aparecia nem desaparecia. Como então explicar a existência de um novo corpo celeste, um corpo errante atravessando os céus? As observações de Brahe e Maestlin não deixavam dúvidas: a física celeste de Aristóteles é incompatível com a astronomia." Um burburinho espalhou-se pela plateia. Que afronta, criticar a física de Aristóteles! O mestre empalideceu. Por que o pupilo citara suas observações astronômicas? O debate era sobre Copérnico, não sobre ele! Ou será que Kepler tentava expô-lo propositadamente?

Kepler continuou, ignorando a reação da audiência: "Ao pôr o Sol no centro do cosmo, Copérnico virou a astronomia pelo avesso. E eu afirmo que não poderia ser de outra forma. Afinal, como ele mesmo escreveu, o Sol é a mais perfeita das esferas celestes, de uma pureza e grandiosidade incomparáveis, a esfera que nos dá luz e calor, o guardião da vida. A fonte que ilumina o cosmo tem de estar no centro de modo a distribuí-la igualmente em todas as direções! Qual outra moradia Deus escolheria se o Seu corpo imaterial e onipresente pudesse ser contido fisicamente?". Hafenreffer mexeu-se nervoso em seu assento, anotando algo. Maestlin empalideceu ainda mais. "Copérnico eliminou também o equante inventado por Ptolomeu, que fazia o cosmo parecer um corcunda. Em seu esquema, a órbita de cada planeta é determinada simplesmente pelo tempo que demora para completar uma volta em torno do Sol, a Terra sendo o terceiro, após Mercúrio e Vênus. Ou seja, a Terra é um planeta como outro qualquer, que gira em torno do Sol. Vejam a elegância deste sistema! Que bela proporção e equilíbrio! Lembro-me da emoção que senti quando mestre Maestlin nos falou de Copérnico pela primeira vez." Maestlin encarou o pupilo, furioso. "Agora está claro", pensou, "Kepler está mesmo tentando me expor." Todas as cabeças se voltaram para o mestre de astronomia.

Na taverna, Maestlin levantou os olhos do prato vazio, a barba gotejando sopa. Todos o fitavam, esperando pela próxima exibição de senilidade. "Que esperem, os idiotas", pensou. "Por que tantos passam a vida sem jamais se questionar sobre a razão das coisas, perfeitamente felizes com sua estupidez completa, enquanto outros são consumidos por dúvidas, pela compulsão de saber cada vez mais?" Estava convencido de que existiam três tipos de pessoas: os ingênuos felizes, os visionários e aqueles que mais sofrem, os que sabem da existência de uma visão de infinita beleza à distância, de uma miragem que flutua ao longe e cujos segredos são acessíveis apenas aos visionários. São eles os amaldiçoados pela inabilidade em realizar seus sonhos, consumidos pela própria ambição, escarnecidos por seus fracassos. Maestlin sabia bem a que grupo pertencia... Ou a que grupo pertencia Kepler... Fritz trouxe-lhe uma jarra de vinho. "Abençoado vinho que nos transforma todos em ingênuos felizes!", murmurou o mestre. Em seguida, levou o copo aos lábios, seus olhos voltaram ao fogo e sua mente, ao debate.

* * *

"Finalmente", continuou Kepler, a voz crescendo a compasso com a excitação, "existe outra justificativa para a posição central do Sol, de onde Deus ilumina a glória de Sua Criação. O centro é o único local possível para a fonte de todos os movimentos cósmicos. Do mesmo modo que uma vela irradia sua luz em torno de si, o Sol irradia um espírito que compele os objetos celestes a girar ao redor dele. Esse espírito solar flui até a última esfera, a esfera das estrelas fixas, de onde é refletido de volta ao centro, unindo todo o cosmo em sua resplandecência." Kepler buscou reações no público. Os olhares enfurecidos deixavam claro que suas palavras não foram recebidas com o entusiasmo que ele esperava.

Hafenreffer levantou-se, anunciando o encerramento das exposições. Seus frios olhos negros cintilavam, ameaçadores. "Jovem Kepler", começou com inflexão autoritária, "devo primeiramente congratulá-lo, assim como a Brenz, pelo didatismo de sua exposição. Porém, devo também dizer que discordo de várias de suas premissas. Antes de mais nada, o senhor não pode pôr Deus numa morada concreta, argumentando onde Ele deve ou não morar." Kepler dirigiu um olhar suplicante a Maestlin, mas o mestre limitou-se a baixar a cabeça. As águas eram bem mais profundas do que ele havia imaginado.

"Segundo", continuou Hafenreffer, "devo lembrá-lo de que qualquer sistema de mundo que ponha o Sol no centro do cosmo viola os ensinamentos da Bíblia. Como já lhe disse, nenhum homem pode desafiar a palavra de Deus. A astronomia deve celebrá-la, não questioná-la." Alguém assobiou de uma das filas de trás: "Kepler aos leões! Kepler aos leões!", disse uma voz abafada. No palco, Brenz mal podia conter o sorriso. Kepler balançava como um pêndulo, tentando ordenar as ideias.

Naquele momento, Maestlin levantou-se e pediu a Hafenreffer permissão para falar. Era hora de ajustar as contas. "Johannes", começou em tom sombrio, "em nossas discussões nunca tomamos o sistema copernicano como uma explicação física para o arranjo dos céus. Pelo contrário, eu o considero apenas uma *descrição* bastante precisa dos movimentos celestes, fiel ao uso da astronomia definido por Ptolomeu, uma ferramenta que nos ajuda a compreender melhor a mente divina. É verdade que minhas observações sobre o cometa de 1577 questionam os fundamentos da crença aristotélica num céu imutável. Porém, não temos nenhuma prova de que a falha daquela filosofia leve necessariamente a outra em que o Sol seja tanto o centro como a fonte de todos os movimentos cósmicos. Insisto neste ponto: a astronomia não deve preocupar-se com causas físicas, apenas com a descrição precisa dos movimentos dos corpos celestes." Maestlin trocou um breve olhar com Hafenreffer. Sua exoneração fora concluída.

Kepler fitou o mestre, chocado. Sentiu-se um rato entre dois gatos enormes. A reação de Hafenreffer não o surpreendeu tanto, mas a de Maestlin... Como podia celebrar a precisão do sistema copernicano sem se preocupar com as causas físicas dos movimentos celestes? Não fora ele quem revelara os absurdos da astronomia de Aristóteles? Como alguém podia se contentar com uma visão tão limitada da Natureza? *Nada pode se mover sem uma causa, seja na Terra, seja no céu*, disso Kepler tinha certeza. Sua cabeça estava prestes a estourar, assediada por perguntas e dúvidas: "Por que mestre Maestlin insistiu que eu defendesse as ideias de Copérnico perante todos? Por que não ele? Afinal, não falava sempre delas nos nossos encontros?". Balançou a cabeça vigorosamente, tentando empurrar para longe esses pensamentos. Precisava voltar ao debate, dizer algo para defender-se; todos esperavam uma reação sua.

"Imploro a meus mestres que tenham paciência com minhas especulações imaturas. Longe de mim querer causar conflitos em nossa adorada instituição de ensino. Apenas exercia o direito de refletir segundo vários pontos de vista, de modo a enriquecer nossa mente. Fui incumbido de apresentar os argumentos em favor do sistema copernicano e tentei, com minha limitada habilidade e conhecimento, fazê-lo da melhor maneira possível. Os comentários de meus estimados mestres levaram-me a entender que esse assunto tem repercussões e significados que ainda desconheço. Continuarei meus estudos, a fim de eventualmente poder convencer-me da superioridade — astronômica e teológica — de um sistema de mundo que mantenha a Terra imóvel no centro do cosmo. Meu objetivo hoje era só..."

Maestlin sentiu a mão de alguém no ombro. Era Fritz, dizendo que era hora de fechar a taverna. O cálice de vinho estava vazio (quantos bebera?) e o prato de sopa também. Olhou em torno. Todos haviam partido, as achas estavam reduzidas a brasas, prestes a se extinguir. Levantou-se com esforço (nenhuma corda para ajudá-lo ali) e cambaleou até a porta. A mulher de Fritz, dona de uma voz famosa em toda Tübingen, desejou-lhe boa-noite. "Ah, que voz, que potência", pensou Maestlin, olhando para os seios enormes da risonha senhora. No passado, tal visão o encheria de desejo. Hoje, lembrava-lhe apenas seus travesseiros.

O velho mestre começou a subir a ladeira que levava à sua casa. As ruas estavam desertas, apenas alguns cachorros fuçando montes de lixo, procurando restos de comida e um canto quente para dormir. Olhou para o céu. A noite estava clara, o ar, frio e seco. As estrelas pareciam mesmo grudadas numa esfera de cristal. Mas não havia esferas cristalinas girando nos céus. Se houvesse, os cometas iriam estilhaçá-las ao cruzar o espaço, disso tinha certeza, ele próprio o demonstrara. No entanto, as estrelas moviam-se, e os planetas também, como se fossem conduzidos por rédeas invisíveis. Que mãos os guiavam? A quem pertenciam? Qual era, afinal, a causa dos movimentos celestes? "Só Kepler sabia", pensou. "Era o único que sabia."

5

Na manhã seguinte, Maestlin penou para levantar-se da cama. Sua cabeça pesava como uma bola de chumbo; os objetos ao redor pareciam ter vida, latejando com as batidas do seu coração; os joelhos, duas dobradiças enferrujadas, recusavam-se a obedecer. "Vinho, muito vinho", balbuciou. Seus olhos encontraram o retrato de Margaret na parede. "Margaret, já faz nove anos..." A cama, tão familiar, pareceu-lhe enorme, vazia. "Os prazeres da carne, desses quase não me lembro. E os da mesa só me fazem passar mal", pensou. "Talvez seja assim que Deus nos prepara para a vida eterna, tornando esta absolutamente insuportável."

Maestlin procurou os chinelos, e, como toda manhã, foi encontrá-los soterrados pelo corpo de Urânia. Irritado, empurrou bruscamente a gata com o pé, ignorando seus miados de protesto. "Ao menos você os aquece para mim", murmurou, sorrindo. Cambaleou até a cômoda, onde ficava a bacia com água. "Nada agradável ter de me lavar com água fria", resmungou, molhando rapidamente o rosto e as axilas. A proximidade do inverno dificultava sua vida; não havia ninguém para atiçar o fogo pela manhã. O filho Ludwig só aparecia em horas inconvenientes; os outros — os que ainda considerava seus filhos — viviam longe e raramente o visitavam; e, com a guerra, era quase impossível encontrar serviçais. "Por onde anda a Maria?", pensou. "Já passou da hora de ela chegar. E logo hoje, sábado, dia de mercado." Maria implorava que ele não fosse, insistindo que podia fazer tudo sozinha. "Mestre, *por favor*, deixe que eu faço as compras, não se preocupe", suplicava. "Lá é perigoso e barulhento." O velho mestre divertia-se com o fato de ter uma mãe quarenta anos mais nova. Mas por que não deveria mais ir? Por acaso já tinha morrido? Engoliu uma crosta de pão ressecado, bebeu um pouco de leite e foi esperar pela criada na rua. Ao menos assim poderia distrair-se, acompanhando o movimento.

O relógio de sol no alto da sacada do Stift acusava quase onze horas. Aborrecido, Maestlin tentava distrair-se, estudando o gracioso telhado triangular do seminário, cuja fachada era enquadrada por vigas de madeira pintadas de um forte amarelo-canário. "Mas que diabo! Onde está ela? A esta altura já devem ter vendido tudo!" Resolveu ir sozinho ao mercado. Deixou uma mensagem com o padeiro, seu vizinho, e desceu a ladeira, resoluto.

A praça Am Markt estava abarrotada. Todos queriam se abastecer para o inverno, pois não sabiam quando ou se haveria outro mercado. Fazendeiros gritavam preços e ofertas nas carroças repletas de nabos, repolhos, cenouras, aipos, peras, maçãs, uvas e uma profusão de amoras, morangos, framboesas e mirtilos. Essa fartura era rara em dias de guerra, quando tropas destruíam campos inteiros com seus cavalos e botas, esquecendo-se de que sua comida tinha de vir de algum lugar.

As carroças com carnes estavam do lado oposto. Na primeira delas, carcaças de frango e faisão jaziam amontoadas, numa confusão de penas e cores. Galinhas corriam soltas por ali, cacarejando e batendo suas asas inúteis, perseguidas por bandos de crianças e cachorros. A carroça vizinha exibia pedaços de carne de boi, de porco, de javali, na mais completa desordem. A terceira vendia fígado, tripa, miolo. Na última, espirais de linguiças de vários tamanhos emolduravam pés e orelhas de porco defumados. O cheiro era insuportável. Ainda nessa carroça, costelas e línguas suspensas por ganchos enferrujados formavam uma cortina grotesca; o sangue pingava, atraindo uma infinidade de moscas. A cabeça de Maestlin começou a girar.

Vendedores e fregueses discutiam preços e pesos numa gritaria sem fim. Como se isso já não bastasse, um grupo animado de músicos alojou-se no centro da praça e se pôs a tocar flautas e tambores. Em poucos instantes, haviam sido cercados por uma multidão que batia palmas e marcava o ritmo com os pés. Alguns camponeses resolveram dançar a giga, girando de braço dado, trombando com quem estivesse na frente. Maestlin ficou desnorteado. Tentou escapar do caos, titubeando ora numa direção ora noutra. Levou uma cotovelada na costela e quase foi ao chão. Gemendo de dor, ofegante, avistou um banco à distância e arrastou-se até ele. Seu coração, batendo como as asas inúteis das galinhas, parecia querer fugir pela boca. Onde estava Maria? O velho mestre sentou-se e fechou os olhos. O cansaço o ajudou, e, aos poucos, as imagens e os ruídos do mercado desapareceram.

O palco foi armado no meio da praça. Estudantes de teologia corriam de um lado para outro, cuidando dos últimos detalhes. Embora fosse uma fria manhã de meados de fevereiro, insistiram que a peça fosse apresentada ao ar livre. Afinal, aquele era um evento raro, que se realizava apenas uma vez por ano. Maestlin bem que tentou convencer os pupilos a mudar de ideia, argumentando que tanto atores como público acabariam doentes. No entanto, eles o ignoraram. Naquele ano de 1591, a peça seria uma adaptação da trágica história de são João Batista. O papel de Mariana, a rainha injustamente condenada à morte pelo próprio marido, caberia a Kepler, com sua baixa estatura e voz de falsete: escolha perfeita.

Na véspera, Kepler e seu amigo Koellin tinham ido à casa de Maestlin depois das nove da noite.

"Mestre, desculpe incomodá-lo a esta hora, mas não conseguimos achar uma bandeja de prata para carregar a cabeça do João Batista", disse Kepler, sorrindo. "Será que o senhor não teria uma bem grande?" Enfiou a mão na bolsa de couro que Koellin carregava e dali retirou, pelos cabelos, uma enorme cabeça feita de gesso e pergaminho. À luz de velas, parecia real. O pescoço, cortado para satisfazer os caprichos de Salo-

mé, salpicado de sangue; os olhos negros, sem vida, revirados, expressavam o pavor de uma morte inútil.
Maestlin baqueou. "Mas que ideia foi essa, senhores? Como puderam modelar a cabeça de João Batista pela do reitor? Jacob ficará furioso!" Kepler e Koellin caíram na gargalhada.
"A ideia original, mestre, era usar a cabeça de Lutero como modelo", respondeu Kepler. "Mas preferimos evitar uma confusão maior e decidimos usar a do reitor do Stift. O senhor acha que ele se importará? É só uma brincadeira."
"Bem, vamos ter de esperar para ver a reação dele." Maestlin lutava para conter o riso. "Deixe-me tentar encontrar uma bela bandeja de prata para vocês." Após breve consulta a Margaret na cozinha, ele voltou com uma base perfeita para a cabeça do profeta desafortunado. "Esta deve servir."
"É perfeita, mestre", disse Kepler, aliviado. "Espero que o senhor possa vir amanhã."
"Não perderia esse espetáculo por nada", respondeu Maestlin.

Uma multidão circundava o palco, esperando impacientemente pelo início da apresentação. Os atores já estavam habituados à participação efusiva da plateia. Maestlin, de manto de lã e boina de veludo, sentara-se na primeira fila, acompanhado dos poucos membros do corpo docente que tiveram a coragem de enfrentar o frio. Tambores anunciaram o começo do espetáculo. Em meio a aplausos entusiásticos, o narrador, vestido de anjo, andou lentamente até o centro do palco. Pigarreou e, com voz solene, proclamou: "Ilustres senhores e senhoras, bem-vindos a mais uma apresentação do grupo teatral do Stift, orgulho de nossa Tübingen. Neste primeiro ato será contada a triste história do rei Herodes e de sua rainha Mariana, uma história de martírio e injustiças alimentadas pela inveja e pela sede de poder. Sim, trata-se do mesmo rei Herodes que, no fim de seu reinado, ordenou a morte de todos os meninos com menos de dois anos, tentando assim se livrar do Messias, cujo nascimento fora profetizado. Mas, muito antes disso, ele havia se casado com a princesa Mariana, descendente dos guerreiros israelitas conhecidos como macabeus. O casal teve dois filhos, Alexandre e Aristóbulo. Que as lições desta trágica história iluminem o espírito de todos aqui presentes".

A peça abria nos aposentos reais. No centro, uma cama enorme, entre dois pilares, coberta por almofadas de seda e veludo de cores vivas. Brenz e Koellin, vestidos de aias, abanavam leques feitos de penas diante dos pilares. Outra "aia" segurava uma bandeja repleta de uvas verdes. Cortinas vermelhas emolduravam uma ampla janela, em cujo vidro tinham sido pintadas cenas rotineiras — mercadores em camelos, crianças colhendo tâmaras, cachorros correndo. O rei olhava distraidamente para fora. Os dois príncipes, ainda bebês, brincavam com blocos e pirâmides de madeira ao pé da cama. Kepler surgiu triunfante no palco, envolto numa leve túnica de cetim com um cinto dourado. Uma coroa de flores silvestres decorava os esvoaçantes cabelos loiros de sua peruca.

"Meu nobre e justo rei", começou Mariana em tom suplicante, "como podes duvidar de minha inocência? Sabes muito bem que jamais trairia tua confiança, jamais me deixaria seduzir por outro homem. Não fui sempre uma esposa fiel? Dedicada ao nosso amor? Quem te acompanhou durante tantas noites repletas de dúvidas e medo? Quem jamais saiu do teu lado nas horas mais difíceis?" Os olhos de Kepler encheram-se de lágrimas. Sua voz, modulada pela dor, tornava-se cada vez mais estridente. Uma brisa fria ameaçou soprar para longe o chapéu de Maestlin. O velho mestre teve a impressão de que Kepler olhara para ele ao dizer aquelas palavras.

"Mariana", respondeu Herodes com inflexão ameaçadora, "Salomé, minha irmã, e até tua própria mãe acusaram-te de adultério. Não sei se estes meninos têm o meu sangue ou se são bastardos!" O rei apontou para as duas crianças com expressão de profundo desgosto. "É a maldição dos homens não saber a verdadeira origem de seus herdeiros. É tua palavra contra a delas", continuou. "Não há nada a fazer." Herodes virou as costas para Mariana, evitando seus olhos.

"Não vês que elas querem minha morte?", indagou Mariana, aos prantos. "Não vês que têm ciúmes de nossa relação tão próxima, de nossas confidências, de nossa força? Tu, o todo-poderoso rei da Judeia, que sempre me amaste e protegeste, vais agora abandonar-me nas frias mãos do carrasco? Eu, a mãe de teus dois filhos? Que será deles? Vais matá-los também?" A rainha correu até as crianças e abraçou-as ternamente. "Como posso merecer este destino, quando sou apenas culpada de servir-te, de defender-te contra tantas acusações injustas, de promulgar teus ensinamentos e princípios? Como?" Ao dizer essas palavras, Kepler dirigiu impulsivamente o olhar a Maestlin. O astrônomo desviou os olhos. Sentiu o frio alastrar-se pelos ossos, o mesmo frio que sentia quando algo trágico lhe era revelado. Naquele momento, entendeu que seu destino estava para sempre entrelaçado com o do pupilo, como a vinha, que abraça a árvore à qual consome. Só não sabia ainda se era vinha ou árvore, se consumiria ou seria consumido. Pelo menos metade da plateia soluçava convulsivamente.

O rei aproximou-se da esposa. "Está determinado que tu deves pagar por teus crimes. É minha decisão de rei. Jamais tolerarei discórdia em minha própria casa", proclamou, enrijecendo o corpo. "Guardas! Levem imediatamente a rainha Mariana para a masmorra."

Carregada pelos guardas, em meio aos berros dos filhos, a rainha condenada encarou o marido assassino uma última vez. "Tua lâmina injusta pode silenciar minha voz, mas estejas certo de que tu deixarás um legado de morte e traição, enquanto eu serei lembrada por minha honestidade e devoção à verdade."

Antes de ser empurrado do palco, Kepler voltou-se mais uma vez para o mestre. Um estranho brilho, carregado de premonição, emanava de seus olhos.

Após alguns momentos de completo silêncio, a plateia explodiu em aplausos e assobios. Kepler retornou três vezes ao palco, sorrindo, embaraçado, e limpando as lágrimas.

* * *

Maestlin forçou os olhos a ficar fechados, tentando evitar que o mercado voltasse a invadir-lhe a mente. Lembrou-se, sorrindo, da expressão furiosa de Jacob Heerbrand quando ele viu que a cabeça do profeta era, na verdade, a sua.

Após a apresentação, Kepler não apareceu na sala de aula por vários dias. Preocupado, Maestlin decidiu visitá-lo, embora mestres não costumassem fazer isso. A vinha começara a tomar força, a enroscar-se na árvore. Encontrou-o numa cama diminuta, sob uma montanha de cobertores, tremendo de febre. O quarto estava úmido e frio. A desordem era total. Livros por toda parte, abertos no chão, empilhados aqui e ali junto a papéis repletos de anotações e cálculos. Roupas acumulavam-se sobre a única cadeira, sujas e amarrotadas. A cera de velas apoiadas na borda da janela cascateava parede abaixo. Maestlin sorriu, lembrando-se de seus dias de estudante.

"Johannes", disse com voz suave, "andei preocupado. Seus amigos me contaram que você caiu doente logo após a apresentação. Eu bem que avisei que estava frio demais para teatro ao ar livre!"

"É verdade, mestre. Acho que a excitação toda acabou me fazendo mal", respondeu Kepler, quase num sussurro. "Meu corpo não é tão forte quanto eu gostaria."

"Espero que esteja se cuidando."

"Sim, mestre, obrigado." O rosto do pupilo contraiu-se de dor quando ele tentou sentar-se. "Voltarei à sala de aula dentro de um ou dois dias."

"Queria lhe contar como foi a reação de Jacob Heerbrand", disse Maestlin, sorrindo. Poucas coisas lhe davam tanto prazer quanto ver um teólogo humilhado em público. "Como pode imaginar, ele não ficou nada satisfeito ao ver sua cabeça flutuando numa bandeja. A primeira reação foi querer impor um castigo severo aos responsáveis. Contudo, depois de consultar o restante do corpo docente, ele se convenceu de que não houvera malícia e desistiu." A voz do mestre assumiu um tom mais sério. "Claro que, quando ele me perguntou se eu sabia de quem fora a ideia, respondi que não." Maestlin fitou Kepler, que baixou os olhos, envergonhado, tentando esconder o riso. Acariciando a barba, continuou: "Ainda bem que ele não reconheceu minha bandeja...". Mestre e aluno caíram na gargalhada, interrompida por um ataque de tosse de Kepler.

"Aqui, jovem", disse Maestlin, pondo as mãos nos ombros de Kepler, "beba um pouco de água. É melhor que eu parta antes que o faça piorar."

Kepler tomou um gole e pôs o copo na mesa de cabeceira. Acenou para o mestre com a mão esquerda, enquanto cobria a boca com a direita, tentando abafar a tosse. "Muito obrigado pela visita, mestre. Espero vê-lo em breve na sala de aula. Talvez amanhã."

"Não exagere, Johannes. Um dia não fará diferença."

"Sim, mestre, mas o senhor sabe que não consigo ficar muito tempo parado, sem fazer nada."

"É, Johannes, eu sei, sei muito bem." Maestlin fechou a porta silenciosamente.

6

"Mestre, mestre, acorde!", gritou Maria, sacudindo Maestlin pelos ombros.
"Já acordei, Maria. Pare de me sacudir!"
"Perdoe-me, senhor, mas, quando o vi de olhos fechados no meio dessa confusão, achei que não estava passando bem."
"E não estou mesmo! Se você tivesse chegado na hora, nada disso teria acontecido. Levei até uma cotovelada nas costelas, de um camponês enlouquecido com a música."
"Oh, senhor... Eu disse que o mercado era perigoso. Um de meus filhos, o Daniel, sabe?, aquele que nasceu meio fraco, acordou doente, e eu não podia deixá-lo sozinho." Maria tinha o mesmo tom de voz franco de Mariana e Kepler. E filhos demais para criar. Sete? Oito? Maestlin havia perdido a conta.
"Está bem, Maria, eu entendo. Vamos logo às compras, antes que tudo se acabe."
"Vi um ganso que me pareceu delicioso. Quem sabe não o preparo assado, bem como o senhor gosta?"
"Lá vai ela novamente", pensou Maestlin, "feliz da vida, como se nada houvesse acontecido. Que mágica essa sua capacidade de dar as costas para as adversidades da vida, de sorrir quando deveria chorar! Será ela sábia ou apenas um dos tantos ingênuos felizes espalhados pelo mundo?" De qualquer forma, um ganso assado era uma excelente ideia.

Maria atravessou a praça até a carroça de aves, atropelando com sua invejável opulência aqueles que se atreviam a permanecer na frente dela. O movimento havia caído, especialmente depois de a música ter terminado. Como de praxe, em

Tübingen, atividades vigorosas eram seguidas pelo consumo de grandes quantidades de cerveja. Metade da cidade já encontrara refúgio numa das várias tavernas. "Este aqui está bom", disse Maria à garota atrás da carroça, agarrando pelo pescoço um ganso de porte avantajado. "E nem pense em me trapacear na balança!", advertiu. A garota deu de ombros, sorrindo para Maestlin. Maria bufou, e enfiou o ganso numa sacola que a pobre ave, antes tão orgulhosa, era obrigada a dividir com humildes ramos de aipo e uma cabeça de repolho. "A morte não respeita a dignidade de ninguém", pensou o velho mestre, fitando o ganso com os olhos de quem prenuncia o próprio destino. Segurando a sacola e o braço de seu senhor, Maria retomou a marcha, agora em direção à Wienergasse.

Maestlin estava feliz de retornar à sua adorada poltrona, o fogo chiando na lareira, o caos do mercado deixado para trás. Porém, a paz que tanto cobiçava não parecia ter o mesmo interesse em juntar-se a ele. O mestre virava-se de um lado para outro, buscando encontrar a posição certa, aquela que o faria relaxar. Não conseguia. "Talvez Maria tenha razão", pensou, "talvez eu deva limitar minhas caminhadas até a beira do rio. Velhos não têm mesmo de se aventurar em meio a multidões. É melhor ficar quieto no meu canto, não incomodar." De repente, como se dotados de vida própria, seus olhos se abriram com uma intensidade inesperada. "Ou talvez não! É *boa* esta inquietude, sentir essa energia tilintando pelo corpo, a vida insistindo em não me abandonar. Antes isso do que ver meu corpo a cada dia um pouco mais rígido, a cada dia menos vivo, até que finalmente tombe, duro feito pedra. Não, não desistirei nunca! Irei ao mercado até quando não puder mais andar!"

"Eu não entraria lá agora, mestre Ludwig", ouviu Maria dizer na cozinha. "Seu pai está tentando descansar."

"Eu decido se devo ou não ver meu pai, está claro?", rugiu Ludwig. Avançou até a sala, empunhando uma vela.

Maestlin bocejou alto, fingindo acordar de um sono profundo. "Ludwig, que ótima surpresa", disse, sua voz quase um sussurro.

"Pai, vim só ver como está se sentindo. Soube da confusão do outro dia, a batalha em frente à igreja. Queria vir antes, mas, o senhor entende, com tantos feridos, é difícil..."

"Claro, Ludwig, fico satisfeito de que ande ocupado." Sabendo que o filho não partiria antes de uma boa briga, Maestlin resolveu acelerar as coisas. "Já que está aqui, que tal se lesse aquele documento ali em cima da mesa?", perguntou, apontando para um pergaminho amarelado. "Meus olhos estão um pouco cansados hoje."

Ludwig suspirou fundo, já imaginando do que se tratava. *Debate sobre o sistema de mundo copernicano, por Johannes Kepler.* "Não acredito que o senhor ainda esteja perdendo seu tempo com isso!", exclamou.

Maestlin balançou a cabeça. "Como é fácil...", pensou. E disse: "Você não entende, Ludwig. Esta é a única maneira...".

"Esta é a única maneira de o senhor enlouquecer", interrompeu Ludwig. "Conheço bem esse texto, lembro-me de tudo. Ainda se sente culpado por ter usado Kepler como cobaia, por não ter tido a coragem de proclamar alto e bom som a seus colegas de Tübingen o que verdadeiramente pensava sobre Copérnico. Não é isso?"

"É, fui mesmo um covarde, mas a culpa não foi apenas minha. Kepler também fez por merecer." A raiva antiga acordou em seu peito, uma fera rugindo nas profundezas de uma caverna. "Primeiro, pela insistência em tentar reconciliar Copérnico com os ensinamentos da Bíblia, indo contra os teólogos de Tübingen. Segundo, pela audácia em misturar astronomia com causas físicas. Eu o adverti inúmeras vezes de que devia mantê-las separadas — 'a astronomia não está preocupada com a causa dos movimentos celestes, apenas em *descrevê-los*' —, mas ele nunca me ouviu. Era teimoso demais."

"Pai, o senhor sabe muito bem o quão fundamental foi a 'audácia' de Kepler."

Maestlin deixou cair os braços ao longo da poltrona. A fera se calou, acuada de novo no fundo da caverna. "Sei agora, mas por que não vi isso antes, quando ainda tinha a chance de... Tudo o que fiz foi abrir a janela para ele alçar voo."

"E o senhor vai se punir por isso até a morte? Será que não pode encontrar paz nas suas muitas realizações, nas suas muitas descobertas famosas? Chega desse Kepler, pai!"

"Agora, é melhor que você parta." Maestlin suspirou. "Não temos mais nada a dizer."

Ludwig olhou para o pai com o sorriso incrédulo daqueles que só enxergam a própria dor. Deu meia-volta e jogou o manto sobre os ombros num gesto teatral, batendo a porta ao sair.

Maria entrou correndo. "Mestre, está tudo bem? Eu disse a mestre Ludwig que não o incomodasse, eu disse..."

Maestlin sorria. Sentia-se drenado, como o leito ressecado de um rio. "Não se preocupe, Maria, já basta. Deixe um prato de sopa na mesa. Volte para casa, vá cuidar do seu filho doente. Sopa e silêncio, é só o que quero agora."

Maestlin cerrou os olhos, abraçando a tão esperada solidão, a entrega à memória. O que determinava aquele turbilhão de imagens, de onde vinham? Ele deu de ombros: o importante era que vinham, que jamais o deixavam só.

Era o início de fevereiro de 1594, alguns meses antes de Kepler se formar. Maestlin estava no escritório, examinando um livro que chegara havia pouco, de autoria de Tycho Brahe. Ouviu vozes: debaixo da janela, um grupo de estudantes discutia animadamente seus planos para o futuro.

"Tenho certeza de que serei enviado a um lugar ótimo, de preferência perto da minha família, em Stuttgart", disse um deles. "Afinal, minhas notas foram sempre excelentes."

"Não tenha tanta certeza assim", cortou secamente outro. "Nunca se sabe o que esses professores vão aprontar."

"Ah, eu sei", afirmou uma terceira voz, que Maestlin reconheceu como sendo a de Kepler. "Estou certo de que os mestres me enviarão à melhor paróquia." Os outros dois estudantes bufaram. "Claro, gostaria de ficar perto da minha família, em Weil. Mas, na verdade, não me importa muito onde vou parar. O que quero é servir a Deus, divulgar Suas palavras."

"Então é bom que alguma barba comece a crescer nessa tua cara de bebê, Johannes", fuzilou a segunda voz. "Quem vai levar a sério um pastor com bochechinhas rosadas?" Os três caíram na gargalhada.

Alguém bateu à porta. "Está aberta, entre", gritou Maestlin.

Era Hafenreffer. Parecia preocupado; seus olhos tinham um brilho opaco. "Michael", começou, acariciando a curta barba preta, "tenho más notícias. Podemos almoçar juntos?"

O outro fechou o livro.

"Livro novo?", perguntou Hafenreffer.

"É", respondeu Maestlin, sem entusiasmo. "Do Tycho Brahe, sobre seu sistema de mundo. Estranha mistura de ideias: a Terra continua fixa no centro, e o Sol girando em torno dela, como nos modelos dos gregos. A novidade é que Brahe põe todos os planetas girando em torno do Sol, não da Terra." Olhou para o colega, tentando ler a reação em seu rosto.

"Hum... interessante a ideia do dinamarquês, tentando acomodar a Bíblia e as observações astronômicas."

"Exatamente, Matthias. Por certo essa foi a intenção de Tycho, porém acho que o esquema não vai funcionar", afirmou Maestlin. "A ideia não tem nada de nova, você sabe. Heraclides propôs algo semelhante há mais de mil e oitocentos anos. A única diferença é que ele pôs apenas Mercúrio e Vênus em torno do Sol, não todos os planetas."

"Vocês, astrônomos, são um bando de esquecidos", ironizou Hafenreffer. "Tycho propõe uma versão revisada do modelo de Heraclides; Copérnico, uma do modelo de Aristarco... Será que ninguém teve ao menos uma ideia original nos últimos quinze séculos?"

"Não é bem assim, Matthias, as coisas hoje são muito mais sofisticadas. Os modelos de Tycho e Copérnico são muito mais complexos que os dos gregos. Ademais, agora temos observações de alta precisão, que podemos usar para comparar modelos, decidir qual o melhor. A esperança é que..."

"A esperança é que os gregos tenham deixado ao menos algumas questões em aberto", interrompeu Hafenreffer. "Não foi Aristóteles quem disse que 'os homens têm sempre as mesmas ideias, só tendem a se esquecer disso...'?" Maestlin começou a se irritar. "É por isso, caro amigo, que gosto de teologia. Ao menos nossa religião apareceu depois de Platão, Aristóteles e toda a casta grega", provocou o outro, com os olhos faiscando como de costume. "No entanto, não vim aqui para falar de filosofia natural. Está pronto? Temos algo bastante sério para resolver." O teólogo ajeitou o rufo, certificando-se também de que a boina de veludo preto ainda estivesse inclinada, como ditava a moda. Maestlin fingiu ignorar os gestos exagerados do colega. Tinha pouca paciência com quem se levava muito a sério.

Os mestres desceram as escadas e atravessaram o pátio central do Stift em direção à saída. Ao lado do portão, Kepler e seus dois colegas ainda discutiam o futuro. Hafenreffer apertou o passo e dirigiu-se à Kronengasse, ignorando os alunos. Maestlin trocou um rápido olhar com Kepler, mas também não disse nada. Era claro que algo estava por acontecer.

Em virtude da hora, a vidraça da taverna ainda não se embaçara. Os estudantes costumavam chegar bem mais tarde, após o pôr do sol, quando professores e profissionais locais já estavam em suas casas, aos abraços ou aos tapas com as esposas. Maestlin e Hafenreffer encontraram uma mesa ao lado de uma janela que dava para o rio. O teólogo pôs uma carta na mesa. Era do reitor da escola protestante de Graz, capital da Estíria, na Áustria.

Ao distinto conselho deliberativo do Seminário Teológico de Tübingen,

É com grande tristeza que comunico a Vossas Senhorias o falecimento de nosso honrado professor de matemática, George Stadius. Deus abençoe sua alma. Cabe a mim, portanto, a penosa missão de pedir-vos auxílio. Temos urgência em encontrar um substituto à altura. Seria também de inestimável ajuda se o candidato identificado por Vossas Senhorias fosse competente em grego e história.

Acrescento que o salário é de cento e cinquenta coroas por ano, e será devidamente suplementado, pois o novo professor arcará também com as responsabilidades de matemático oficial da Estíria. Como tal, deverá não só aconselhar nossas autoridades em questões técnicas, como produzir um calendário anual, baseado em seus conhecimentos astrológicos.

Espero sinceramente que nosso pedido venha a ser atendido o quanto antes. Nossa gratidão por vossa generosa atenção não pode ser expressa em palavras.

Deus esteja convosco.

*Atenciosamente,
Johannes Papius, Reitor
da Escola Protestante de Graz*

O astrônomo repôs lentamente a carta no envelope e o devolveu ao colega. A esposa do taverneiro trouxe pratos de sopa e canecos de cerveja. Como sempre, sua chegada distraiu Maestlin. Ela usava a costumeira veste de camurça, relíquia da juventude, que parecia querer estourar sob a pressão dos seios. Os olhos do astrônomo, dotados de desejo próprio, viajaram até o decote, de onde vislumbraram as terras excêntricas trilha abaixo, repletas de prazeres proibidos. Já os seios de Margaret, se é que aquelas minúsculas e flácidas protuberâncias mereciam a mesma denominação, levavam-no apenas a Stuttgart, até a casa da sogra. A mulher inclinou-se sobre a mesa para ali depositar os pratos, o braço roçando levemente a mão do atônito mestre. Sua pele macia ardia de tão quente, exalando um perfume de tabaco e cebolas, prenúncio daquelas terras distantes... Com supremo esforço, Maestlin ergueu os olhos na direção de Hafenreffer, sempre uma visão sóbria. "Agora entendo por que queria almoçar comigo", disse.

"Não há dúvida de que Kepler é o melhor candidato", afirmou Hafenreffer.

"Kepler é o *único* candidato." Os olhos de Maestlin seguiram com certo alívio as ondulações das largas ancas da mulher do taverneiro.

"Ele não vai gostar nem um pouco..."

"Claro que não. Seu sonho é tornar-se um pastor, devoto à causa luterana. Esse foi e é o objetivo maior da vida dele. Sua dedicação à matemática e à astronomia é secundária. E, agora, vamos forçá-lo a tomar um rumo completamente diferente, a ficar longe da família e dos amigos."

"É verdade", admitiu Hafenreffer. "Porém, a situação não é assim tão terrível. É exemplar sua aptidão para a matemática e a astronomia. Como astrólogo, também já ganhou o respeito dos colegas. Mas, francamente, a teologia dele deixa muito a desejar. É teimoso como uma mula, incapaz de entender o que significa ceder numa posição para chegar a um acordo." Encarou friamente Maestlin. Uma luz maliciosa dançava em seus olhos. "Talvez essa seja a melhor opção para ele. E para nós."

Maestlin tomou um gole de cerveja, devagar, ponderando a situação. Após alguns instantes, levantou os olhos, um leve sorriso separando os lábios finos. "Talvez a ideia não seja assim tão má."

Hafenreffer debruçou-se em sua direção. "Então está de acordo?"

"Estou. Kepler ficará chocado inicialmente, mas seguirá nossa recomendação. E tenho certeza de que terá sucesso em Graz."

"Hum, começo a entendê-lo, Michael", provocou Hafenreffer. "Assim você ganha um excelente colaborador para suas pesquisas astronômicas. E, melhor ainda, a uma confortável distância, sem complicar sua vida por aqui."

"Veremos", disse Maestlin, irritado com o tom irônico do outro, como se ele é que tivesse planejado aquilo. "Tudo vai depender da reação de Kepler. Poderá ficar desconsolado a ponto de se recusar a pensar em astronomia. Pouco provável, mas..."

"Impossível", cortou o teólogo. "Kepler sofre do que chamo de inquietação perpétua da mente. Jamais deixará de cogitar nas grandes questões. Esse é o alimento de sua mente, de seu espírito. Feito você..." Hafenreffer olhou para o colega com uma ponta de desdém. "Então, quando lhe contará as novas?"

"Agora mesmo. Ele deve estar na biblioteca, estudando." Maestlin esvaziou de uma só vez o caneco de cerveja e levantou-se, os olhos procurando em vão as ancas da mulher do taverneiro. Hafenreffer acenou com a cabeça, satisfeito. Kepler levaria suas ideias controversas para bem longe de Tübingen e certamente aprenderia a ser mais prudente. A menos, claro, que se recusasse a ir para Graz.

7

Maria surgiu da cozinha, trazendo uma xícara com algum líquido fumegante. Maestlin dormia tranquilamente, com Urânia em seu colo. A criada hesitou, mas resolveu tocar de leve o ombro do velho mestre.

"Pode ir, Maria... Não preciso de mais nada", resmungou ele, mantendo os olhos fechados. Preferia permanecer em 1594 a retornar a 1630.

Maria insistiu: "Mestre, perdoe-me, mas o senhor precisa ao menos tomar alguns goles desta infusão, enquanto está quente. Faz muito bem para as articulações".

"Está bem, mulher! Qualquer coisa para que me deixem em paz!"

"O senhor fala assim agora", replicou Maria, "mas, quando não estou aqui, reclama." Maestlin fitou-a, surpreso. A pobre mulher levou as mãos à boca. Seus olhos pareciam dois diques prestes a estourar. "Ô meu Deus, me desculpe, senhor, não sei o que deu em mim..."

"Não precisa se desculpar, Maria", disse Maestlin, sorrindo. "Você é uma criada exemplar, a melhor que já tive. Eu é que sou um bode velho."

"Sim, senhor, quer dizer, não, senhor." Maria enxugou os olhos na manga encardida do vestido. "Vou deixá-lo em paz. Volto amanhã cedo. Mas não se esqueça da infusão!"

Maestlin levou a xícara aos lábios, fingindo que bebia. Assim que Maria saiu, deu-a para Urânia e fechou novamente os olhos. Estava na hora de contar as novas para Kepler.

Conforme ele previra, Kepler estava na biblioteca, sentado em seu local favorito, a uma mesa ao lado de uma ampla janela que se abria para o pátio central do Stift. Olhava para fora, absorto na contemplação. Maestlin aproximou-se do pupilo, pigarreando para anunciar sua presença.

"Mestre!", exclamou Kepler. "Que surpresa!"

"Desculpe o susto, Johannes. Você me acompanha numa caminhada? Precisamos conversar."

Kepler tentou sorrir, mas a sombra que detectou nos olhos do mestre congelou seus lábios. Fechou o livro e levantou-se. Em alguns instantes mestre e pupilo subiam a ladeira que levava ao castelo, como haviam feito tantas vezes no passado.

"Do que se trata, mestre? O suspense está me dando dor de estômago", disse Kepler.

"Muito bem, Johannes, vou direto ao assunto. Recebemos uma carta do reitor da escola protestante de Graz, na Estíria, solicitando um professor de matemática e astronomia. Naturalmente, o primeiro nome em que o corpo docente cogitou foi o seu. Você foi nomeado por unanimidade, parabéns!" Kepler parou bruscamente de andar. Imaginou o chão em frente se abrindo numa vala enorme, pronta para engoli-lo. "Você é o melhor aluno de matemática da turma, e também proficiente em grego e história. O único problema é que", Maestlin hesitou, "o único problema é que a escola tem urgência. Infelizmente, você teria de partir antes de completar seus estudos."

Kepler debruçou-se no muro ao longo da entrada principal do castelo, com vista para toda a cidade. Eram seis horas. Os sinos de Tübingen explodiram em badaladas. O pupilo pressentiu que em breve aqueles sons seriam uma lembrança do passado. Seus olhos encheram-se de lágrimas. Viu-se sozinho, numa terra distante, exilado. "Mestre", murmurou, "o senhor sabe o quanto gosto de matemática e de astronomia, o quanto suas aulas são uma grande inspiração para mim. Mas o sonho da minha vida é ser um pastor luterano, é pregar a palavra divina. O senhor está me dizendo que terei de abandonar tudo isto só porque uma escola na longínqua Estíria precisa de um professor? E, pior ainda, terei de sair daqui correndo, feito um fugitivo, antes de terminar os estudos?" Sentiu uma bola inflar no pescoço, sufocando-o. "Eu não posso... não tenho como decidir isso agora." Olhou para o mestre, tentando em vão encontrar alguma compaixão em seu rosto. Maestlin desviou os olhos, lembrando-se de Mariana, sentindo-se como Herodes. "Preciso de alguns dias, preciso consultar minha mãe, meu avô."

"Johannes, entendo que esteja chocado", disse Maestlin, "mas tente ver o lado positivo das coisas. Eu tenho muito orgulho de ser astrônomo. A teologia não é a única estrada que leva a Deus...", continuou, procurando pelos olhos do pupilo. Kepler, entretanto, olhava para o leste, na direção da Estíria. "Talvez você venha a ter mais sucesso como astrônomo do que como teólogo. Além disso, poderemos colaborar em nossas pesquisas, discutir ideias e descobertas sobre os céus. Existem tantas perguntas sem resposta, tanto para aprendermos sobre o cosmo!"

"Claro, mestre, claro. O senhor sabe que tenho grande respeito pela astronomia e por seu trabalho, mas a teologia está no topo de todo o conhecimento; é dela que tudo flui, tudo."

"Johannes, um dia você vai entender que as coisas não são bem assim, que é mais fácil encontrar o Criador no esplendor dos céus do que em intermináveis discussões teológicas." Maestlin pôs a mão no ombro do pupilo. "Vá até sua casa, converse com sua família, pense com carinho nessa oportunidade. Você tem uma semana."

Kepler disparou aos prantos ladeira abaixo. Tinha vinte e dois anos, a maior parte deles dedicados ao mesmo ideal, e, de repente, sem aviso, seu futuro, seus planos, seus sonhos, foram arrancados de suas mãos por aqueles que considerava seus protetores, aqueles a quem mais admirava.

Na manhã seguinte, Kepler enfiou algumas roupas e a cópia do livro-texto de Maestlin numa pequena sacola de couro, embrulhou restos de comida num lenço e saiu em busca de transporte. A viagem até sua casa em Weil deveria durar ao menos um dia e meio, dependendo do tempo. Ele foi até a ponte Eberhards, nos arredores de Tübingen, por onde sempre passavam carruagens e viajantes que iam para Stuttgart. Não encontrando nada, alugou a mula velha de um mascate. "Pode confiar na velhinha que ela leva o senhor lá, pode confiar", disse o mascate, exibindo a gengiva desdentada ao receber o pagamento. O animal exalava uma tristeza capaz de fazer flores murcharem. Kepler sentia-se do mesmo jeito. Ambos haviam sido forçados, por circunstâncias fora de seu controle, a viajar para um destino que não conheciam. Sabiam apenas que partiam para longe do que amavam; a mula, do seu dono, e ele, do púlpito com que tanto sonhara.

A estrada, quando se podia distingui-la em meio aos bancos de neve e às poças de lama e gelo, avançava para Stuttgart a noroeste, e em seguida para o oeste, em direção a Weil. Apenas os mais desesperados, porque fugiam de algo ou de alguém, ou porque não tinham alternativa, aventuravam-se a viajar em fevereiro pelo coração da Alemanha. Um vento indiferente à fragilidade dos homens uivava nos campos. Para piorar a situação, a pobre mula parecia ter poderes mágicos, capazes de alongar infinitamente a estrada.

Kepler, cujos méritos não incluíam a destreza em montar, equilibrava-se precariamente na sela, segurando a rédea com uma das mãos enquanto a outra lutava para manter o cobertor enrolado em torno do torso. Tentou esquecer-se dos dedos congelados, dos olhos lacrimejantes, da dor nas costas, do passo aflitivamente lento da mula, e concentrar a atenção na escolha que tinha pela frente. O que devia fazer? Recusar o cargo em Graz por certo lhe traria sérias dificuldades em Tübingen. O conselho deliberativo não veria com bons olhos tal insolência. Por outro lado, tratava-se da vida dele, do seu futuro. Todos aqueles anos de trabalho, de estudo, para nada? Lembranças da infância invadiram-lhe a mente, o sarampo que quase aleijara suas mãos; a miopia, motivo de zombaria entre os colegas; as febres constantes; as surras diárias, intermináveis, pelas mãos pesadas do pai invariavelmente bêbado; a gritaria histérica da mãe, da avó, das tias, ecoando pela casa sempre atulhada de gente; as brigas na escola... Enxergava cada vez menos, suas lágrimas apagavam os contornos da estrada. "Só no estudo da palavra divina encontro consolo para minha dor, encontro a paz que tanto procuro", gritou contra o uivar do vento. "E, agora, meus próprios mestres, a quem servi com tanta dedicação por todos esses anos, querem tirar isso tudo de mim? Por quê? Estou sendo punido? É isso? Será que Deus está testando minha fé? Será que sou seu novo Jó?" Ergueu os olhos para o céu. O sol estava para se pôr, a temperatura caía rapidamente. Kepler concluiu ser mais prudente deixar a autocomiseração para mais tarde. Precisava achar um local para pousar, ou aquela poderia ser sua última noite.

Encontrou uma modesta pensão quinze quilômetros ao sul de Stuttgart. Após uma ceia leve — não tinha dinheiro para nada melhor —, trancou-se no quarto, cercado de velas e da cópia do livro de Maestlin, *Epitome astronomiae*. Abriu-o na página 17, velha conhecida, onde o mestre indagava "O que é a astronomia?". Recitou a resposta: "A ciência que mede e explica os movimentos dos corpos celestes". "Que ironia", pensou, "Maestlin mal menciona o nome de Copérnico no livro. Só fala da astronomia de Aristóteles e Ptolomeu, sem nenhuma descrição do modelo heliocêntrico. Ele nunca me contou por que fez isso... Será que tem medo dos teólogos de Tübingen? Da censura da Igreja? E a empolgação dele quando nos explicava em sua casa as nuances do sistema copernicano? Era tudo um grande segredo! Tanto assim que no debate de 1593 não disse uma única palavra para defender-me das acusações de Hafenreffer. Pelo contrário, criticou-me perante todos, ridicularizou minha tentativa de justificar, combinando argumentos físicos e teológicos, a posição central do Sol..."

Kepler fechou o livro ruidosamente. Sentiu um estranho ímpeto de ir até a janela e abri-la. A noite envolveu-o como um manto, apossando-se do quarto. Ele ergueu os olhos. Júpiter irradiava sua luz majestosa, desafiando Marte a superá--lo, dois anjos brincando com a luz de Deus. Enfeitiçado, não conseguia desviar o olhar... Sentiu-se um fantoche nas mãos dos dois planetas, que o puxavam para perto deles com suas teias invisíveis. Viu o céu dançar, a energia que permeia o cosmo ressoando em sua alma, o alento de Deus, Seu toque etéreo. "Deus é o cosmo, os céus!", bradou, trêmulo, para o vazio. *Sentia* isso agora, pulsando nas fibras do corpo, nas veias, uma confirmação do que havia muito suspeitava, a presença do divino nos céus, a divindade dos céus. Astrônomos de outrora sabiam disso, sabiam que os céus eram sagrados. Quantos, porém, podiam *senti-lo* como ele o sentia agora? Lembrou-se das palavras de Ptolomeu: "Quando observo as revoluções infinitamente graciosas dos astros, meus pés deixam de tocar a terra; ascendo aos céus e, junto a Zeus e sua corte de deuses, saboreio as delícias imortais da ambrosia...". Contudo, os que o seguiram, com exceção de Copérnico e de outros poucos, já não sentiam nada. "Maestlin, talvez, no passado, não agora. Sua inspiração o abandonou. Uma astronomia reduzida a descrever os movimentos celestes é como um corpo sem alma. É necessária uma nova astronomia, que vá além, que incorpore a presença de Deus. Os movimentos, belos sem dúvida, revelam a graça de Deus, mas não Sua essência. Qual a sua causa? Qual a teia invisível que permeia os céus? São essas as perguntas que devem ser respondidas! É esse o mistério cósmico! Quanto melhor conhecermos os céus, melhor conheceremos a Deus. O mestre tem razão, a teologia não é a única estrada que leva a Deus. Tampouco o é uma astronomia confinada a desenhar círculos imaginários nos céus. Para apreendermos a beleza da mente divina, é necessária uma astronomia *física*, capaz de explicar as causas dos movimentos celestes. Vejo tudo com tanta clareza! Será essa a minha missão. Não ser um pastor a mais entre tantos outros, e sim o criador de uma nova astronomia, que revelará ao mundo a beleza da mente divina."

Sentiu-se extremamente leve, tomado pela sensação de que seu corpo se dissociava em átomos elementares, enquanto sua mente ascendia aos céus etéreos. Naquele momento, ele era parte do cosmo, e o cosmo, parte dele, era o tudo e o nada, a essência e a ausência. Apoiando-se no peitoril da janela, ergueu novamente os olhos para as estrelas, e foi como se as visse pela primeira vez, com a reverência de um velho e a ingenuidade de uma criança.

Kepler chegou transformado a Weil. Mal podia acreditar no que havia ocorrido, na intensidade da visão que tivera: ele, o profeta, recebendo a revelação divina. Sentia-se santificado, pronto para a nova missão, que redirecionaria sua vida e desvendaria os mistérios do cosmo. Até a mula parecia outra, movendo-se com surpreendente leveza. Ele tinha a impressão de que o tempo também comemorava: o sol estava miraculosamente mais quente; o vento, mais brando; o céu claro ocultava no azul os milhares de luzes que jamais deixam de brilhar, as pérolas que Deus criou para que não nos esqueçamos Dele durante a noite.

A pequena cidade, cercada por muralhas antigas, parecia uma criança fingindo ser mais forte do que era. Kepler deteve-se diante da entrada principal, tentando afogar as velhas emoções que emergiam toda vez que voltava. Olhou rua abaixo, admirando as vielas e becos, as casas, de cores vivas, enfileiradas como soldados, suas fachadas graciosas lutando contra os infortúnios do destino, a praça central onde seu avô Sebald trabalhava como prefeito e na qual uma jovem de apenas vinte anos fora queimada viva ainda na semana anterior. Tomou coragem e caminhou lentamente até sua casa, torcendo para não encontrar nenhum conhecido, nenhum curioso. Parou diante da porta e pensou no pai, desaparecido cinco anos antes; ninguém sabia do paradeiro dele, quiçá estivesse morto. No entanto, seu cheiro, sua ira continuavam agarrados às paredes como parasitas, sugando o pouco de vida que restava ali. "Que arda para sempre no Inferno!", amaldiçoou Kepler, enquanto amarrava a mula.

A casa parecia haver encolhido. "Assim acontece com os lugares da infância", pensou, "a memória insistindo que eram bem maiores, os olhos adultos mostrando-nos o oposto." A torre da catedral continuava no mesmo lugar, o olho de Deus que tudo via, flutuando bem acima de seu quarto, intimidador, julgando sempre, o que ele fazia e até o que sentia. Só não via as injustiças cometidas bem na Sua frente, as surras, as lágrimas, a solidão de um menino atormentado.

Katharina abriu a porta antes de Kepler bater. Ele levou um susto. Vinte anos haviam passado em dois! A pele da mãe parecia a superfície de um velho vaso de porcelana, quebradiça. Tal como a casa, o corpo dela parecia ter encolhido. Os longos cabelos negros eram agora grisalhos, secos como as folhas de outono. Os olhos tinham afundado ainda mais. O espírito, porém, sua chama interior, brilhava com igual intensidade, indiferente à passagem do tempo. Ela usava um xale de lã vermelha, comido por traças e desfiado nas bordas, com a elegância de uma rainha.

"Johannes? Quem diria... Finalmente dignou-se visitar sua pobre mãe! Você se esqueceu da gente aqui em Weil só porque virou teólogo?", indagou Katharina em seu tom mais estridente.

Kepler levou a mão à testa, sentindo já a dor de cabeça que inevitavelmente viria. "Mãe", justificou-se, "a senhora sabe o duro que damos no seminário."

"Ora, sempre a mesma desculpa. Você só liga para o seu trabalho, essa é que é a verdade. Não vai arranjar tempo nem para o meu funeral."

Kepler bufou. "Mãe, a senhora sabe o quanto lhe quero bem. Vim assim, sem avisar, porque preciso conversar com a senhora e com vovô Sebald." Enquanto ele falava, Katharina tentava soprar para longe uma mecha de cabelo que insistia em cair sobre seu olho esquerdo.

"Vou procurar seu avô", disse ela, com olhar desconfiado. "O que andou aprontando, filho? Engravidou alguma menina? Se foi isso, pode deixar que eu preparo uma poção que resolve logo o problema."

Kepler percebeu uma ponta de esperança nos olhos da mãe. Será que ela queria ser avó? Difícil imaginar, mas... "Não, mãe, não engravidei ninguém", respondeu, envergonhado. Depois encarou-a com frieza. "Quer dizer que a senhora continua fazendo poções?"

"Ora, não é da sua conta", Katharina resmungou, desviando o olhar.

Kepler balançou a cabeça, perplexo. "A senhora tem ideia do que pode lhe acontecer? Todos esses pobres coitados queimados vivos não são prova suficiente do perigo? Luterano, católico, mulher, criança, tanto faz. É isso que a senhora quer? Terminar como sua tia?"

"Tia? Que tia?"

"Mãe, deixa de ser fingida. Todo mundo sabe que a mulher que a criou foi acusada de bruxaria e morreu queimada em praça pública."

"Mentira! É tudo mentira! E você? Que tanto procura nos astros? Respostas? Predições? Eu acredito em espíritos, é verdade. E você? Por que olha tanto para os céus?"

"Bem, eu...", Kepler hesitou, sua voz quase um sussurro, "eu vejo uma ligação."

"Ah! Pois então, essa ligação que você vê é a mesma que eu vejo, só que os nomes são diferentes. Você pode tentar disfarçar isso usando sua matemática, seus cálculos, sua teologia, dar um ar complicado às coisas, mas no fim a ligação vem é do coração, não da razão. E acho que você sabe muito bem disso!" Mais uma vez, a mãe desmascarou-o sem esforço.

"É só uma questão de tempo até a senhora ser presa, mãe. Depois não diga que não avisei."

"Deixa que eu me preocupo com isso, senhor astrólogo. Agora vou atrás de seu avô." Katharina saiu, batendo a porta como sempre.

Após alguns minutos, estava de volta. Sebald entrou na sala como um rei em seu palácio. Kepler levou a mão à boca, tentando conter o riso, quase não acreditando que aquele era o mesmo homem que tanto o aterrorizara apenas alguns anos antes. Com uma barriga enorme, tal qual um balão prestes a estourar, ele mal se equilibrava nas pernas. No peito usava um pesado medalhão de bronze com o brasão da família, um anjo de asas abertas, pronto para alçar voo. O avô não desperdiçava nenhuma oportunidade para contar histórias sobre seus antepassados; o episódio em que Friedrich Kepler fora armado cavaleiro pelo imperador Sigismundo, em 1433, era o favorito dele. Uma gravura pendurada acima da lareira retratava a cerimônia: Friedrich ajoelhado perante o imperador, espada sobre a cabeça, e o majestoso perfil de Roma ao fundo.

"Johannes, mas que surpresa agradável!", exclamou Sebald com voz de quem estava habituado a fazer longos pronunciamentos em praça pública. "E então? Que novidades são essas que sua mãe diz que você tem? Estamos curiosos!"

Kepler estranhou o interesse do avô, que jamais dera importância a seus afazeres. "Será a velhice?", pensou. "Visto que todos os filhos de Sebald, a começar por meu pai, foram uns fracassados, talvez não seja assim tão estranho. Quem iria manter vivo o nome da família? Quem iria passar a lenda de Friedrich para as futuras gerações?" Os dois sentaram-se a uma mesa diante da lareira, enquanto Katharina transformava as brasas exaustas num dragão incandescente. Kepler imaginou seu mestre, também sentado em frente à lareira dele, em Tübingen, com as janelas fechadas, relendo o livro de Copérnico.

"Bem", começou Kepler, "aconteceu algo inesperado em Tübingen..."

"Quê? Você se meteu em encrenca?", interrompeu Sebald.

"Não, senhor, nada disso, pelo contrário. O conselho deliberativo da universidade recomendou-me para um cargo de professor de matemática na escola protestante de Graz. O salário é bem razoável. Só que... só que eu teria de partir imediatamente, antes de completar meus estudos."

"Graz?", protestou Katharina. "Onde diabos fica isso?"

Kepler sorriu, detectando um raro traço de afeto na voz da mãe. "Graz é a capital da Estíria, na Áustria, controlada pela arquiduquesa Maria."

"Uma católica fervorosa", acrescentou Sebald. Katharina arregalou os olhos.

"É verdade, senhor, mas não precisamos nos preocupar", disse Kepler, uma leve ondulação na voz traindo sua confiança. "As coisas ainda estão relativamente calmas por lá. Os católicos têm as escolas deles e nós, as nossas."

"Acho isso um absurdo!", gritou Katharina. "Você estudou todos esses anos para ser um pastor, não um professorzinho numa escola no fim do mundo."

"Mãe..."

"Um horror, ainda por cima numa província católica!" Katharina olhou ao redor com ar desconfiado e cuspiu no fogo para afugentar espíritos com más intenções que porventura estivessem ouvindo a conversa.

"Eu também pensava assim, mãe. Mas talvez não seja uma ideia tão terrível. Adoro matemática, e mais ainda astronomia. Talvez meu destino não seja o púlpito, ao menos por alguns anos."

Sebald ouvia atento, olhando para o fogo. De repente, levantou-se e pôs-se a falar, como se estivesse na praça, diante da população de Weil. "Sugiro que aceite essa generosa oferta sem demora. Talvez não seja exatamente o que você sonhou, mas a profissão de professor é uma das mais nobres. Educar jovens protestantes é uma escolha esplêndida, que Deus certamente verá com carinho no dia do Juízo Final. Ademais", prosseguiu, acariciando o amplo estômago com as duas mãos, "uma recusa teria consequências desastrosas para o seu futuro em Tübingen." Kepler concordou com um gesto de cabeça.

"Continuo achando um absurdo", disse Katharina, mais calma, "mas, pelo jeito, você não tem mesmo alternativa. Ao menos proponha um acordo a esses mestres traidores que, sei lá por quê, você tanto admira; diga a eles que quer concluir seus estudos teológicos após alguns anos em Graz. Não deixe de insistir nisso. É o mínimo que podem fazer por você."

"Excelente sugestão, mesmo que tenha vindo de sua mãe", disse Sebald. Katharina soltou um grunhido.

"Muito obrigado pelos conselhos", agradeceu Kepler, aliviado. "É isso mesmo que devo fazer. Meu plano é retornar a

Tübingen no futuro. Arranjar inimigos agora seria péssimo. Já tive uma ou duas experiências bem desagradáveis..."

"O debate, não é?", perguntou Katharina.

"É, mãe, o debate."

"Esses traidores! Têm tanto medo da verdade que não poderiam vê-la nua, na cara deles."

Kepler deixou escapar um longo suspiro. "Não está na hora da ceia? Estou faminto!"

Foram todos para a cozinha, onde Heinrich, o irmão de Kepler, preparava algo, desastrado como sempre. "Johannes! Você por aqui?", disse Heinrich, e correu a abraçar o irmão mais velho. Kepler sentia muita falta dele, da simplicidade de sua alegria.

"Pois é, Heinrich, vim de surpresa. Você está tão bem!"

"Bem? Quem está bem?", bradou sua mãe. "Heinrich nunca está 'bem'. Esse garoto vai ser o meu fim!" Katharina olhou em torno novamente e cuspiu, no chão dessa vez, caso algum espírito maligno tivesse ousado permanecer por perto.

Kepler fitou o irmão: o corpo dele estava coberto por hematomas, cortes e cicatrizes. As crises convulsivas, seu mal, haviam lhe roubado a juventude. O mistério, ao menos assim via Kepler, era que seu espírito renascia purificado após cada ataque. Emocionava-o a dignidade com que Heinrich lidava com a tragédia de sua condição, aceitando aquele martírio como prenúncio de sua salvação eterna. Pegou o irmão pelo braço, e foram para a sala de estar, onde poderiam conversar em paz, longe dos ouvidos e das cusparadas da mãe.

Johannes Kepler partiu três dias depois, de madrugada, pronto para contar sua decisão a Maestlin. Sentia-se ainda um pouco inseguro em relação à mudança, mas pensava que, com sorte, retornaria aos estudos de teologia dali a alguns anos, *caso* resolvesse fazê-lo. O episódio na pensão, sua intensidade mágica, transformara-o profundamente. Matemática e astronomia haviam adquirido um novo significado: os instrumentos com que iria desvendar os mistérios da Criação, da mente de Deus. Fora isso, o lado prático não era de todo mau: um bom salário, até um título, matemático oficial da província da Estíria...

Atravessou as muralhas de Weil e olhou para o leste. Uma tênue luz azul mais clara dançava sobre o horizonte, anunciando o dia. Vênus, indiferente, teimava em exibir seu brilho. Kepler saudou o planeta com um sorriso. "O céu é um livro aberto, esperando para ser lido", pensou. "Um livro de enigmas, escrito pela mão de Deus." Sabia que sua missão era decifrar esses enigmas. *Sentia* isso no corpo, na alma, uma vibração incessante ressoando com o cosmo, com a música das esferas. O seu momento havia chegado. Subiu na mula e começou a trotar em direção ao sul. Não tinha nem um minuto a perder.

PARTE II
Graz

Queria ter sido teólogo; durante muito tempo sofri com isso. Mas veja agora como louvo a Deus em meu trabalho como astrônomo.

Johannes Kepler, carta a Michael Maestlin,
3 de outubro de 1595

8

Antes de partir, Maria atiçou novamente o fogo; o inverno insinuava-se por todas as frestas. Pensou nas crianças, na sua casa, que certamente estaria mais gelada. Tinha de se apressar. Pegou Maestlin pelo braço e levou-o até a mesa, onde fumegava um prato de sopa de repolho, sua preferida. Urânia, sem perder um minuto, pulou para a poltrona, ainda aquecida pelo corpo do mestre. Maria notou a ponta de um papel sob uma almofada. "Mestre, veja o que achei. Não é esta a carta que o senhor procurava?"

Maestlin fitou-a por alguns instantes, como se sua mente retornasse de uma longa viagem. "É essa mesmo, Maria. Onde a encontrou? Podia jurar que a tinha deixado com as outras, na pilha." Maria sorriu e deu de ombros. Já estava acostumada aos lapsos do patrão. A carta era de agosto de 1595; Kepler fora para Graz havia mais de um ano. *O senhor já ouviu ou leu alguma explicação sobre o arranjo dos planetas, a ordem deles nos céus? Se considerarmos que o Criador não faz nada em vão, então deve ser possível entender por que os planetas estão onde estão, isto é, o que determina suas distâncias ao Sol...* Maestlin ergueu os olhos. Ali estava a pergunta que redefinira a vida do pupilo, que fixara seu rumo, o mistério cósmico, o arranjo dos planetas em torno do Sol. "Brilhante, simplesmente brilhante!", exclamou, esquecendo-se da sopa. "Por que existem apenas seis planetas? Por que estão onde estão?" E pensou: "Com vinte e quatro anos, Kepler fez perguntas que ninguém fizera antes, as perguntas certas... E foi como se uma nova janela, com vista para terras desconhecidas, repletas de maravilhas e segredos a ser desvendados, tivesse sido aberta na casa onde vivíamos desde que nascemos. Que idiota fui... como pude ter sido assim tão cego?".

"Senhor, estou indo", disse Maria, interrompendo suas reflexões. "Não se esqueça da sopa."

"Pode deixar, Maria, não esquecerei."

"Sem querer me intrometer, senhor, de quem é a carta?"

"Maria, você é mais curiosa do que Urânia!" Ela baixou os olhos, envergonhada. "É de um antigo aluno meu, Johannes Kepler, o que virou matemático imperial em Praga. Ele esteve aqui há uns vinte anos, quando você começava a trabalhar para mim."

"Não me lembro bem do rosto dele... Mas lembro que era meio encrenqueiro, não era?"

"De certa forma, era", respondeu Maestlin, irritado. "É assim mesmo, grandes mentes criam problemas. É isso que as torna grandes, são as que sobressaem à mediocridade à sua volta..."

"Bem, senhor, já vou então. Nossa! O sol quase já foi embora!" Maria correu até a cozinha e reapareceu após alguns segundos, esbaforida, de boina e xale. "Até amanhã, senhor. Cobri a sopa, para Urânia não comer. Essa gata é uma gulosa..."

"Ótimo, Maria, ótimo. Agora vá logo, que as crianças a esperam."

Mal havia batido a porta e dado alguns passos, Maria foi interrompida por um homem franzino, de aspecto um tanto peculiar. O nariz despontava do rosto quase com impertinência, curvando-se sobre o cavanhaque, pontiagudo como uma flecha e meticulosamente aparado. Os olhos eram de um castanho tão escuro que pareciam dois poços sem fundo. "Que estranho", pensou Maria, "de onde veio esse senhor? Parece até que surgiu do nada!" O homem tirou o chapéu respeitosamente e sorriu, fitando-a com tal intensidade que ela empalideceu. O tipo lembrava-lhe gravuras de Mefistófeles que tinha visto num livro.

"Perdoe-me importuná-la, boa senhora", disse o homem, seus olhos cintilando como estrelas. "Por acaso saberia onde fica a casa do mestre Michael Maestlin?"

Maria riu nervosamente. "Mas que coincidência!", exclamou. "Sou sua criada. Ele mora logo ali, na casa de porta verde", respondeu, voltando-se. "Se quiser, posso acompanhá-lo até lá...", propôs. O homem, porém, havia desaparecido: em plena luz do dia, tão misteriosamente quanto aparecera. Maria respirou fundo e retomou seu caminho a passos largos. O céu brilhava, vermelho como sangue, a luz parecendo jorrar de uma ferida sob o horizonte. "Deus nos proteja", murmurou, olhando em torno. "É o anjo da morte que veio buscar a alma de meu senhor! E eu, idiota, fui contar onde ele morava!" Cobriu a cabeça com o xale e apertou ainda mais o passo, pensando nos filhos que a esperavam.

Maestlin havia acabado de sentar-se para ler a carta quando ouviu bater. Urânia miou em protesto e refugiou-se debaixo da poltrona do dono. Muito a contragosto, o velho mestre dirigiu-se à porta a passos pesados. Ao abri-la, deu com o estranho homem de nariz alongado e olhos cintilantes. Sentiu o coração apertar-se.

"Boa noite, mestre Maestlin", disse o forasteiro, inclinando a cabeça com reverência. "Perdoe-me por esta visita inesperada." O astrônomo notou algo de familiar no homem, talvez os olhos, escuros, intensos. Sim, eram os olhos. "Meu nome é Ludwig Kepler, sou filho de Johannes Kepler, seu pupilo do Stift."

Maestlin explodiu num enorme sorriso. Foi ao encontro do jovem e o abraçou como não abraçava a mais ninguém. Sabia que já tinha visto aqueles olhos. Eram os olhos de Kepler! "Ora, ora, mas que ótima surpresa. Seja bem-vindo! Um de meus filhos também se chama Ludwig, e é médico." O visitante não pareceu muito impressionado com a informação. "Quando seu pai era meu aluno, costumava vir sempre aqui, uma vez por semana, para estudar astronomia. E agora, veja só, é o filho dele quem me honra com sua presença. Quem diria!" O velho mestre calou-se, surpreso com o próprio entusiasmo.

"Muito gentil de sua parte, senhor", disse o homem, impassível. "Meu pai falava sempre do senhor com grande res-

peito e admiração." Maestlin balançou a cabeça, dando a entender que não merecia o elogio. "E isso leva ao motivo de minha visita", continuou Ludwig, fitando o mestre com tal frieza que este recuou um passo. "Tenho o pesar de informá-lo de que meu pai faleceu em novembro passado, na cidade de Regensburg."
Maestlin desabou na poltrona, como se seus ossos tivessem virado pó. Sentiu-se imensamente velho. "Kepler morreu", pensou. "Morreu, e eu nunca pude me desculpar, jamais poderemos reconciliar-nos... Por que fez isso comigo? Deus, por que me tortura deste jeito, deixando-me viver mais que ele? Como encontrarei paz agora, sozinho? Como vou me redimir?" Fitou o jovem Kepler com olhos vazios.

Ludwig continuou: "Viajava sozinho em seu velho cavalo para Linz, onde ia buscar a pequena fortuna que a corte lhe devia, em torno de mil florins. Quando chegou a Regensburg, caiu doente, sem dúvida por causa da estafa e do frio. Se não fosse tão obstinado, talvez ainda pudesse estar vivo. O senhor conheceu meu pai: quando punha uma coisa na cabeça...". Maestlin concordou com um gesto de cabeça, os olhos embaçados pelas lágrimas. Conhecia melhor do que ninguém a obstinação de Kepler.

"Meu pai pediu que lhe entregasse este pacote em mãos", prosseguiu o jovem, a expressão imperscrutável. Apenas seus olhos mostravam alguma vida. "Foi a última coisa que disse, depois de lutar durante dias contra a febre que finalmente o consumiu." Deu a Maestlin o pacote embrulhado num tecido de seda violeta e selado com o brasão da família Kepler, o anjo de asas abertas. O mestre estendeu as mãos trêmulas, pegou-o e o desembrulhou com um cuidado imenso, como se ele contivesse papiros sagrados. Tratava-se de um pequeno livro, encapado em camurça italiana da melhor qualidade, com o nome Johannes Kepler gravado em letras douradas. Maestlin olhou confuso para Ludwig. Depois, respirou fundo, tentando absorver por inteiro o livro. Por fim, tomou coragem e abriu-o na primeira página:

O diário de Johannes Kepler

Que você, caro leitor, encontre aqui a inspiração para continuar minha busca pela verdade. Enquanto o corpo repousa na terra, a mente ascende ao firmamento.

Era o diário que Kepler iniciara ao partir para Graz. "Então ele não me abandonou!", pensou Maestlin, uma sensação de calor irradiando pelo corpo. "Está me oferecendo mais uma chance, a última tentativa de reconciliação... ou será que essa é sua condenação final, seu último grito de guerra? As respostas estão todas aqui, tenho certeza, o que venho buscando há vinte anos. Sinto-me como um cego que, por um ato de misericórdia, recebe o dom de enxergar. Deus, dê-me forças para concluir minha missão."

Ludwig interrompeu seus pensamentos: "Senhor, vim de muito longe para lhe entregar isso". Maestlin olhou incrédulo para o visitante. Como podia ser assim, tão frio? Não tinha ao menos uma gota da paixão do pai? "Infelizmente", continuou, "meu pai nos deixou praticamente na penúria, com dívidas para pagar. Minha madrasta está desesperada, sem saber o que fazer. Pergunto se o senhor não poderia..."

"Não diga nem mais uma palavra, jovem Kepler", cortou Maestlin, pondo o livro sobre a pilha de cartas. Levantou-se com rara agilidade e foi até seu quarto. Após alguns instantes, estava de volta, com duzentas coroas na mão. "Perdoe-me por não ter mais do que isso no momento, mas, por favor, aceite essa demonstração de meu afeto por seu pai e sua família."

"Senhor, é muito generoso de sua parte." Ludwig exibia um indício de sorriso nos lábios. "É mesmo lamentável que alguém com a fama de meu pai tenha morrido tão pobre. A corte nos deve verdadeiras fortunas, anos de salários não pagos. Ainda irei atrás desses homens que se dizem nobres. Não desistirei até que paguem o que nos devem!"

Maestlin finalmente constatou uma ponta de raiva na voz do jovem, a mesma que tinha ouvido tantas vezes na voz do pai. "É o mínimo que posso fazer", disse. "Por favor, aceite minha hospitalidade e pernoite aqui. Tenho uma cama extra." Sem esperar resposta, pegou o jovem pelo braço e o levou até o quarto de hóspedes.

"Agradeço muito, senhor. Meu pai ficaria muito feliz em saber que recebeu seu pequeno livro são e salvo."

"Por acaso ele falou por que queria que eu ficasse com seu diário?"

O jovem encarou-o friamente. "Essa pergunta apenas o senhor poderá responder." Maestlin sabia que ele tinha razão.

"E, agora, por favor, não me julgue rude, mas amanhã devo iniciar minha viagem antes da aurora." Deixou a sacola cair no chão e sentou-se na cama.

Maestlin permaneceu em frente à porta por alguns instantes, observando-o. Como era parecido com o pai! Os mesmos olhos, o corpo franzino, o nariz — se bem que o do filho fosse um pouco mais comprido —, até o cavanhaque... "Estranho", pensou, "haviam me dito que nenhum dos filhos de Kepler se assemelhava a ele." E, pronto para explorar seu novo tesouro, disse: "Durma bem, jovem Kepler".

De volta à poltrona, pegou o pequeno volume, acariciando sua capa como se fosse a mão de alguém amado. Não tinha coragem de abri-lo. Sentia-se um profanador, prestes a violar uma obra sagrada. Quando finalmente conseguiu abrir o livro, percebeu uma protuberância na contracapa. Dentro desta, encontrou uma folha de papel, dobrada e colada para que não fosse lida, com uma mensagem em tinta vermelha:

Caro mestre,

Peço-lhe que leia esta carta apenas depois de terminar o diário. Sei que o senhor compreenderá.

Eternamente seu, Johannes

Maestlin voltou a dobrar a folha, cuidadosamente, e recolocou-a em seu lugar. Não se atreveria a contrariar as instruções de Kepler, que devia ter uma boa razão para tanto mistério. Respirando fundo, o velho mestre abriu o livro cerimoniosamente, como se fosse um dos sete selos do Apocalipse de João.

28 de abril de 1594

Minha viagem foi ruim como eu imaginava e durou quase um mês inteiro. As estradas estavam péssimas, lama misturada com restos de neve e gelo, poça atrás de poça. Como é distante essa Estíria, meu novo lar só Deus sabe por quanto tempo! Ao chegar a Graz, confesso que me surpreendi. Suas altas muralhas dão-lhe uma dignidade inesperada. Construída sobre uma colina, cortada pelo rio Mur, a cidade lembra um pouco minha adorada Tübingen. Contudo, se a geografia me traz boas lembranças, não posso dizer o mesmo das pessoas. Ninguém aqui parece interessar-se por astronomia ou por qualquer assunto remotamente ligado à filosofia natural. Os habitantes de Graz encaram os céus como uma espécie de oráculo, querem horóscopos e prognósticos baseados em superstições infantis. Embora eu veja com otimismo o lado financeiro disso — farei muitos mapas astrológicos —, sei que depressa me cansarei da companhia das pessoas deste lugar...

Com um bocejo, Maestlin fechou o livro. Era tarde. Não tentaria resistir, tivera um longo dia. Ademais, queria absorver cada página, cada palavra, com a mente fresca.

Na manhã seguinte, quando o velho mestre se levantou, ainda de madrugada, o filho de Kepler já havia partido. O quarto estava perfeitamente arrumado, tudo no devido lugar, como se ninguém tivesse dormido ali. Maestlin olhou em torno, perplexo, e se perguntou se o episódio tinha de fato ocorrido ou se fora mais um de seus sonhos, ainda que perversamente real. Qualquer que fosse a explicação, o diário estava onde ele o deixara, no topo da pilha, esperando para ser lido.

9

"Johannes", anunciou Papius, o reitor da escola protestante, "queria dizer-lhe o quanto temos apreciado seu trabalho nestes primeiros meses."

"Agradeço imensamente, senhor, mas como isso é possível, se quase nenhum aluno frequenta minhas aulas?", surpreendeu-se Kepler. "Acho meu estilo um tanto confuso, vivo pulando de um tópico a outro..." Falou, e ficou à espera de algum conselho do experiente educador.

"É verdade que a frequência tem sido baixa, mas não creio que a culpa seja sua. A matemática que você ensina é sofisticada, não é para qualquer um. Aproveite a oportunidade para ensinar os que de fato podem e querem aprender e, quando puder, para aprofundar suas pesquisas astronômicas. Gostaríamos muito de que você lecionasse história e aritmética aos alunos mais jovens." O tom de voz suave de Papius tornava impossível recusar seus pedidos.

"Com prazer", respondeu Kepler. "E agora, se o senhor me permite, devo voltar a trabalhar no meu calendário para 1595, que já está atrasado."

"Ah, a astrologia!", exclamou Papius, "a rainha virgem das ciências, que se recusa a casar com a teologia. Imagine que humilhante para Deus se nosso destino estivesse de fato escrito nas estrelas. Seu poder seria usurpado pelos astros, não é mesmo?"

"Bem, senhor, eu...", Kepler hesitou. "Creio que a verdade absoluta só existe em Deus. Se a astrologia ditasse nosso futuro, já não teríamos livre-arbítrio, já não faríamos escolhas.

E acho que somos capazes de escolher entre o bem e o mal, temos o dever de fazê-lo."

Essa era a primeira vez desde sua chegada a Graz que Kepler tinha a chance de discutir os méritos e os limites da astrologia com alguém instruído. Não podia desperdiçá-la. "Para mim, os astros não impõem, apenas sugerem. Assim, podemos ouvir seus conselhos e ainda manter a liberdade de optar por este ou por aquele caminho." Continuou, olhando intensamente para Papius: "Tudo o que existe, incluindo as estrelas, é criação de Deus. Portanto, a mensagem que vem delas, interpretada pela astrologia, é, na verdade, uma mensagem divina. A questão é quem a interpreta. Infelizmente, charlatões oportunistas aproveitam-se da inocência e dos temores do povo para seu próprio ganho".

"Exato", concordou Papius. "É justamente por isso que prefiro evitar o assunto e ouvir diretamente as palavras de Deus, sem intermediários." Kepler cumprimentou Papius e dirigiu-se à porta. Antes de sair, disse, sorrindo: "Não se preocupe, senhor. Manterei a astrologia e a teologia separadas em minhas aulas".

De volta ao quarto, Kepler começou a trabalhar no calendário. Acendeu três velas e abriu as efemérides de Stadius, procurando as posições futuras da Lua, do Sol e dos planetas com relação às doze constelações do Zodíaco. Sentia-se uma espécie de profeta designado, o astrólogo oficial da província, usando a astronomia como instrumento de revelação. Jamais imaginara que teria tal responsabilidade, que as pessoas acreditariam cegamente em seus prognósticos e conselhos, pagando muito bem por eles. Quão fácil seria iludi-las...

Averiguou as posições dos planetas para o final de dezembro. Seus olhos arregalaram-se. Marte estaria em Escorpião, o que significava guerra e morte. Para piorar as coisas, Júpiter estaria em quadratura com Marte, e Saturno em oposição a Júpiter, completando o triângulo. Kepler balançou negativamente a cabeça. Os céus prenunciavam tempos terríveis...

Roncos vindos do estômago interromperam sua concentração. Já escurecia, ele quase se esquecera do jantar! Devia estar na casa do barão Herberstein no máximo às dezenove horas. Seria uma gafe imperdoável se o convidado de honra chegasse atrasado ao primeiro encontro com a nobreza local. Todos estavam ansiosos para conhecer o novo matemático oficial da província, aquele que sabia dos fatos da vida deles antes mesmo de ocorrerem. Rapidamente, amarrou as botas, ajeitou o rufo e o cabelo, e saiu.

Seu amigo Koloman Zehentmair, secretário particular do barão, esperava-o na porta. Os dois haviam se encontrado logo após a chegada de Kepler a Graz, numa pequena festa de boas-vindas na casa de Papius. Como sempre, Koloman estava impecavelmente vestido, com um colete de veludo preto sobre uma blusa de seda verde. Seus olhos azuis saudaram com carinho o amigo, acenando-lhe para que fosse até o vasto saguão de entrada.

Kepler olhou em volta, estupefato. Tapeçarias de Flandres bordadas a ouro adornavam as paredes, altas como as de igrejas. Dezenas de almofadas e colchas de seda e veludo cobriam de amarelo e vermelho a mobília de mogno distribuída pelo vasto espaço. Inúmeras velas, dependuradas em lustres de ferro batido, davam um aspecto rosado, vivo, a todos os cantos e superfícies. O astrônomo havia entrado num mundo novo, muito distante de seus aposentos de estudante e da casa em Weil. "Caríssimo Koloman, que palácio magnífico! Meu primeiro jantar como convidado de um nobre! Espero que saiba me comportar à altura..."

"Claro que saberá, Johannes", disse Koloman, sorrindo com os olhos. "Não se preocupe. Ademais, logo verá que a nobreza local é, digamos, bem menos sofisticada do que parece." Levou o amigo pelo braço até o salão de baile, coberto por tapetes multicoloridos, sem dúvida pilhados de acampamentos turcos em algumas das muitas batalhas entre cristãos e muçulmanos, e repleto de gente ricamente vestida. Assim que o jovem astrônomo entrou, a conversa cessou e todas as cabeças se voltaram para ele. Kepler baixou os olhos, sem saber se devia cumprimentar as pessoas com uma reverência ou se devia falar algo. Isso não se aprendia no Stift.

"Ora, ora", exclamou o barão, quebrando o silêncio, "*Herr* Kepler, seja bem-vindo à nossa cidade!" Kepler levantou o rosto, dando com os olhinhos castanhos do imenso barão, que brilhavam alertas como sentinelas treinadas para encontrar guloseimas. Um bigode colossal brotava de suas narinas como duas espigas de milho, cobrindo-lhe metade do rosto.

"Então, *Herr* Kepler, conte-nos sobre seus planos para o próximo ano", pediu, deixando a enorme mão cair pesadamente sobre o ombro do convidado de honra, que em vão tentou esquivar-se.

"Antes de mais nada, caro senhor, devo agradecer-lhe pelo gentil convite. Poucos nobres têm a bondade de ouvir as divagações de um mero astrônomo", disse Kepler. O barão sorriu, envaidecido. Mesmo que as verdadeiras paixões dele fossem a comida e a bebida, procurava, sem muita dedicação, passar por alguém com apetites intelectuais maiores que os de seu estômago. "Começo a preparar o calendário para o próximo ano", continuou Kepler. "Infelizmente, os astros não me parecem favoráveis. Será um ano difícil para todos." O salão inteiro ouvia-o, petrificado.

"Senhor astrólogo, seja mais generoso, dê-nos alguns detalhes", solicitou o barão.

Kepler franziu a testa ao ser chamado de astrólogo, mas julgou prudente, ao menos por enquanto, não explicar as diferenças entre astrologia e astronomia ao barão e seus convidados. Começara a entender melhor o comentário de Koloman sobre a sofisticação da nobreza local. Percebera que aquela era a hora de impressionar os patronos, e sua experiência teatral foi-lhe bastante útil. Olhou para o fundo do salão, como se captasse uma mensagem do além, de um futuro que só ele podia vislumbrar. "Bem, senhor", anunciou em tom solene, "vejo uma guerra vinda do sul, provavelmente uma invasão turca, devastadora para nossa Áustria." Ouviu a indignação espalhando-se pelo recinto. Mulheres levaram as mãos ao pescoço, protegendo-o das temidas cimitarras; homens pegaram no cabo da espada como se o inimigo estivesse prestes a atacar.

Muitos deles já haviam lutado várias vezes contra os turcos, e sabiam que iriam lutar outras mais.

"Prevejo também um inverno terrível, o mais frio das últimas décadas..." Olhou em torno: dezenas de olhos estavam cravados nos seus. Ninguém se movia. "Que tolos, tornados cegos pela própria superstição", pensou. "Acreditariam em qualquer coisa que eu dissesse." Decidiu que tentaria educar os pobres coitados, usando os calendários para mostrar que a astrologia não é uma tirana, apenas um guia, que cada indivíduo tem liberdade para escolher o próprio destino. "Por favor, nobres senhoras e senhores", continuou, "não levem tão a sério minhas previsões. Posso ter me enganado! Os céus são caprichosos, e a verdade muitas vezes se esconde atrás de sutilezas imperscrutáveis. Ademais, se o que digo vier a ocorrer, estaremos mais bem preparados." Seus olhos faiscaram maliciosamente, e ele se certificou de que ninguém pareceu mais aliviado após essas palavras.

"Basta!", interrompeu o barão. "Vamos todos à ceia, tenho certeza de que nosso astrólogo está faminto. Afinal, sua sabedoria, que tanto alimenta nossa mente e nosso espírito, nada pode fazer por nosso estômago!" Falou, e caiu na gargalhada, satisfeito com a astúcia de seu comentário, seguido em coro pelos convidados. Kepler riu pela primeira vez, contente com seu recém-descoberto talento para entreter a nobreza. Os olhos dele acharam os de Koloman, que, do outro lado do salão, confirmava seu sucesso.

10

Kepler saltou afoito da cama. O sol já brilhava alto no céu de julho. Sabia que os alunos de astronomia estariam na sala esperando-o, contando piadinhas sobre as excentricidades do professor. Ficara acordado até alta madrugada trabalhando, como fizera todas as noites nos últimos dois meses. Tinha de aprender tudo sobre o sistema copernicano, ir além dos ensinamentos de Maestlin. E, quanto mais aprendia, mais o perseguiam certas perguntas que ninguém havia formulado antes, ele não entendia por quê, já que eram tão óbvias: "Deus nada faz sem um plano. Deve existir uma explicação para o número de planetas. Por que seis, e não três ou dez? E o que determina suas distâncias ao Sol? Qualquer pessoa, munida de instrumentos e conhecimento básico, pode contar o número de planetas no céu e medir as posições deles. Porém, esses números não são mero acidente, têm uma explicação! Mas qual? O que determina a estrutura cósmica? Por que seis planetas? Por quê?".

O quarto estava abarrotado de desenhos e diagramas astronômicos. Alguns, como cebolas, tinham círculos dentro de círculos, as distâncias entre eles variando a cada página; outros eram modificações do sistema copernicano, com a adição, entre as órbitas de Mercúrio e Vênus e entre as de Marte e Júpiter, de planetas inventados para criar relações entre as distâncias planetárias.

"E onde estão esses planetas, que ninguém vê, caro Kepler?", provocara Koloman, numa visita recente.

"Ah, são pequenos demais para ser vistos", respondera Kepler, desviando o olhar.

Kepler chegou à sala esbaforido. Um punhado de alunos esperava-o com expressão de contrariedade. Ao avistar o jovem professor, com olheiras profundas, roupas amarrotadas e cabelos despenteados, começaram a rir baixinho e a balançar a cabeça. "Lá vamos nós outra vez para a Esfera Empírea", sussurrou um deles.

Kepler fingiu não ouvir. "Hoje examinaremos as conjunções dos dois gigantes dos céus, Júpiter e Saturno. Como vocês sabem, conjunções ocorrem quando duas ou mais esferas celestes aparecem bem próximas, segundo a perspectiva de um observador na Terra." Desenhou um grande círculo no quadro-negro, assinalando os doze signos do Zodíaco. "Essas conjunções ocorrem sempre de oito em oito signos. Portanto, se uma ocorre em Aquário, a próxima será em Virgem etc. É fácil ver isso desenhando um triângulo equilátero dentro do círculo, com um vértice em Aquário e outro em..." Calou-se, fitando o triângulo dentro do círculo. Lembrou-se de diagramas que vira no livro-texto de Maestlin, também com triângulos inscritos e circunscritos em círculos. Por alguns instantes, permaneceu imóvel, contemplando a figura geométrica. Um aluno bocejou alto. Ignorando-o, Kepler desenhou outro círculo, dessa vez dentro do triângulo, tocando seus três lados. Boquiaberto, olhou para os dois círculos, um dentro e outro fora do triângulo. "Meu Deus!", exclamou. Os alunos começaram a entreolhar-se. "Vocês não estão vendo?" Silêncio completo. "Um cálculo simples mostra que o raio do círculo interno é metade do raio do círculo externo, certo?" Nenhuma reação. "Bem, essa é também a relação entre os raios das órbitas de Júpiter e Saturno, a de Júpiter metade da de Saturno. Não entendem? Isso *não* é coincidência! A geometria é a chave para desvendar o arranjo dos céus!", bradou, emocionado. "Basta por hoje, aula encerrada."

Kepler correu de volta para o quarto. Sentiu-se numa espécie de transe, o mesmo que o havia possuído na taverna em Stuttgart, uma sensação de ressonância com o cosmo, de verdade revelada. Sua mente parecia estar em ebulição, transbordando com as ideias e imagens que a invadiam. "Como os planetas giram em torno do Sol em órbitas circulares", refletiu, "preciso apenas encontrar cinco figuras geométricas e pô-las entre os círculos, feito o triângulo que pus entre as órbitas de Júpiter e Saturno: círculo para Mercúrio — figura — círculo para Vênus — figura, e assim por diante."

Com a porta trancada, sentou-se à mesa, decidido a alcançar seu objetivo. Quadrados, pentágonos, hexágonos, nenhum arranjo funcionava; as distâncias entre os círculos não concordavam com as que os astrônomos mediam para os planetas. Kepler tentou inúmeras combinações, mudando a ordem das figuras, calculando e recalculando freneticamente os raios dos círculos. "Talvez triângulos venham antes de quadrados por serem mais simples...", pensou. Nada dava certo. Repetiu os cálculos diversas vezes, achando que havia cometido algum erro. Afinal, a paixão inspira a razão, mas tende a comprometer seu funcionamento. Não encontrou nem sequer um arranjo compatível. Começou a entrar em pânico. Sabia que a resposta estava ali, na frente dele. Dia e noite tentou novas combinações, esquecendo-se de comer, esquecendo-se dos alunos. "O cosmo *tem* de ter uma ordem simples, *tem* de ter ordem...", repetia para si mesmo, o corpo oscilando para a frente e para trás, como numa prece, como se ele esperasse por uma resposta vinda diretamente de Deus. Fatigado, deitou a cabeça na mesa e, com a pena ainda na mão, adormeceu.

Maestlin não se importou muito com a partida de seu hóspede nem com a casa fria. Queria mergulhar o mais rápido possível nas páginas que Kepler havia deixado para ele. Não toleraria interrupção. Sentou-se na poltrona e, com as mãos trêmulas, abriu o pequeno volume.

21 de julho de 1595

Deus seja louvado! Após horas e horas de agonia, finalmente encontrei a resposta que procurava, a solução para o mistério cósmico! Eu, Johannes Kepler de Weil, humilde mortal que sou. Havia tentado inscrever e circunscrever triângulos, quadrados, pentágonos, variando a ordem, calculando, para cada arranjo, as distâncias ao centro. Nada funcionava, nenhum arranjo reproduzia as distâncias medidas pelos astrônomos. Exausto, lembrei-me de que o número de figuras planas é infinito: em princípio, deveriam existir infinitos arranjos, um absurdo. Como Deus escolheria um determinado arranjo? Não, a solução tinha de ser única, absolutamente incontestável, digna da elegância da mente divina. Foi então que percebi minha própria estupidez. Deus não usaria figuras planas, bidimensionais, para criar um cosmo que existe em três dimensões! Claro! Usaria a geometria dos sólidos tridimensionais, de modo que forma e simetria preenchessem todo o espaço. E quantos sólidos perfeitos existem em três dimensões? Cinco! Apenas os cinco sólidos que Platão considerava as formas mais puras, os arquétipos da Criação. Não há dúvida de que foram essas as figuras que Deus usou para construir o cosmo, uma dentro da outra, separadas por esferas ocas, onde os planetas giram em suas órbitas em torno do Sol, que, do centro, espalha sua gloriosa luz por todo o espaço.

Nenhum arranjo poderia ser mais elegante e perfeito por ser único! Miraculosamente, encontrei as respostas para as questões que me afligiam. Sim, digo que foi um milagre, uma revelação de Deus a este humilde servo. Existem apenas _cinco_ sólidos perfeitos. Portanto, apenas seis esferas podem ser interpoladas entre eles: esfera – sólido – esfera – sólido etc., começando pela de Mercúrio, a mais próxima do Sol. A conclusão era inevitável: o número de planetas é consequência do número de sólidos perfeitos! Qual outro arranjo poderia ser mais harmonioso? Qual outro arranjo é mais digno da mente de Deus? E, como se por mágica, as distâncias entre os planetas, sim, mesmo elas, fixadas pela geometria, concordam com as observações! Após algumas tentativas, encontrei a ordem correta: o Sol, no centro, seguido da esfera de Mercúrio, cercada por um octaedro. Depois, a esfera de Vênus, cercada por um icosaedro. A da Terra, cercada por um dodecaedro. A de Marte, por um tetraedro. A de Júpiter, por um cubo. E, por fim, a esfera de Saturno. É essa a solução do mistério cósmico!

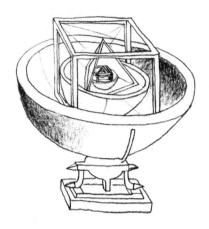

Este é o dia mais feliz da minha vida! Chorei como um bebê, e jurei devotar a vida a Deus através de minha astronomia. Serei um apóstolo da razão, longe do altar mas perto Dele, de Sua mente. Quando retornar a Tübingen, será como astrônomo, não como teólogo.

Tenho de escrever imediatamente para Maestlin, meu amado mentor. Ele sabia, tinha previsto que isso iria acontecer...

Maestlin olhou para a pilha de cartas enviadas por Kepler, nas quais este relatava os detalhes de sua descoberta, solicitando dados astronômicos, fazendo inúmeras perguntas. "Uma mente magnífica, única", pensou, "alimentada pelo amor a Deus, como um profeta, um santo. *Ele* foi o escolhido, o que enxergou mais longe que todos... E, em meio ao êxtase criativo, pensou em mim, em seu 'amado mentor'. Esqueceu-se apenas de acrescentar 'medíocre', 'amado e medíocre mentor'."

28 de setembro de 1595

Eu saboreei a ambrosia dos deuses, mas não me satisfiz. Meu arranjo cósmico explicava por que havia apenas seis planetas girando em torno do Sol. Justificava também, com precisão razoável, suas distâncias ao

Sol. Porém, razoável não é suficiente para o que foi criado por Deus. A compatibilidade tem de ser <u>total</u>! Qual, então, a razão da disparidade? Será que vem do sistema desenhado por Deus, baseado somente na razão e nas proporções perfeitas da geometria, ou das medidas tomadas por homens falíveis, que medem os céus com seus olhos imprecisos? Claro, a razão só poderia ser essa. Tenho de escrever a Maestlin solicitando melhores dados.

1º de outubro de 1595

    Desde quando defendi as ideias de Copérnico no debate em Tübingen, suspeitava que devia haver uma relação entre as órbitas e os movimentos dos planetas, entre suas distâncias ao Sol e o tempo que levam para circundá-lo. Mais uma vez, Deus iluminou minha mente com Sua sabedoria, e encontrei a resposta! Creio que existe uma alma, um espírito, no centro do Sol, responsável pelos movimentos dos planetas. E, como o Sol é a fonte de toda a luz, talvez seja ela a manifestação desse espírito, a causa dos movimentos. Enquanto refletia nessas questões, olhei para a vela sobre a mesa e, pondo as mãos em volta dela, vi como seu calor e sua luz enfraquecem ao distanciar-se do centro. O mesmo deve ocorrer com a fonte dos movimentos que emana do Sol! Brilhando no coração do cosmo, a força da luz divina diminui inversamente com a distância, o que explica por que os planetas mais distantes se movem mais devagar.
    Um planeta distante não só viaja num círculo maior, como também recebe menor influência do Sol: seu movimento é duplamente enfraquecido. Mais uma vez, ao comparar as previsões dessa hipótese com as observações astronômicas, obtive excelente compatibilidade! Não me resta dúvida de que a geometria é a linguagem usada por Deus para estruturar o cosmo. E Sua luz determina os movimentos das esferas celestes. Tudo agora faz sentido! O cosmo é um reflexo da Santíssima Trindade: Deus, o Sol, no centro; o Filho, a esfera das estrelas fixas, e o Espírito

Santo, o espaço que une o centro à periferia, a ligação que dá unidade a tudo o que existe.

Maestlin balançou a cabeça, discordando. Nem mesmo agora podia aceitar a obstinação de Kepler, a insistência dele em encontrar a causa física dos movimentos celestes ou, pior ainda, sua causa metafísica. "Que espírito é esse que emana do Sol como a luz de uma vela? Não, isso não é astronomia, nunca foi e nunca será! Astrônomos medem os céus, não procuram causas. Mas Kepler nunca me ouviu: sua visão falava sempre mais alto. Queria transformação, mudança. E eu, com medo, recusei-me a segui-lo. Conhecia os riscos, o preço a ser pago. Enquanto escolhi a tradição, ele escolheu o caminho do novo, sem medo de arriscar... 'Mestre, precisamos urgentemente de melhores medidas das distâncias! Tenho certeza de que, com elas, seremos capazes de demonstrar que minha solução para o mistério cósmico é perfeita!' E eu o ajudei... calculei as distâncias, colhi e analisei dados, e até supervisionei a publicação do livro dele, que poderia ter sido nosso. 'Esses resultados vão torná-lo famoso, mestre, imortal...' Não, Johannes, o *único* imortal aqui é você... eu fui apenas o parteiro que deu à luz sua fama. Continuo e continuarei a ser um desconhecido, um mero apêndice de sua magnífica obra."

Fechou o livro e ergueu os olhos para a corda que pairava, impassível, sobre sua cabeça. Maria devia chegar a qualquer momento.

11

"Vamos, Johannes, estamos atrasados", gritou Koloman da porta do quarto. "O culto começa daqui a pouco!" Kepler deixou o amigo entrar. "Ou acha que, só porque Deus o escolheu como mensageiro, o pastor Zimmermann vai esperá-lo?", continuou o outro, com um brilho malicioso nos olhos. "Sobretudo depois de você ter dito a ele que seu filho foi expulso de Tübingen porque *Frau* Zimmermann o mimou demais."

"Muito engraçado, Koloman, HA, HA, HA. Um minuto, estou quase pronto", disse Kepler, abotoando o colete. "Está frio? Não sei onde pus minha capa."

"Não está ali na mesa?", perguntou Koloman, indicando a ponta de uma capa de veludo preto soterrada por uma montanha de papéis e livros. "Aliás, Johannes, sabia que ficou famoso? É verdade, todo mundo está impressionadíssimo com as previsões do seu calendário astrológico, a invasão turca e o inverno rigoroso." Kepler baixou os olhos, envergonhado. O amigo prosseguiu: "Ouvi dizer que o frio nas colinas estava tão severo que alguns pastores perderam partes do nariz ao assoá-lo, você acredita? PUF, saíram voando feito estilhaços de vidro... Tenho certeza de que vai fazer muitos mapas astrológicos este ano".

"Ora, você sabe muito bem que isso é besteira, Koloman. O que tem valor é minha solução para o mistério cósmico", retrucou Kepler. "Quem por aqui pode apreciar a elegância dos céus, sua magnífica harmonia, quando tudo o que querem é um oráculo barato? Tenho de ir logo a Tübingen para providenciar a impressão do meu livro, já que não consegui encontrar nenhuma editora decente nesta cidade!"

"Não reclame, Johannes. Você pode achar os nobres de Graz um bando de ignorantes, mas adora o dinheiro deles." Koloman depositou um pequeno saco de couro na mesa. Kepler sorriu ao ouvir o tilintar das moedas de ouro. "Vinte coroas, amigo. O barão quer o seu mapa em uma semana."

"Ah, está bem, está bem", disse Kepler, agarrando o saco de moedas. "Que posso fazer? Sou apenas um pobre professor, tenho de aceitar as oportunidades que a vida oferece..." Olhou de viés para o amigo. "Bem, estou pronto. Vamos?"

Deixaram o dormitório dos professores e atravessaram a arcada interna da escola rumo à saída. O sol de janeiro brilhava baixo no céu, pálido. As badaladas de sinos católicos e protestantes misturavam-se. Kepler e Koloman caminharam em direção à ponte coberta que cruzava o rio Mur, a qual, apesar do frio, estava lotada de vendedores e mascates de todos os tipos. Artesãos mostravam suas bandejas de cobre e latão, espadas e facas forjadas em ferro batido, candelabros e cadeados. Barbeiros vendiam seus serviços, bem como elixires que prometiam saúde e juventude eterna. Espalhados pelo chão, leprosos vestidos em farrapos exibiam corpos e faces decompostos e suplicavam esmolas. Kepler deu com um velho prostrado num canto, o nariz quase inexistente, os olhos de um azul opaco cobertos por um líquido leitoso, amarelado, e o rosto deformado soltando-se dos ossos. Horrorizado, desviou o olhar. O homem arrastou-se até ele e se agarrou ao seu tornozelo. "Johannes, dê uma esmola ao pobre coitado!", ordenou Koloman. O amigo obedeceu. "Obrigado, jovem senhor", agradeceu o leproso. Temendo ladrões, Kepler pôs a mão sobre o cinto e apertou o passo. Felizmente, a igreja ficava logo adiante, ao lado da ponte.

O culto já havia começado. Kepler foi imediatamente possuído por uma sensação de profunda reverência. Era como se sentisse a presença de Deus em toda parte: na elegância austera do teto abobadado; nas cenas dos Evangelhos, que dançavam coloridas nos vitrais; na luz tímida das velas, que espalhava conforto pelos vastos espaços; nas intrincadas esculturas de madeira que adornavam o altar; na face de Jesus, sofrida, flutuando na cruz sobre os fiéis. O coro de monges entoava um moteto de Palestrina, o inovador, cuja música enchia as igrejas da Europa. As linhas melódicas, expressando a melancolia dos que buscam a redenção eterna, entrelaçavam-se em espirais do som mais puro e ascendiam ao firmamento. As vozes ressoavam com tal força que o prédio inteiro vibrava, as pesadas pedras despertadas do sono profundo pelo êxtase harmônico. Muitos fiéis choravam. Kepler fechou os olhos, emocionado. "É assim", pensou, "que o homem recria na Terra a música das esferas, a expressão cósmica da harmonia divina... Pitágoras dizia-se capaz de ouvi-la, os acordes da sinfonia celeste, a dança dos planetas. Serei eu seu herdeiro? Será meu destino revelar os mistérios dessa música para que todos possam desfrutar da sua beleza?" Abriu os olhos, e foi então que a viu pela primeira vez.

Estava sentada à direita do altar, numa das primeiras fileiras, entre um senhor idoso, provavelmente seu pai, e uma menina ainda pequena. Sua pele translúcida, animada pelas sombras trêmulas das velas, não parecia pertencer a este mundo. Os enormes olhos castanhos, úmidos, expressavam uma tensão entre virtude, força e uma insistente melancolia. Kepler olhou para os lábios cheios, voluptuosos, e imaginou-se beijando-os, sugando-os com voracidade. "Que vergonha, Johannes", pensou, "não vê que ela está de luto? Quem sabe o marido..." Cutucou Koloman, que conhecia toda a população de Graz, e perguntou-lhe quem era ela.

"Chama-se Bárbara; é filha de Jobst Müller e viúva pela segunda vez." Koloman fitou com olhos risonhos o amigo. "Por quê? Está interessado? *Herr* Müller já trabalhou para o barão. Se quiser, após o culto eu posso..."

Os olhos de Kepler quase saltaram das órbitas. "Quero! Quero, sim!", gritou. Vários fiéis voltaram a cabeça para ele com desdém. Àquela altura, já havia se esquecido completamente das harmonias celestes. Existiam outras, mais próximas da Terra e dos prazeres da carne, que solicitavam sua atenção.

Assim que o culto terminou, Kepler pegou no braço do amigo e marchou em direção ao altar. "Calma, rapaz", disse Koloman. "Relaxe! Nenhum pai gosta de apresentar a filha a um jovem que está babando de desejo." Aproximou-se de *Herr* Müller, cuja aparência austera revelava uma óbvia incapacidade de contentar-se até mesmo com as mais doces surpresas da vida, e cumprimentou-o respeitosamente: "Caro senhor, tenho a honra de lhe apresentar o mestre Johannes Kepler, matemático oficial da Estíria e professor da escola protestante de Graz". Kepler curvou-se perante o guardião de sua presa, procurando manter uma expressão solene.

"Sim, *Herr* Kepler, já ouvi falar dos seus calendários." Jobst Müller não demonstrou nenhum entusiasmo.

"Fico satisfeito, senhor. A elaboração de calendários é uma das minhas atividades como matemático da província", recitou Kepler, tentando enxugar nas calças as mãos suadas. Bárbara pigarreou, sorrindo pela primeira vez.

"Perdão, Bárbara." Jobst Müller não tentou esconder sua impaciência. Voltou-se para Kepler e disse: "Esta é minha filha, Bárbara, e esta pequenina aqui é minha neta, Regina". A jovem estendeu a mão. Kepler tomou-a, sem jeito, e, soprando para o lado um bordado da manga, tocou-a levemente com os lábios. Ao inspirar o doce perfume, estremeceu dos pés à cabeça. Olhou para aquela mulher desconhecida mas já amada e viu seus olhos cintilarem. Ela retraiu lentamente a mão. Ele se sentiu desnorteado.

Regina estendeu a mão para Kepler, restituindo-lhe a consciência. "Mãe, também quero ser beijada pelo famoso astrólogo!" Ele franziu o cenho: a mocinha tinha muito que aprender.

"Claro, Regina", disse Bárbara, sorrindo. "*Herr* Kepler, se não for um incômodo..."

Kepler quase foi ao chão ao vê-la sorrir. "A honra é toda minha, jovem donzela." Regina recebeu o beijo e fugiu correndo.

A voz sóbria de *Herr* Müller desfez o feitiço: "Temos de ir andando, Bárbara. *Herr* Koloman, desejo-lhe um bom-dia, lembranças ao barão. *Herr* Kepler, prazer em conhecê-lo".

Kepler não conseguia tirar os olhos de Bárbara. "Ela vai ser minha", jurou em silêncio, enquanto os três se afastavam. "E acho que ela também me quer."

Os amigos deixaram a igreja e tomaram seu caminho. De repente, Kepler estacou e disse: "Koloman, você *tem* de me ajudar!".

"Já percebi, Johannes. Discrição não é uma de suas virtudes, sabia? Você tem certeza? Ela já perdeu dois maridos... Meio perigosa a moça, não?"

"Pouco me importa", respondeu Kepler, impaciente.

"Muito bem, Johannes. Conversarei com alguns membros influentes da comunidade, e vamos até *Herr* Müller anunciar suas intenções." Koloman encarou o amigo, sério. "Mas vou logo avisando, não vai ser fácil. O velho é um casmurro e protege a filha com a mesma fúria com que Cérbero guarda as portas do Inferno. Seu dote é razoável, e tenho certeza de que não vai querer depositá-lo nas mãos de um matemático à beira da penúria."

"Posso ser pobre, mas ao menos sou um pobre bastante instruído. Isso deve contar, não?"

"Não sei, não, Johannes; acho pouco provável. *Herr* Müller, como todo moleiro que conheço, não dá muito valor à instrução. Está bem mais interessado em dinheiro e títulos."

"Títulos? Nesse caso, não teremos problemas. Meu avô Sebald passou a vida enchendo nossa cabeça com histórias de nossos nobres antepassados. Temos até um brasão de família!"

"Ótimo, Johannes, isso pode mesmo vir a ser útil", disse Koloman, mais animado. "Vamos andando, estou congelando aqui."

Na ponte, Kepler mal notou os mascates e leprosos. Via apenas Bárbara, seus lábios, sua pele. Estava convencido de que ela também havia se interessado, pois demorara para retrair a mão estendida.

Uma carta de Weil esperava por ele. Seu avô estava muito doente e queria vê-lo. Kepler correu ao escritório de Papius. Pediu licença para visitar o avô e apoio em sua campanha de conquista. Sabia que Müller respeitaria um dos líderes da comunidade protestante.

"Johannes, fico feliz por você ter encontrado alguém", disse Papius, pondo a mão no ombro de Kepler. "Falarei com Koloman e com o pastor Zimmermann. Juntos, acho que não teremos problema em convencer *Herr* Müller."

"Nem sei como agradecer-lhe, senhor."

"Não há necessidade. Porém, antes de partir, escreva uma carta para ele, pedindo a mão de Bárbara e explicando o motivo de sua súbita ida a Weil." Papius olhou para Kepler, tentando ler os pensamentos dele. "Tem certeza de que é isso que quer, jovem? Mal conhece a moça..."

"Ah, tenho certeza, sim, reitor. Sei que ela é a mulher ideal para mim. Escreverei imediatamente a carta!"

"Muito bem, Johannes. Você tem dois meses de licença para visitar seu avô. Faço votos de que ele se restabeleça e que Deus o abençoe."

Kepler mal pôde concluir os preparativos para a viagem; divagava, não conseguia comer. Só pensava em Bárbara, nos seus olhos, na sua mão, no seu perfume. Nem mesmo a saúde do avô lhe importava. Antes de partir, precisava encontrar a jovem, confirmar que ela também o queria. Ou será que ele estava se iludindo? Por que ela o escolheria? O que tinha a lhe oferecer senão uma vida humilde e cheia de ideias? Podia ver *Herr* Müller às gargalhadas depois de ler sua carta. Será que era por isso que o moleiro ainda não respondera? Kepler não tinha tempo nem paciência de esperar. Iria até a casa de Bárbara, Koloman havia lhe dito onde ficava; abriria o coração, declararia seu amor. "Tenho de revelar-lhe meus sentimentos", murmurou consigo mesmo. "Danem-se as formalidades!"

Ao cair da noite, atravessou a cidade em direção à casa de *Herr* Müller. Apenas amantes e mendigos se aventuravam pelas ruas em meados de janeiro, quando o ar parecia poder transformar pulmões em vidro. Mas Kepler pouco se importava com o frio. Seus passos ecoavam pelos paralelepípedos, competindo com o uivar do vento. Às vezes ele jurava ouvir passos em sincronia com os seus e se detinha. Devia ser imaginação. Finalmente avistou a casa de Bárbara. Uma luz pálida vinha do interior, projetando o movimento de sombras na parede oposta à janela. Uma grande e outra menor, Bárbara e Regina. Kepler aproximou-se da porta, pronto para soar o sino de entrada, quando ouviu um assobio.

"Quem está aí?", gritou. Olhou em torno, mas não viu ninguém. Foi então que alguém segurando um lampião surgiu da esquina mais próxima.

"Koloman!"

"Johannes, seu idiota!", sussurrou Koloman. "Está bêbado? Enlouqueceu?"

"Ah, era você que estava me seguindo! Bem que ouvi passos..."

"Fale baixo! Será que não sabe nada sobre como cortejar uma donzela? Não pode ir entrando na casa dela assim, sem aviso." Kepler detectou uma ponta de sarcasmo na voz de Koloman. "Escute, vamos até uma taverna tomar algo. Não tenho a menor intenção de morrer de frio por sua causa."

"Você não está entendendo, Koloman", protestou Kepler. "Queria apenas fazer uma rápida visita a Bárbara e *Herr* Müller, mostrar que minhas intenções são sérias."

"Ah, é? E como sabe que ela está interessada em você? Teve alguma notícia desde aquele encontro na igreja? Ao menos a viu nos últimos dias?"

"Bem, não... mas..."

"'Mas' coisa nenhuma. Vou ensiná-lo a conquistar com dignidade e elegância o coração de uma dama. Vamos logo tomar um trago! Já nem sinto os pés, de tão frios!"

Os amigos caminharam alguns quarteirões até achar uma taverna aberta, O Signo do Grifo Dourado. O salão principal estava lotado; homens, galinhas e cães tentando manter-se aquecidos. Encontraram uma mesa num canto escuro.

"Olhe bem em torno, Johannes", disse Koloman. "A maioria desses marmanjos aí são casados, mas preferem se aquecer numa taverna, junto de animais, a se aquecer na cama, com suas mulheres. É isso mesmo que você quer?" Kepler olhava para o chão, distraído. Como poderia encontrar Bárbara antes de partir? Talvez devesse segui-la! "Escute bem, meu amigo", continuou o outro, "a primeira regra no jogo da conquista é não fazer nada afobado. Você precisa se aproximar de forma galante e discreta. Esse tipo de comportamento impulsivo, aparecer na casa da moça sem ser convidado, pode ser moda na Itália, mas aqui garanto que não funciona." Kepler começou a relaxar um pouco. Afinal, Koloman tinha muito mais experiência do que ele naqueles assuntos. Quem não tinha?

"Então, o que tenho de fazer? Escrever uma carta?"

"Ah, finalmente você diz alguma coisa que faz sentido! Isso mesmo, comece com uma carta, bem apaixonada, cheia de promessas e declarações, comparando sua amada ao que há de mais belo depois do Paraíso. Verá que o coração dela se encherá de desejo." Kepler olhou desconfiado para Koloman. Ele estava escondendo alguma coisa, tinha certeza. O amigo continuou, sorrindo: "Mas no caso de Bárbara, moça já com uma boa dose de experiência, mais até do que nós dois juntos, as coisas são meio diferentes".

"Ei! Espere aí!" Kepler ficou indignado. "Está ofendendo minha noiva!"

"Noiva? Que noiva, rapaz? Não sabia que ela já havia se comprometido com você."

"Koloman, você está se divertindo às minhas custas, e não estou achando isso nada engraçado."

"De jeito nenhum, amigo, de jeito nenhum. Estou tentando ajudá-lo, isso sim. Mas, perdoe-me se o digo, a coisa toda é um tanto cômica."

"Como já disse, não vejo a menor graça. Sabe de uma coisa? Chega! Vou-me embora." Kepler levantou-se.

"Não, não. Espere!", gritou Koloman. "Tenho algo para você, quase me esquecia. Uma carta. Foi-me entregue justo esta tarde." Seus olhos cintilavam com malícia.

"Carta? Carta de quem?"
"Aqui está. Por que não a abre?"
"Não acredito!"
"Do que se trata?"
"É de Bárbara! Ela diz que gostou muito de ter me encontrado na igreja e que ficou emocionada ao saber que eu tinha intenções de desposá-la. Diz que, se seu pai nos der autorização, também quer muito me desposar." Kepler encarou o amigo, tentando manter-se calmo. "Você sabia disso o tempo todo e não me contou?"

"Não sabia dos detalhes", respondeu Koloman, que considerou a carta um pouco fria, sem imaginação. "Que mais ela diz?"

"Ela mandou uma mecha dos seus cabelos, amarrada num laço de seda vermelha." Kepler mostrou ao amigo a mecha, que exalava um perfume de rosa. "Raios! Por que não me contou antes, Koloman? Não viu como eu estava enlouquecido, ardendo de paixão, remoendo-me de dúvidas?"

"Vi, e foi exatamente por isso. Queria que aprendesse a se controlar melhor. Às vezes você é muito teimoso e age sem pensar. Juro que não sabia do que se tratava. Como disse, só recebi a carta hoje à tarde, das mãos de um mensageiro anônimo."

"Então o perdoo, amigo. E agora, vamos comemorar! Está na hora de beber muito vinho!"

"Mas, Johannes, e o seu avô? Como pode comemorar estando ele no leito de morte?"

"Ah, tenho certeza de que ele ficaria feliz com as novidades", disse Kepler, seu rosto inteiro um enorme sorriso.

12

Kepler sentia o coração pesar mais e mais no peito à medida que se aproximava de Weil. Com os campos cobertos de neve, as pessoas escondiam-se em suas casas. O vilarejo pareceu-lhe menor do que era dois anos antes, quando fora para lá, ainda incerto sobre o futuro, sobre uma vida longe do púlpito e perto dos astros. Hoje seria impensável voltar atrás... A astronomia era mais que uma paixão, era a razão da vida dele. Seus calendários tornaram-no famoso em toda a Estíria. Tinha até encontrado uma noiva. E, mais importante, descobrira a solução para o mistério cósmico, o arranjo geométrico do cosmo, a expressão matemática da Criação. Pela primeira vez na vida sentiu uma forte ligação com o avô, com o nome Kepler. Mais que uma ligação, uma responsabilidade. Era sua vez de honrar o nome da família, nobre ou não.

Entrou sem bater na casa, imersa em profundo silêncio, e atravessou a cozinha em direção ao minúsculo laboratório improvisado onde a mãe fazia suas poções. Lá estava ela, de costas para a porta, debruçada sobre um enorme caldeirão de bronze no qual borbulhava uma mistura amarelada de aspecto leitoso. O odor de ovos podres indicava a presença de enxofre. "Sopa certamente não é", pensou Kepler, rindo consigo mesmo. Panelas e potes de todos os tamanhos e formatos repousavam enfileirados nas prateleiras, ao lado de jarras de vidro com pós coloridos, plantas exóticas, fungos e cogumelos secos, ossos de animais. A mãe cantarolava uma melodia que Kepler não conseguiu identificar. Ele pigarreou bem alto, anunciando sua presença.

Katharina deu um salto, deixando uma comprida colher de pau cair na mistura. "Johannes! Quer me matar de susto?"

"Mil desculpas, mãe, não foi essa minha intenção."

"Por que demorou tanto? Mandamos uma mensagem há mais de um mês! Seu avô já podia estar morto."

"Também estou feliz em ver a senhora, mãe", ironizou Kepler. "Imagino que saiba que Graz fica muito longe e que não é nada fácil atravessar a Europa Central em meados de fevereiro."

"Ora! Você e suas desculpas, sempre uma nova", resmungou Katharina, soprando a mesma mecha de cabelo que havia décadas teimava em cair sobre seu olho esquerdo. "Não fique aí parado feito um bobo! Venha me ajudar. Estou preparando um elixir para o seu avô." Passou a colher de pau para o filho. "Mexa bem devagar, enquanto adiciono mais um ingrediente."

"Mãe, se o fedor é algum sinal, este elixir vai é matar o vovô", disse Kepler, e sua expressão tornou-se séria. "Que diabo é isso que a senhora está cozinhando?"

Katharina bufou, balançando a cabeça com desdém. "Você, que sabe tanto sobre os céus, lamentavelmente não sabe nada sobre as boas coisas que crescem aqui na Terra." Falou, e cuspiu no chão, quase acertando o pé de Kepler. "Isso, jovem mestre, é uma poção feita com *Annelein*, que nos últimos anos vem ajudando, e muito, seu avô." Fitou o filho com olhar desconfiado. "Essa poção ajuda também os apaixonados, sabia?"

Kepler olhou para a mãe, perplexo. "Como ela descobre essas coisas?", pensou, e perguntou-lhe: "E por que me diz isso, mãe?".

"Porque, desde que você entrou aqui, não para de sorrir feito um idiota! E essa mecha de cabelos castanho-claros presa na banda do seu chapéu... de quem será? Sua é que não é!" Com expressão triunfal, Katharina cruzou os braços.

"Mãe, realmente a senhora é incrível. Difícil às vezes, é verdade, mas incrível", disse Kepler, enfiando a mecha dentro do chapéu. "Estou mesmo apaixonado, confesso! Ela é de Graz e se chama Bárbara Müller."

"Não precisa se confessar, pois não somos católicos e eu não sou padre. Diga-me, jovem mestre, quem é essa tal Bárbara de Graz?"

"Ah, ela é forte e tem um coração bondoso, a mais suave das peles e os mais belos olhos castanhos, duas gotas de mel. A coisa é séria, mãe. O reitor Papius e meu amigo Koloman serão meus representantes, vão interceder junto a *Herr* Müller. Até já enviei uma carta para ele, com um pedido formal." Kepler fitou a mãe, procurando um sinal de aprovação. "Parece que ele é bem exigente e escolhe a dedo aqueles que podem cortejar a filha, preocupado com quem porá as mãos no dote, que não é nada mau, aliás."

"Por quê? Ela já teve muitos cortejadores, é? É uma moça popular?"

"É bem popular, mãe, mesmo tendo apenas vinte e três anos."

"Como assim, 'apenas vinte e três anos'? Essa é uma idade bem avançada para uma noiva."

"Bem, isso é porque... é porque essa não é sua primeira vez." Kepler tentou evitar o olhar fulminante da mãe e sussurrou: "Ela já se casou duas vezes, e tem uma filha de sete anos".

"Ai, ai, ai, meu Deus do céu." Katharina balançou a cabeça e cuspiu de novo no chão, dessa vez mirando o pé de Kepler, que se esquivou. "Espero que saiba o que está fazendo, Johannes. Essa mulher é encrenca na certa, uma agourenta, viúva duas vezes aos vinte e três. Que horror!"

"É, mãe, mas os outros maridos eram velhos. E o dote..."

"Que importa o dote? O que você quer? Morrer rico e jovem, é isso?"

"Mãe, não é bem assim..."

"Esquece, esquece, você já está perdido mesmo... Vamos levar a poção para o seu avô, que está ansioso para vê-lo."

Sebald Kepler, prostrado na cama, parecia dormir. Heinrich, sentado ao lado dele como um anjo da guarda, aplicava-lhe um pano úmido na fronte encharcada de suor. Assim que viu o irmão, saltou de alegria. "Johannes chegou, vovô. Veio lá de Graz só para ver o senhor!" Sebald abriu os olhos lentamente e acenou a Kepler para que se aproximasse. Sua face estava coberta por feridas purulentas. Tentou dizer algo, mas não conseguiu. Respirava com dificuldade.

"Vamos lá, Sebald, está na hora do seu elixir", disse Katharina, e fez sinal aos filhos para que o ajudassem a sentar-se. Kepler pegou a caneca das mãos dela e levou-a aos lábios do avô moribundo. Sebald lutou para tomar alguns goles. Desistindo, estendeu a mão trêmula para o jovem astrônomo. Este sentiu as pernas fraquejarem: seria a primeira vez que seguraria a mão do avô.

Sebald fitou longamente o neto, seu olhar contando todas as histórias que não tivera tempo de contar. "Johannes", disse, ofegante, "você é o orgulho de nossa família. Não deixe que o nome Kepler seja esquecido."

Kepler apertou-lhe a mão com ternura. "Não deixarei, senhor, prometo."

O avô tentou sorrir. Procurou por alguma coisa, tateando sob as cobertas. Por fim, achou o adorado medalhão com o brasão da família. "Isto é para você, Johannes", murmurou.

Kepler ficou emocionado. O medalhão era bem mais pesado do que imaginara. Quando ele o pendurou no pescoço, a luz de uma vela refletiu no anjo, que pareceu alçar voo. Naquele instante, enquanto o anjo estendia as asas, brilhando como o sol, Sebald fechou os olhos pela última vez.

Após mais dois dias em Weil, Kepler estava pronto para partir. Planejava primeiro ir a Stuttgart visitar o duque de Württemberg, conhecido tanto pelo entusiasmo com que defendia a causa luterana como por sua coleção de objetos tão exóticos quanto inúteis. Pretendia convencê-lo a financiar um projeto um pouco ambicioso: a construção de uma réplica em ouro e prata de sua solução para o arranjo cósmico, com os sólidos e esferas concêntricos. O modelo poderia também ser usado como uma espécie de cálice, que, Kepler imaginou, o duque adoraria exibir nos banquetes dele — teria o cosmo nas mãos. Depois, o plano era seguir para Tübingen, onde visitaria Maestlin e acertaria a publicação do *Mistério cosmográfico*.

Quando Kepler estava prestes a montar na mula, sua mãe surgiu à porta e correu até ele. "Johannes, você se esqueceu do medalhão!" Kepler desviou os olhos, envergonhado. Não se esquecera do medalhão, este é que havia desaparecido misteriosamente.

Katharina pendurou o medalhão no pescoço do filho. Suspirou e deu um passo para trás, olhando com intensidade para ele. Já era um homem, um homem mais importante do que todos os que ela havia conhecido e que em breve se casaria com uma viúva rica em terras longínquas. Sentiu que entre eles se abria um enorme vazio, o qual, com o tempo, apenas cresceria. Kepler sorriu, sem graça, e subiu na mula. Após alguns metros parou, finalmente entendendo o que tinha acontecido. Virou-se e acenou para a mãe, agradecendo-lhe pelo que fizera. Durante dias o medalhão ardeu com um estranho calor próprio, o calor da alma de Katharina, confinada com o anjo: espírito e metal mesclados, trabalhando juntos para protegê-lo.

13

Fazia mais de uma semana que Maestlin não tocava no diário. Irritava-se ao pensar no que lera da última vez, na audácia de Kepler, nas divergências de opinião, na discórdia que o afastara dele. Escondeu o pequeno livro numa gaveta, tentando esquecer-se de sua existência. Será que Ludwig tinha razão? Será que devia parar de revirar o passado? Sentiu o mesmo conflito, as mesmas dúvidas de décadas antes. A diferença era que, agora, sua raiva não se dirigia apenas a Kepler; dirigia-se a ele mesmo, por não ter entendido o novo, por não ter tido coragem de aceitá-lo, por ter sido humilhado pelo pupilo, que via tudo tão nitidamente, enquanto ele via cada vez menos, cego de orgulho e preconceito. Procurou lembrar-se do momento em que ocorrera a ruptura: talvez após a publicação do *Mistério*, ou até antes disso. Já no debate as coisas estavam bem claras. Sentiu-se usado por Kepler, sempre pedindo favores, querendo isso ou aquilo, sempre com pressa, tão enervante. E as disputas teológicas não ajudavam; Kepler questionava as doutrinas luteranas, ameaçava a hegemonia delas. Juntar-se a Kepler seria sacrificar a estabilidade, o conforto, a paz artificial que covardes como Maestlin cultivam tão avidamente. Sentia raiva por ter sido vítima da própria mediocridade, por ter destruído a única chance de imortalizar-se. E, agora, Kepler estava morto, e ele continuava vivo, sozinho, em busca de redenção. Mas os mortos não perdoam os vivos...

Pelo menos havia o diário, sua última ligação com Kepler. Não repetiria os mesmos erros, não tinha tempo para isso.

Procurou por algo escrito no início de 1596, pouco antes de Kepler ir a Tübingen.

26 de fevereiro de 1596

Esse projeto estúpido ainda vai me deixar louco! Por que tive de inventar isso? Sempre querendo agradar a nobreza... Mas que posso fazer? Preciso encontrar patronos, sujeitar-me à ignorância deles. Meu modelo, a maravilhosa réplica do arranjo cósmico, transformou-se num pesadelo. Aqui estou, preso em Stuttgart, dividindo aposentos com os empregados do palácio, perdendo tempo com artesãos incompetentes. E isso depois de passar uma semana inteira construindo um modelo de papel. O duque queria que construísse um de cobre. E com que dinheiro, Vossa Excelência, com que dinheiro? Desculpe-me, senhor, mas vai ter de ser de papel mesmo!

Não fosse a generosa carta de meu mestre Maestlin, explicando-lhe a elegância de meu modelo cósmico, nem isso eu teria conseguido. Finalmente, o duque deu permissão para um modelo bem mais humilde, apenas de prata. Não quero parecer ingrato, mas o projeto agora é praticamente inútil. Mesmo que venha a ser construído, não se comparará à ideia original, que era fazê-lo em ouro e prata, os espaços entre as esferas cheios de bebidas diversas e conectados por tubos para que as pessoas pudessem bebê-las: o Sol, aguardente; Mercúrio, conhaque; Marte, vermute... O signo zodiacal de cada planeta, esculpido em pedra preciosa, adornaria sua esfera: Saturno, em diamante; Júpiter, em jacinto; a Lua, em pérola..., refletindo a graciosidade de um cosmo criado pela mente de Deus.

Ainda assim, não vou desistir!

15 de abril de 1596

Esses artesãos vão acabar comigo. Não aguento mais ficar aqui, sinto a mente murchar como planta sem água. Vou até Tübingen saciar essa sede, visitar meus mestres, supervisionar a publicação de meu livro. Tenho certeza de que mestre Maestlin me ajudará. Depois volto e tento concluir esse projeto dos infernos, antes de retornar a Graz. Peço a Deus que Bárbara perdoe minha ausência prolongada...

O velho mestre sorriu. "Projeto dos infernos, deveras..." Após anos de frustrações, nunca foi concluído, pobre Johannes! Dirigiu-se à estante sobre a lareira, onde guardava diversos livros de astronomia, os de Kepler e outros. Pôs uma acha no fogo. Lá estava ele, o *Mistério cosmográfico*, a descrição da geometria cósmica. Abriu-o na primeira página. *Maestlin fez de tudo para dar vida a este volume, corrigindo-o, embelezando o texto e os diagramas, divulgando-o entre homens que, como nós, ocupam-se dos segredos do céu. Seu entusiasmo inicial, tão importante, levou este pequeno livro a ser enfim publicado em 1596...* "Esta é a segunda edição, de 1621", pensou Maestlin. "Esta nota não se encontra na primeira edição. Nem poderia! O 'entusiasmo inicial' transformou-se em raiva apenas alguns anos mais tarde... E pensar que o parteiro deste livro fui eu, que ia à gráfica duas vezes por dia conversar com os editores, resolver problemas, enquanto Kepler me bombardeava lá de Graz com suas cartas e pedidos."

— "Este livro o fará imortal, mestre..."

Maestlin fechou o volume, olhou para o fogo e invejou a inquietação das chamas, a energia que ele já não tinha. Dançavam com tal entusiasmo que pareciam ter um objetivo; cada padrão momentâneo parte de uma mensagem, uma letra num alfabeto infinito de formas. "Talvez as chamas dancem para celebrar sua liberdade, sua fuga da matéria, que as aprisiona", pensou. "Cada dança conta uma história, jamais a mesma, da transformação gradual da madeira em fogo e cinzas. Não é o que acontece com os homens? Não somos também invólucros de carne e osso feitos para conter as chamas de nossas almas, evitando que escapem, cada uma contando sua história, diferente da história das outras? Não ardemos também até se extinguir a última chama? Até que nossas almas deixem sua prisão material, até que, finalmente livres, ascendam aos céus, juntando-se às chamas que lá brilham por toda a eternidade, e unam-se a Deus?... Os que vivem mais tempo são aqueles que mais sofrem, os últimos a consumar sua união com Deus. Seria uma dádiva se nossas chamas pudessem brilhar com a mesma intensidade todos os dias de nossas vidas, em vez de sofrer esse obscurecimento inexorável. Essa é a agonia da velhice, a vida reduzida a mera fagulha, fraca demais para brilhar com a incandescência do novo mas ainda enclausurada no corpo, incapaz de ascender aos céus, de gozar a prometida paz eterna."

Uma acha rolou para perto das brasas e começou a chiar, interrompendo os pensamentos de Maestlin. A sala inteira brilhava com a intensidade das chamas, como para provar ao velho mestre que estava errado, que chamas que parecem quase mortas podem ainda ser atiçadas. Ele não conseguia desviar os olhos da lareira. Os tons de vermelho e de laranja misturavam-se em formas pontiagudas, imagens revolviam-se na mente dele, ora nítidas, ora turvas. Viu uma nuvem incandescente, uma casa, um anjo de asas abertas, uma esfera com olhos e barba, um sorriso, um rosto familiar... Um rosto? Não, não podia ser! Maestlin ficou horrorizado. No meio das chamas flutuava o rosto de Kepler, era feito delas, e sorria, demoníaco, provocando-o, humilhando-o. O mestre enfim desviou os olhos da lareira e cobriu a face com as mãos. Sua testa ardia, sentiu-se tonto, enfraquecido. Pensou em atirar o livro ao fogo, exorcizar o demônio que o possuíra. Mas não poderia fazê-lo, era escravo do texto, das respostas que lá estavam. Em vez disso, atirou-o ao chão.

Após três longos e inúteis meses em Stuttgart, Kepler não via a hora de conversar novamente com seus mestres, para discutir temas mais profundos que o preço da prata ou a forma dos moldes para os sólidos platônicos. Parou em frente à casa de Maestlin, e tentava controlar a emoção antes de bater à porta, quando Margaret a abriu.

"Ora, ora, se não é o jovem Johannes, recém-chegado do palácio ducal! Entre, entre. Michael está à sua espera, não fala em outra coisa." Kepler sorriu, intrigado. Margaret não era das pessoas mais efusivas que conhecia.

"Ah, finalmente você chegou!", exclamou Maestlin, abraçando-o.

"Caríssimo mestre! Mil perdões pelo atraso. Minha mula, coitada, enlouqueceu com tantos trevos e flores crescendo nos campos; parava a cada minuto. A primavera está belíssima e me faz sentir muitas saudades daqui."

"É verdade, o clima tem estado excelente, sobretudo após outro terrível inverno. E então, Johannes, como anda o projeto do cálice cósmico? Ficou sabendo que enviei uma carta ao duque, dando meu apoio a você, não?"

"Ah, mestre, nem me fale. Sua carta ajudou muito, sem dúvida, mas o duque no final optou por um modelo de prata, e os artesãos simplesmente não têm a menor ideia de como fazê-lo. Mais uma vez fica provada a inteligência superior de Deus, se nem mesmo os melhores artesãos conseguem reproduzir Sua obra." Kepler suspirou. "Não, mestre, vamos falar do que é realmente importante: a publicação do manuscrito."

"Recebi a cópia que me enviou", disse Maestlin, subitamente sério. "Você sabe o quanto admiro seu modelo cósmico baseado nos sólidos platônicos. No entanto, como tenho certeza de que também sabe, o livro contém algumas ideias que causarão problemas. Aliás, Hafenreffer gostaria de conversar com você hoje após o jantar."

"Ótimo, mestre, com prazer." Kepler tentou disfarçar o nervosismo. "Esperava mesmo problemas. Não esqueci o debate de 1593..."

"Eu tampouco. De qualquer modo, está na hora, devemos ir andando. O conselho deliberativo está ansioso por revê-lo."

Uma vez mais, mestre e pupilo andaram pelas ruas de Tübingen. Um carrilhão badalava em uníssono, parecendo celebrar o retorno de Kepler. Ou estaria prevenindo-o? O mesmo carrilhão havia soado quando sua vida deixara de ser sua, quando seu destino fora retraçado pelos mestres a quem veria dali a instantes. Em breve teria uma resposta...

Maestlin e Kepler cruzaram o portão principal do Stift e dirigiram-se ao refeitório. Lá estavam eles, com suas batinas e boinas pretas. Hafenreffer foi o primeiro a reconhecê-lo: "Johannes, seja bem-vindo à sua *alma mater*". Kepler quase mencionou que, formalmente, não havia terminado a graduação e que, portanto, não tinha uma *alma mater*, mas achou melhor não polemizar tão cedo. "Em nome do resto do conselho deliberativo, digo que estamos muito felizes em revê-lo."

Kepler baixou a cabeça, tímido. "Caros mestres, fico honrado em ser recebido tão calorosamente no coração da instituição pela qual guardo tanto carinho. Confesso sentir muita falta de todos os senhores e desta escola, onde tanto aprendi."

Hafenreffer convidou-o a sentar-se entre ele e Maestlin. Kepler, ainda sem graça, mal podia acreditar que jantaria à mesa do conselho deliberativo, juntamente com seus mestres. A comida era bem mais farta do que imaginara: perdiz assada e truta, regadas com muito vinho. A conversa fluía leve, tocando superficialmente nas tensões entre católicos e luteranos, as quais cresciam em toda a Europa Central, sobretudo na Áustria.

"Ouvimos dizer que o jovem Ferdinando provavelmente será o novo arquiduque e que vão prepará-lo para assumir o trono. Sabe de alguma coisa, Kepler?", perguntou Hafenreffer.

"Infelizmente, é bem provável", respondeu Kepler em tom sombrio. "Ele foi posto sob a tutela dos jesuítas pela mãe, uma católica fervorosa. Se subir ao trono da Áustria, teremos problemas sérios. Sabe-se lá o que vai ser dos luteranos de Graz... Pelo menos sei que, se algo ocorrer, e tenho certeza de que se trata de mera questão de tempo, terei o apoio dos senhores aqui em Tübingen." Falou, e lançou um olhar esperançoso na direção de Maestlin, que sorriu sem grande entusiasmo. Hafenreffer, por sua vez, manteve-se indiferente.

"Por ora, deixemos esses problemas", disse Maestlin. "Johannes, fale-nos um pouco de suas pesquisas."

Kepler pôs-se diante dos mestres. "Venho estudando o arranjo dos céus segundo a hipótese copernicana", começou. "Mais especificamente, tenho tentado encontrar uma explicação para o número de planetas no cosmo. Por que seis, e não três ou vinte? Como podemos determinar, *a priori*, suas distâncias ao Sol? Com a ajuda de mestre Maestlin, cuja sabedoria vem iluminando meu caminho há tempos, obtive uma solução que me parece elegante em extremo. Tão elegante que não vejo como o Criador não a teria usado. Baseia-se nos cinco sólidos platônicos, um dentro do outro, com esferas interpostas entre cada um deles. Cada esfera carrega um planeta em sua órbita em torno do Sol. O modelo concorda esplendidamente com as observações, mesmo que não perfeitamente, ainda. Mas acho que isso é um problema das observações, as quais não são muito precisas, não do modelo em si. É belo demais para estar errado..." Dito isso, curvou-se, respeitoso, e voltou a sentar-se, satisfeito com sua exposição.

Hafenreffer foi o primeiro a falar. "Caro Johannes, sem dúvida esse arranjo é mesmo muito elegante, mais do que todos os apresentados por seus predecessores. Devo felicitá-lo pela criatividade. Todavia, algo me preocupa." Interrompeu-se e encarou Kepler, com os olhos faiscando. A tensão cresceu, antecipando o conflito. "Gostaria de saber se, na sua opinião, esse é de fato o arranjo dos céus ou se é apenas um modelo matemático, próprio para cálculos de posições planetárias."

Como Kepler imaginara, o teólogo não esperou pelo fim do jantar para começar a sabatina. "Mestre Hafenreffer, meu sistema é completamente coerente. O Sol controla os movimentos celestes a partir do centro, emitindo sua luz tal qual uma vela, iluminando todo o espaço. Encontrei uma relação matemática entre o tempo que um planeta demora para completar uma revolução e sua distância ao Sol. O número de planetas é fixado pela geometria. Por que não devo considerar esse o arranjo concreto dos céus? Por que Deus optaria por algum outro?" Ajeitou-se na cadeira, tentando manter uma expressão de dignidade; sabia bem o que estava por vir. Nada havia mudado desde o debate de 1593.

"Porque", replicou Hafenreffer com inflexão solene, "está escrito na Bíblia que a Terra permanece fixa no centro do mundo e que os céus giram à sua volta. Essas são as palavras sagradas de Deus. Não cabe aos homens, nem mesmo aos mais brilhantes entre eles, contradizê-las." Olhou desafiadoramente para Kepler e continuou: "No Salmo 104 está escrito: 'Assentaste a terra sobre suas bases, inabalável para sempre e eternamente'. Existem muitos outros exemplos, mas esse basta. A mensagem é clara".

"Mas, mestre, será que os homens que interpretam as Escrituras não podem se equivocar? Afinal, apenas Deus é perfeito, infalível." Kepler surpreendeu-se com as próprias palavras. Quando iria aprender a ficar calado?

"De modo algum! A interpretação teológica das Escrituras não está aberta para debate, menos ainda para debate entre amadores."

Kepler quase revidou, lembrando a Hafenreffer que, se não se tornara teólogo, fora por culpa dele, mas preferiu silenciar. Esses eram problemas do passado, quando ainda pensava no púlpito como seu destino. Sabia agora que palavras e interpretações não revelariam a natureza de Deus, que apenas a matemática, a linguagem comum entre a mente divina e a dos homens, poderia fazê-lo. A previsão de Maestlin havia se concretizado: a astronomia era o único caminho viável. Hafenreffer jamais entenderia por quê.

Vendo que Kepler não responderia, Hafenreffer prosseguiu: "Sei que Maestlin supervisionará a impressão de seu livro. O conselho deliberativo exige que o manuscrito seja examinado e aprovado antes disso".

Kepler olhou para Maestlin, cuja irritação era visível. "Certamente, senhor", respondeu em tom resignado. "Gostaria de propor um brinde aos meus caros mestres, que me guiaram por tantos anos com infinita paciência, ensinando-me tudo o que sei." Ergueu o cálice e tomou um gole, tentando afogar a frustração. Não fazia sentido confrontar-se com Hafenreffer e os demais teólogos de Tübingen, ao menos não naquele momento. Sua prioridade era a publicação do *Mistério*, mesmo que censurado. Sabia que a verdade não pode ficar oculta por muito tempo: mais cedo ou mais tarde escapa da cela onde os opressores a prenderam. Ou porque eles mesmos abrem a porta, ou porque outros o fazem.

No dia seguinte, retornou à casa de Maestlin para acertar alguns detalhes. O mestre continuava irritado com o teólogo, convencido de que aquela discussão não devia ter ocorrido durante o jantar, na presença de todos os professores. Ademais, ao exigir que o manuscrito fosse examinado pelo conselho deliberativo, Hafenreffer demonstrou que não confiava nele. "Atitude típica de um teólogo, que só confia em outro teólogo", vociferou, e Kepler não o contradisse. "De qualquer forma, Johannes, você não pode fazer uso de nenhum argumento que tenta provar ser o modelo copernicano coerente com as Escrituras. Eles não vão permitir que passe por teólogo, posso garantir-lhe." Fitou o pupilo com olhar sombrio. "Sugiro também que explique com mais clareza as ideias de Copérnico. Nem todo mundo as conhece tão bem quanto você." Kepler concordou com um movimento de cabeça. "Mais uma coisa", continuou o mestre. "Sabe muito bem que não concordo com suas explicações físicas para os movimentos celestes. A insistência em incluí-las no trabalho comprometerá a credibilidade deste. Os astrônomos dirão que são absurdas e os filósofos naturais, que contradizem os ensinamentos de Aristóteles. Por que cargas-d'água insiste nisso? Já não basta explicar o número de planetas e suas distâncias?"

Kepler sentiu-se abandonado, órfão. Entendeu que dali em diante a jornada seria apenas sua, que o mestre havia ficado para trás. "Mestre", murmurou, "a Natureza ama a simplicidade, a unidade. Nada existe sem alguma razão de ser, nada é supérfluo. Fenômenos aparentemente diversos são em geral explicados por uma causa apenas, feito o vento, que move navios, folhas, nuvens e tanto mais. A meu ver, o cosmo é como a Trindade, a pluralidade contida na unidade. Se, tal como Copérnico, proponho desmantelar a física de Aristóteles deslocando a Terra do centro do cosmo, tenho de oferecer alguma explicação alternativa. É questão de coerência, de completude.

E a que faz sentido para mim, a que condiz com a noção da unidade de todas as coisas, é que todos os movimentos são causados pela mesma fonte. E qual seria essa fonte se não o Sol? Separar a astronomia das causas físicas viola minha fé na unidade da criação divina. Não saberia como nem por que fazê-lo." Disse as últimas palavras quase num sussurro, ciente do efeito que teriam.

"Vejo que nunca o farei mudar de ideia, Johannes. Mesmo assim, sugiro que só discuta isso no fim do livro, depois de ter apresentado o arranjo geométrico dos céus e a justificativa do número de planetas. Talvez desse modo consiga evitar problemas com o conselho deliberativo." Maestlin mal podia olhar para Kepler. Sentiu-se ultrapassado, velho. O pupilo havia amadurecido intelectualmente, e só lhe restava deixá-lo continuar a traçar, sozinho, seu caminho. A relação entre eles jamais seria a mesma. Em silêncio, talvez não completamente conscientes disso, eles lamentaram essa perda.

14

"Koloman, não pude evitar o atraso! Tinha de cuidar do cálice do duque em Stuttgart e do meu livro em Tübingen." Koloman ficou olhando para o amigo, sem falar. "Diga alguma coisa!", exclamou Kepler.

"Johannes, o plano era você viajar por dois meses, não por sete. Que achou que ia acontecer? O mundo não gira em torno de você. *Herr* Müller não se importa com seu cálice nem com seu livro. Em meados de março, ele cancelou o contrato de casamento. Você sabia muito bem que, mesmo com a ajuda de Papius, não tinha sido fácil convencê-lo."

Kepler acabara de chegar de Württemberg. Ainda usava o chapéu com a mecha de cabelos de Bárbara. Tentou manter a calma ao falar. "Escute, o duque enviou uma carta a Papius explicando por que as coisas demoraram mais que o previsto. O reitor entendeu tudo, sem problemas. Quem esse moleiro pensa que é? Trata a filha como se fosse uma princesinha virgem! Eu a amo, mas o que ele faz é ridículo. Posso não ter um salário muito alto, porém sou respeitado na comunidade!"

"Como já lhe disse, caro amigo, *Herr* Müller não está interessado no valor do conhecimento, é abstrato demais para ele."

"Isso é óbvio. Tenho uma ideia. Antes de partir, jurei que seria fiel à minha promessa, que me casaria com Bárbara. Vou falar com o pastor Zimmermann. O problema agora é da Igreja, não meu. Ou eles me ajudam a convencer *Herr* Müller, ou anulam meu voto, e fico livre para me casar com quem quiser."

"Excelente ideia, Johannes, excelente! E agora, se me permite, o barão está à minha espera."

Assim que Koloman saiu, Kepler começou a escrever para o pastor Zimmermann: *Reverendíssimo...* Sua mão tremia tanto que ele mal conseguia mergulhar a pena no tinteiro. "Que criatura patética, esse *Herr* Müller", resmungou. A tinta pingou da pena, borrando irreparavelmente a primeira folha. Kepler pegou outra. "Que desgraça! Não consigo me concentrar. Essa carta vai ter de esperar." Pôs o papel de lado e abriu o diário numa página em branco.

29 de agosto de 1596

Quantas decepções! Uma atrás da outra. Primeiro, meus problemas com o conselho deliberativo em Tübingen e todas as alterações que tive de fazer no manuscrito: omitir explicações teológicas justificando a posição do Sol, esconder os argumentos sobre as causas físicas no final do livro etc. Depois, meu projeto com o duque, que não está dando em nada — uma grande perda de tempo. Os artesãos continuam mais confusos do que nunca, e, do jeito que as coisas vão, esse magnífico cálice jamais será concluído. Não bastasse isso, <u>Herr</u> Müller decide cancelar o voto de casamento! Acho que meu destino é mesmo nadar sempre contra a corrente... Mas não desistirei assim fácil, esse moleiro não me conhece! Não abandonarei minha noiva sem lutar. Sua filha, <u>Herr</u> Müller, o senhor querendo ou não, será minha. Ainda vou beijar aquelas mãos novamente, e o resto do corpo também. E agora, mãos à obra!

Kepler recortou um pedaço de papel em forma de coração e nele colou uma mecha de cabelo. Apesar de considerar excessivo tanto romantismo, sabia que não tinha opção. No verso, escreveu: *Se o que recebes é apenas este humilde coração de papel, é porque o verdadeiro já pertence a ti. Em cada estrela que cintila vejo a luz de teu olhar, no canto de cada pássaro ouço o doce som da tua voz. Não há um momento único em que eu não pense em ti, amada, e não sonhe com a vida que teremos pela frente. Eterna-*

mente teu, Johannes. Selou cuidadosamente o envelope e partiu à procura de um mensageiro.

Maria bateu à porta pela segunda vez. Nenhuma resposta. Decidiu perguntar ao padeiro. "Não, não vi o mestre hoje", resmungou ele. Era um raro dia de fevereiro, quando já se sentia um prenúncio de primavera, o sol quente incitando as pessoas a sair pelas ruas, a buscar, sorridentes, o que fazer após meses de hibernação. Maria espiou pela fresta da janela, talvez Maestlin cochilasse na poltrona. Nada. Resolveu, então, procurar ao longo do rio; tinha visto algumas pessoas sentadas nos bancos, atirando pedaços de pão aos cisnes. E, de fato, lá estava ele, imóvel, segurando um pequeno livro.

"Mestre! Finalmente o encontrei!", exclamou ela, aliviada. "Já estava ficando preocupada com o senhor."

O velho mestre voltou-se lentamente na direção da criada. "É, acho que me esqueci de avisar o padeiro", disse, quase num sussurro. Um pombo pousou próximo ao seu pé, procurando migalhas. Maestlin olhou distraído para ele.

"O senhor parece muito cansado, mestre. Vamos para casa, vou preparar alguma coisa bem gostosa. Depois, se o senhor tiver forças, voltamos para cá."

"Não, Maria, obrigado. Quero ficar ainda mais um pouco." Maestlin olhou para o livro em suas mãos.

"Desculpe a curiosidade, senhor, mas esse livro aí, foi aquele homem que trouxe outro dia, não foi? Ele me assustou. Parecia o Diabo. Juro, senhor, desapareceu bem na minha frente. PUF! Deus nos guarde!" A criada cobriu a cabeça com o xale.

"É, Maria, foi ele mesmo quem trouxe o livro. Mas não precisa ficar com medo. Trata-se do filho de Kepler."

"Não sei, não, senhor. Perdoe-me, mas esse tal de Kepler continua arrumando encrenca, mesmo depois de morto. Tem algo de muito errado nessa história, sinto isso nos ossos."

Maestlin bufou. "Maria, pode ir. Daqui a pouco estarei em casa." A criada partiu a passos resignados, resmungando uma prece só por via das dúvidas. O velho mestre jamais admitiria, porém estava tão amedrontado quanto ela, especialmente após a visão da noite anterior: a cabeça de Kepler flutuando nas chamas. Aproximou-se da água, onde dois garotos jogavam pedras, tentando respingar sua babá, que roncava na relva ainda amarelada. Um casal já bem idoso descia o rio numa canoa, acompanhado por uma família de cisnes. Andorinhas sobrevoavam a água, ocasionalmente tocando-a com a ponta das asas, como se escrevessem poemas. Maestlin estendeu o braço, deixando o diário pairar acima do rio turbulento. Seria tão fácil soltá-lo e vê-lo cair, afundar, desaparecer para sempre... Mas de que adiantaria? Cada palavra não lida seria um fantasma esfomeado alimentando-se de sua paz.

O velho mestre olhou para as águas escuras, depois para a capa do diário — sua única ligação com Kepler, com a vida. Retraiu lentamente o braço e retornou ao banco.

9 de fevereiro de 1597

Que dia maravilhoso, embora seja fevereiro! Finalmente, depois de resistir por meses aos nossos avanços, com a obstinação desesperada de um general turco, <u>Herr</u> Müller voltou atrás e mais uma vez deu seu consentimento. Os documentos foram assinados e aprovados pelos oficiais da corte municipal. O casamento será no dia 27 de abril. Após a cerimônia na igreja, iremos todos para a casa de Bárbara, em Stempfergasse, onde comemoraremos com muita comida e muita bebida. Aliás, esse será também meu novo endereço, nada mau, nada mau. Só espero que a casa não seja assombrada pelas almas dos falecidos maridos dela... Meus dias de pobretão, cheio de ideias e com os bolsos vazios, estão contados! Enfim viverei com a dignidade que mereço. Até recebi um pequeno aumento de salário. E para completar, mestre Maestlin me diz que o <u>Mistério cosmográfico</u> está pronto para ser distribuído! Mente e coração unidos em festa. Sinto-me outro homem, com uma nova vida pela frente. Que minha felicidade seja duradoura.

Maestlin interrompeu a leitura e olhou furtivamente ao redor. Não viu nenhuma face demoníaca se materializando do nada, nenhuma mensagem do além, nenhum mau agouro. Apenas o pombo, insistente, aproximara-se de novo do seu pé, sem dúvida imaginando que havia um mundo de migalhas debaixo dele. Maestlin sorriu, aliviado. "Que tolo sou", disse consigo mesmo, e pôs-se a caminhar em direção à sua casa.

Koloman bateu impacientemente à porta. "Johannes, você está pronto? Ou quer chegar atrasado à sua própria festa de casamento?"

"A porta está aberta, Koloman. Pode entrar." Kepler ofegava, vasculhando a sala em busca de alguma coisa, enquanto tentava abotoar o colete de veludo verde-musgo, importado da Itália especialmente para a ocasião. "Não sei onde pus meu rufo... Diabos! Por que o noivo tem de mudar de roupa depois da cerimônia na igreja? Quem inventou essa besteira?"

Koloman olhava com expressão carinhosa para o amigo, contente de vê-lo feliz. Kepler até ganhara peso, seu rosto tornara-se mais arredondado. "Talvez Bárbara seja boa para ele", pensou Koloman, "talvez o faça descer dos céus com mais frequência, prestar mais atenção no que acontece à sua volta."

"Tantos detalhes!", disse Kepler. "Imagine o que não estará pensando Bárbara, que passa por tudo isso pela terceira vez! Ah, você viu os olhos dela na igreja, como brilhavam? Tenho certeza de que, agora, ela está muito mais entusiasmada, pois finalmente terá um marido da sua idade, não velho como seu pai. Mal posso esperar para..."

"Da mesma idade e cheio de fogo", interrompeu Koloman, sorrindo. "De qualquer forma, jovem, é melhor irmos. Você não quer irritar seu maravilhoso sogro, quer? Ele poderia decidir cortar o dote da filha pela metade..."

"Quê? Ele pode mesmo mudar o arranjo pré-nupcial?"

Koloman caiu na gargalhada. "Não se preocupe, Johannes, seu dinheiro, quer dizer, o dinheiro dela, está são e salvo", brincou, pegando o amigo pelo braço e puxando-o para fora do quarto.

Um grupo de músicos, assim que viu o noivo, começou a tocar seus alaúdes, tambores, flautas, sinos e pratos. O cortejo saiu dançando e cantando pelas ruas, recolhendo convidados no caminho até chegar à casa da noiva.

Jobst Müller, que esperava à porta, acenou aos músicos para que parassem de tocar. Sua expressão de insatisfação era ainda mais fria que de costume. "Que horror", Kepler sussurrou no ouvido de Koloman, "se eu não soubesse, diria que o velho está indo a um funeral."

"Esquece esse infeliz, Johannes. Olhe a sua noiva, como está linda!"

Bárbara estava no meio do salão, cercada por convidados e familiares. Ela mesma tinha adornado o rico vestido com o brocado de seda que Kepler trouxera de Ulm. Um véu de renda e pérolas cobria seus cabelos, dando-lhe um aspecto quase virginal. Embora fosse um tanto atarracada, ela se movia com a leveza de uma mulher bem mais atraente e esbelta.

"Olha, Koloman, ela parece flutuar, como uma fada!", exclamou Kepler. Acenou para a noiva, o rosto explodindo num sorriso. Regina correu a atirar-se nos braços dele, que a jogou para o ar várias vezes, girando pelo salão ao som de melodias inexistentes. Bárbara, ainda flutuando, olhava para Regina com o alívio da viúva que encontra um novo pai para a filha, um bom pai: nem com o avô a menina mostrava tal desenvoltura. Jobst Müller assistia a tudo de um canto, imóvel como uma gárgula.

Após alguns minutos de conversa e vários apertos de mão, o criado anunciou o jantar. Os convidados, cerca de quarenta, foram conduzidos a um salão comprido, onde quatro mesas haviam sido dispostas lado a lado. Os músicos começaram a tocar uma melodia suave, enquanto um pequeno exército de serviçais trazia um número incontável de bandejas abarrotadas de comida e garrafas de vinho: faisões, perdizes, trutas e lúcios, assados e acompanhados de repolho e beterraba; nenhum cálice ficava vazio por muito tempo. Sentado entre a enteada e a noiva, Kepler falava animadamente com Papius e Koloman sobre seus planos para o futuro, a nova casa, a nova vida. No final da refeição, antes de servirem a trufa regada a vinho e o *Lebkuchen*, *Herr* Müller, com tons rosados transparecendo por trás da máscara mortuária, levantou-se e soou uma sineta, pedindo silêncio. A música cessou. Kepler tomou um gole de vinho, preparando-se para o pior. Até Bárbara parecia preocupada. Encontrou a mão do noivo sob a mesa e apertou-a ternamente. Ele retribuiu o gesto, tentando disfarçar sua apreensão.

Jobst Müller pigarreou e olhou em torno, certificando-se de que a atitude intimidadora surtira efeito e saboreando seu momento de poder. "Caros convidados, é um prazer recebê-los hoje, nesta data abençoada. Vamos todos desejar uma vida repleta de alegria e felicidade a minha filha e a seu noivo. Deus os abençoe e proteja." Ergueu o cálice e, sorrindo pela primeira vez, brincou: "E que esta seja a última festa de casamento que pago!". Depois tomou um demorado gole de vinho. Todos os convidados o acompanharam. Kepler e Bárbara entreolharam-se com alívio.

Agora era a vez do noivo. Com o cálice na mão, o corpo oscilando ligeiramente por causa do vinho, ele disse: "Como nenhum membro de minha família pôde estar conosco hoje, em nome dos Kepler gostaria de agradecer a todos pelo apoio e generosidade. Que seria da vida sem amigos e parentes? E ao senhor, *Herr* Müller, gostaria de agradecer por ter me aceitado no seio de sua honrada família. Prometo fazer tudo o que estiver a meu alcance para proporcionar o que há de melhor a sua filha e a sua neta, dando-lhes todo o amor e conforto que merecem". Levou o cálice aos lábios e acenou aos músicos para que recomeçassem a tocar.

"Vida longa ao noivo e à noiva!", gritou Koloman.

"Vida longa a Bárbara e Johannes Kepler", ecoou Papius, erguendo o cálice na direção dos noivos.

Em seguida, serviu-se a sobremesa, regada com vinho doce da Alsácia. Kepler olhou impaciente para Bárbara, perguntando-se quando estariam finalmente a sós, quando ele iria tocar sua pele, beijar-lhe os lábios, saciar o desejo que, durante tantos meses, dominara suas fantasias e sonhos.

15

Os primeiros meses passaram rapidamente, como se o próprio tempo estivesse afobado para cumprir alguma missão. Bárbara engravidou logo após o casamento ("Cedo demais!", reclamou *Herr* Müller, quando soube da novidade). O calor extremo do verão daquele ano forçou-a a ficar a maior parte dos dias na cama, enjoada e empapada em suor. Kepler também sofria, a pele coberta por feridas que surgiam nos locais mais incômodos e provocavam coceira.

"Bárbara", gemeu ele durante o jantar numa noite particularmente quente e úmida, "sinto-me como um tronco apodrecendo na floresta, sendo devorado aos poucos por fungos e parasitas. Se eu não fizer algo para aliviar esta coceira, juro-lhe que morro antes de nossa criança ver a luz do dia."

"Ah, Johannes, deixe de ser exagerado!", retrucou ela. "Tudo para você é um drama sem fim."

Kepler bufou, indignado com a indiferença da mulher. A cada dia, irritava-se mais com a falta de simpatia dela. Agora entendia por que seus outros maridos tinham morrido tão cedo... Quem podia suportar aquilo? Foram apenas dois meses de carinho, de paixão, de explorações e descobertas, antes de essas emoções evaporarem-se como se jamais houvessem existido. O novo transformou-se no igual, perdendo o encanto. Kepler quis fugir, ir até a taverna, juntar-se aos homens que preferiam beber com estranhos a voltar sóbrios para casa, para a indiferença de suas mulheres. Se não estivesse se sentindo tão mal, bem que iria!

"Você não é o único que tem essas feridas, sabe?", continuou Bárbara. "Parece que todo mundo em Graz está com alguma irritação na pele, um horror. Ontem mesmo, no mercado, o peixeiro — o *peixeiro*, imagine só — estava coberto de feridas iguais às suas. Claro que ninguém quis tocar no peixe!" Kepler deu de ombros, entendendo que aquela também era a razão por que sua mulher não tinha o menor interesse em tocá-lo. Ou ao menos uma das razões.

"É verdade, papai, eu também vi!", exclamou Regina.

Kepler resmungou algo ininteligível. Estava fraco, não sabia mais o que fazer. Já havia se sangrado, e isso o aliviara por algumas poucas horas. À noite, a coceira apossava-se de seu corpo com apetite insaciável.

"Mãe, por que o papai não toma um banho quente? Faria bem a ele, não?", sugeriu Regina, inocentemente. Kepler arregalou os olhos e coçou-se com mais fúria ainda.

"Impossível!", exclamou Bárbara com desdém. "Seu pai tem mais horror de banhos que o Diabo da cruz! Ele pensa que vai derreter na tina...", provocou, olhando maliciosamente para o marido. "E então, Johannes, preparo um banho para você? Vai ser o seu primeiro, não vai? Confesse!"

"Pai, você *nunca* tomou banho? Mas por quê?" Regina cobriu a boca com as mãos para esconder o riso.

"É, é verdade, confesso, nunca tomei banho. E daí? Água quente me faz mal, me deixa constipado."

"Nunca ouvi tolice maior", disse Bárbara. "Mas hoje você não escapa. Vá tirando a roupa, Johannes, que eu e Regina vamos preparar um banho bem quente para você."

"Está bem, se vocês querem minha morte", resmungou Kepler. "Mas vocês verão: vou me sentir ainda pior depois."

Bárbara fingiu não ter ouvido. Após alguns minutos, retornou com Regina, as duas carregando um enorme balde com água fervendo, que derramaram numa tina de bronze. A mãe acenou à filha para que saísse do quarto.

Kepler entrou na tina, gemendo de dor. Tinha a expressão de um condenado que acaba de pisar no cadafalso. No mesmo instante, Bárbara pôs-se a escová-lo sadicamente.

"Pelo amor de Deus, mulher, tenha piedade do seu pobre marido, o pai da criança que cresce em seu ventre", implorou Kepler.

Bárbara balançou a cabeça, ignorando suas súplicas. "Pare de reclamar, homem! Tenho anos de sujeira para escovar. Você vai sair daí limpo como nunca esteve. E vai se sentir muito melhor, tenho certeza."

Não foi o que aconteceu. Kepler passou a noite em claro, com fortes dores no estômago. E, para piorar, após algumas horas a coceira recomeçou com vigor redobrado. Ele amaldiçoou a esposa, jurou que jamais voltaria a seguir seus conselhos. De manhã bem cedo, trancou-se no escritório, de onde só saiu à noite. Fez o mesmo nas semanas seguintes, a porta fechada como uma muralha que só ele atravessava. Precisava de paz. Além disso, tinha muito que fazer: aperfeiçoar seus conhecimentos astronômicos, aprimorar os cálculos do *Mistério*.

Bárbara vagava pela casa reclamando do calor, dos pés inchados, do marido que se escondia, e descontando suas desventuras na pobre Regina, dando-lhe ordem atrás de ordem aos gritos. A pequena não entendia, pensava que a mãe e o padrasto tinham brigado por causa dela, sentia-se culpada por ter sugerido o banho, que, pensava, dera início à crise.

Dois meses após o episódio, Bárbara perdeu a paciência e esmurrou a porta do escritório. "Johannes, suplico-lhe, largue esses livros e saia um pouco daí. Não o vejo há tanto tempo... Regina está com saudades." Não esperou resposta: abriu a porta resolutamente, invadindo o espaço que lhe roubara o marido.

"Bárbara, já lhe disse para não entrar aqui desse jeito. Você tem de entender que, se eu não trabalhar, enlouqueço. Enlouqueço! Preciso deste espaço, preciso ficar sozinho, pensar. Isso não significa que não lhe quero bem, querida. É que sou assim, não me leve a mal." Kepler deixou a pena cair sobre a mesa e tentou pegar a mão da esposa. Bárbara, porém, deu um passo para trás antes que ele a tocasse.

"Johannes, essa sua atitude é inaceitável!", replicou Bárbara, mal contendo as lágrimas. "Você passa dias e dias sentado a essa mesa, enchendo páginas e mais páginas com números e cálculos incompreensíveis, que só Deus sabe o que significam. É como se eu não existisse, como se fosse invisível... Você gosta mais das estrelas do que de mim!"

Kepler fitou com olhar confuso e distante a mulher, cuja barriga não parava de crescer. Em breve teriam um filho, ele entendia a importância disso, mas não conseguia aproximar-se dela. Pior ainda: não tinha o menor interesse em fazê-lo. Ela era uma estranha, não a reconhecia. O sonho de ter encontrado uma companheira interessada em seu trabalho, em aprender coisas novas, revelara-se apenas isso, um sonho. Bárbara sentia-se perfeitamente feliz preenchendo a vida com frivolidades. O abismo que existia entre os dois se alargava a cada dia. Por outro lado, lembrou-se do que Koloman havia dito quando ele reclamara de sua situação: explicara-lhe que algumas mulheres agem de maneira esquisita durante a gravidez, alternando momentos de felicidade e de angústia num piscar de olhos. Talvez ele devesse ser mais razoável, tentar reconciliar-se... Afinal, que sabia dos mistérios do coração? Tinha ao menos de tentar uma vez mais, as coisas podiam mudar; dependia dele, também. Tomou coragem e levantou-se, sorrindo para a mulher como havia muito não fazia.

"Sabe de uma coisa, *Frau* Bárbara Kepler?", disse com voz suave. "Você está linda carregando nossa criança em seu ventre." Bárbara respondeu com um sorriso vago e surpreso. Kepler abraçou-a, dobrando-se sobre o ventre avantajado para poder beijar-lhe o rosto. Para seu alívio, ela também o abraçou.

"Ah, Johannes, desculpe meu mau humor. Ando muito nervosa esses dias, imaginando como as coisas vão se arranjar. Sinto-me pesada, um balão prestes a estourar. Você me perdoa?" Bárbara fitou o marido com seus enormes olhos castanhos, lacrimosos. Nunca havia pedido desculpas antes.

Kepler sentiu-se mesquinho, malvado. "Eu é que devia pedir-lhe desculpas, querida, por ter me comportado de modo tão egoísta. Que tal se eu for até o mercado comprar uma bela tartaruga, bem gordinha? Assim, a cozinheira pode preparar seu prato predileto!" Bárbara deu todos os sorrisos que não havia dado nos últimos meses. "Vou agora mesmo com

Regina", disse Kepler, beijando-a mais uma vez e chamando a enteada.

Regina veio correndo e pousou nos seus pés como uma abelha numa flor. Kepler deu-se conta de como tinha sentido falta dela nos dois meses em que se escondera: da energia, aparentemente infindável, concentrada naquele corpo tão pequeno; dos olhos castanhos, sempre atiçados como brasas; da pele, delicada como a da mãe; dos cabelos, negros como a noite; do sorriso, que jamais abandonava seus lábios. "Mocinha, vamos até o mercado comprar tartaruga para sua mãe?"

"Tartaruga!? Só a mamãe mesmo para gostar dessa coisa horrível!", disse Regina, torcendo o nariz. "Pai, como os açougueiros matam as tartarugas? É verdade que têm de cortar a cabeça delas? É? E como fazem para elas mostrarem a cabeça? Posso ver? Posso?" A menina agarrou a mão do padrasto e puxou-o em direção à porta. "Vamos logo, pai, vamos!"

16

Ludwig entrou sem bater e foi direto para a cozinha. Com um movimento brusco, calculado, pendurou a boina no gancho que ficava ao lado do forno a lenha. "Olá, Maria, meu pai está em casa?"

A criada, que polia um candelabro de estanho, estremeceu levemente ao ouvir sua voz seca. "Não chegou ainda, senhor", respondeu. "Mas deve voltar logo. Foi até o rio ler, tomar um pouco de ar fresco."

"É, Maria, para meados de fevereiro, o dia está mesmo bonito." Ludwig fingiu simpatia. "E como anda meu pai? Continua lendo e relendo as mesmas cartas? É só isso que ele faz?"

Maria polia o candelabro com tanta energia que dava a impressão de que queria levá-lo à incandescência. "Não, senhor, agora está cismado com um livro." Parou de polir e olhou para Ludwig, tentando ler sua expressão. Ele ergueu as sobrancelhas, subitamente interessado. "Pois é, senhor, outro dia um homenzinho muito estranho veio visitar o mestre, dizendo que era filho do tal Johannes Kepler. Não sei, não, fiquei com medo; ele parecia o Diabo, com aquela barbinha pontiaguda. E sumiu na minha frente, em plena luz do dia!"

Ludwig bufou. "Não seja tola, mulher. Pode ter certeza de que o Diabo não veio visitar meu pai... E o livro, onde está?"

"Ah, está sempre com seu pai, senhor: ele não o larga nunca."

Ouviram a porta da sala abrir-se e foram para lá. Era Maestlin. Assim que viu o filho, levou instintivamente a mão ao lado direito do manto, como se protegesse algo. "Ludwig, que surpresa, não sabia que viria hoje", disse em tom jovial;

decidira que tentaria evitar brigas com ele. "Já comeu?" Ludwig sorriu, balançando negativamente a cabeça. "Então, ótimo! Maria preparou um peixe delicioso que comprei de um pescador no rio ainda hoje."

"Obrigado. O senhor sabe que não nego a comida da Maria por nada deste mundo. E então, pai? Maria me disse que o senhor está lendo um livro novo. Alguma coisa a ver com Kepler?"

Maestlin olhou furioso para a criada, que desapareceu rapidamente na cozinha. "Ah, não é nada de mais", respondeu, procurando esconder sua raiva. "Só umas anotações pessoais de Kepler, uma espécie de diário. O filho dele, que, aliás, tem o mesmo nome que você, trouxe-o para mim outro dia. Incrível como se parece com o pai..."

Ludwig não deixaria aquela chance escapar. "O senhor não vai me mostrar o novo tesouro? Se quiser, posso demorar-me um pouco depois de comer, ler algumas páginas... Ou podíamos começar agora mesmo, enquanto Maria termina de preparar o peixe."

Os olhos de Ludwig tinham o mesmo brilho dos de Hafenreffer. Maria iria pagar por aquilo, ah, se iria! "Claro, filho", Maestlin murmurou, derrotado. "Aqui está."

Ludwig quase arrancou o livro das mãos do pai. A luz do sol penetrou de súbito na sala, atingindo as letras douradas da capa, que refletiram nos seus olhos, cegando-o momentaneamente. "Estranho mesmo este livrinho", pensou, "parece até que não gosta de mim." Abriu-o na página marcada por Maestlin, com o entusiasmo de uma criança prestes a comer seu doce favorito.

5 de fevereiro de 1598

Sinto-me em falta com você, caro diário, por este prolongado silêncio. Infelizmente, ou felizmente, não sei, minha família tem me mantido tão ocupado que mal tenho tempo de pensar em outra coisa, muito menos de escrever. Deixei de lado até a astronomia; só continuo a me corresponder com mestre Maestlin. Bárbara tem feito o possível para que eu fique longe de minha mesa e dos meus cálculos, enchendo-me de tarefas. É incapaz de entender como posso interessar-me pelos pormenores dos movimentos celestes quando, na Terra, reina o caos total. A infeliz não consegue ver além de sua vidinha em Graz. É igual ao pai: só se preocupa com assuntos ligados a dinheiro e com frivolidades. Uma enorme tempestade aproxima-se, tal qual os astros previram no dia de nosso matrimônio. Mas hoje não é dia de comiseração. É dia de festa: finalmente sou pai!

Heinrich nasceu há três dias, depois de um parto muito sofrido. O menino está bem, e como suga os peitos da mãe! Tivemos até de contratar uma ama para ajudá-la a amamentá-lo. A escolha do nome foi a parte mais difícil. Como poderia seguir a tradição, dar a meu filho o nome de meu odioso pai? Bárbara, obviamente, jamais consideraria quebrar uma regra; imagine o que as pessoas não diriam... Resultado: depois de lutar por dois dias, convencido de que a lembrança de meu pai só nos traria má sorte, resolvi ceder. É bem mais fácil quebrar as regras dos céus e enfrentar a oposição dos colegas astrônomos do que quebrar regras aqui, na Terra, e enfrentar a ira de minha mulher.

Regina enche-me de alegria. Como é curiosa! Adora pintar, ler histórias, adora música; o oposto da mãe. Estou ensinando-a a ler e escrever; também lhe passo algumas noções de matemática. A menina tem a inteligência e a determinação de um filósofo. Semana passada, enquanto passeávamos por um campo nevado, perguntou-me por que todos os flocos de neve têm seis pontas. Que excelente observação! Fez-me pensar de onde, deveras, vem essa belíssima simetria da Natureza: todos os flocos de neve têm seis pontas, e, no entanto, nenhum é igual a outro: variação e uniformidade ocorrendo conjuntamente. O mais interessante é que isso também acontece com outras formas, por exemplo, os homens: cada um com dois olhos, duas pernas, duas orelhas, dois braços, e nunca dois exatamente iguais (com exceção dos gêmeos, claro...). Os mesmos padrões parecem repetir-se, deixando apenas que ocorram variações *superficiais. Será que existe um número finito de padrões que reaparecem sempre em formas diversas? Quais seriam eles? Seria possível identificá-los? E por que esses padrões e não outros? Tenho de retornar a essa questão um dia. Suspeito que revelará, aqui na Terra, algo da mente do Criador.*

Maria pôs na mesa a travessa com o peixe assado, graciosamente decorado com cenoura e nabo, sem dúvida esperando que a mágica de sua culinária pudesse dispersar a ira do patrão. Maestlin limitou-se a encará-la com frieza. Não a deixaria safar-se assim tão fácil. Maria sorriu, tímida, e voltou para seu esconderijo, torcendo o avental.

"Então, pai", Ludwig cortou bruscamente o silêncio, "o texto do seu amado Johannes me parece bem leve, não? Quase trivial, diria."

"É verdade." Maestlin mal acreditou na sua sorte. Parecia até que o livro sabia se esconder de olhos inadequados... "Mas, se eu tivesse lhe dito que o texto é um tanto irrelevante, detalhes da vida diária, nada de especial, você não acreditaria. Pois aí está."

"Nesse caso, pai, imagino que o senhor não se oporá a emprestá-lo por alguns dias, certo?", perguntou Ludwig, com sua típica expressão de desdém.

O velho mestre permaneceu em silêncio por alguns instantes, tentando controlar a raiva. Que insolente! Não, seu filho jamais voltaria a pôr as mãos no livro. Aquele tesouro não pertencia a mais ninguém. Maestlin segurava os lados da cadeira com tal força que chegou a fincar as unhas na madeira. Queria fazer o mesmo no rosto de Ludwig, que continuava calado, impassível, esperando sua reação. "Se não se incomodar", disse, um leve tremor nos lábios traindo suas emoções, "gostaria de terminar de lê-lo antes. Perfeitamente razoável, concorda?, visto que Kepler deixou o livro para mim."

Ludwig demonstrou sua frustração apenas com os olhos. Sabia que não tinha alternativa. "Claro, pai, faz sentido. Talvez eu possa lê-lo quando vier visitar o senhor."

Maestlin saboreou calado a vitória. Levou um pedaço grande de peixe à boca e mastigou-o lentamente. Enfim, disse: "Se faz tanta questão...".

Sentiu uma dor aguda na mão direita. A unha do polegar estava ensanguentada. Urânia pôs-se a lamber o dedo do mestre, e Ludwig não percebeu. Comeram em silêncio; o tilintar dos talheres e o ronronar contente da gata eram os únicos sons na sala.

Após alguns minutos, Maria reapareceu, dessa vez com um bolo de mel regado a vinho. Sabia que a ira do mestre não resistiria àquela sobremesa. "Espero que gostem, senhores. Achei que seria uma boa ideia para celebrar a chegada da primavera assim tão cedo." Maestlin, revigorado, sorriu. Mas pai e filho terminaram a refeição em silêncio.

O velho mestre suspirou aliviado quando viu o filho partir. Se Ludwig tivesse se apoderado do livro, jamais o traria de volta. Sem dúvida, leria a carta, sem o menor escrúpulo, violando o segredo dele. Não se afastaria mais do diário. Dormiria com ele debaixo do travesseiro, iria escondê-lo sob as roupas durante o dia. Não podia confiar em ninguém.

"Mestre, o que aconteceu com sua unha?", perguntou Maria.

"Ah, não é nada, deixe para lá."

"Vou fazer um curativo agorinha mesmo."

"Não precisa, Maria."

"Mas, mestre, não para de sangrar!"

Maestlin estendeu o braço, derrotado. Assim que Maria o deixou em paz, olhou em torno, certificando-se de que ninguém o espiava, e apanhou o livro. Estava mais do que na hora de continuar sua leitura.

20 de maio de 1598

Que terrível desgraça me aflige! Nem sei pôr em palavras minha dor. Nosso pequeno Heinrich morreu, sua vida foi interrompida após apenas sessenta dias. A casa parece um túmulo. Bárbara está horrivelmente abalada, achando que ele morreu por culpa sua; sabe-se lá de onde tirou essa ideia. Passa os dias vagando pela casa como uma alma no Purgatório. Por que Deus nos trata com tanta indiferença? Será que é assim que seleciona aqueles que merecerão a paz eterna a Seu lado, os que suportam todo sofrimento sem perder a fé? Ou será que está me chamando de volta aos céus, a seus mistérios, longe do caos humano, das privações do espírito?

Suspeitei que havia algo errado com Heinrich logo que ele nasceu: sua genitália era deformada, parecia um casco de tartaruga. Talvez por isso é que Bárbara se sinta tão culpada... Também deve ter notado a deformação, e considerou-a uma punição de seu pecado, de sua gula, na carne inocente do filho.

Contudo, o menino mamava com tal voracidade que me convenci de que sobreviveria e cresceria com muita saúde. Como me enganei... Mal resistiu ao assédio da febre, sucumbindo em poucas noites ao frio abraço da morte. Ainda escuto seus gritos angustiados ecoando pela casa, a pobre criaturinha lutando pela vida. Digo a Bárbara que tentaremos novamente, que Heinrich repousa agora ao lado de Deus, feliz, em paz. Porém, nada consegue tirá-la de seu torpor. Receio que jamais volte a ser a mesma: não demonstra o menor interesse em estar comigo, nenhum sinal de afeto. Pior, parece quase enojada de qualquer contato físico: um beijo inocente, até o leve toque de meu nariz no rosto dela, é uma tortura intolerável... Que me resta fazer senão retornar aos meus cálculos, aprimorar meus conhecimentos matemáticos? A tempestade sobre nosso matrimônio ganha força a cada dia, já posso ouvir os trovões à distância. Ergo, então, os olhos para o firmamento, onde a ordem e a beleza reinam supremas. Onde mais posso encontrar alguma paz?

15 de junho de 1598

Tenho excelentes notícias! Meu livro finalmente chegou às mãos de algumas das maiores mentes da Europa, e já recebo comentários. Adeus *ao anonimato! O matemático de Pádua, Galileu Galilei (engraçado esse nome, que ecoa a si próprio), mandou-me uma mensagem que, apesar de curta, contém uma revelação maravilhosa: ele também é um copernicano, se bem que às escondidas. Respondi imediatamente, dando-lhe todo o apoio para que assuma sua posição, dizendo que lutaremos juntos pela verdade. Lineu escreveu também, empolgado com minha solução do mistério cósmico, cumprimentando-me por ter revivido a tradição platônica na filosofia. Já o idiota do Pretório, de Altdorf, discorda, infelizmente por razões muito semelhantes às de meu mestre Maestlin. A verdade, quando ainda é jovem, nem sempre é transparente.*

Maestlin, completamente absorto na leitura, interrompeu-a apenas para endireitar o corpo.

Pretório afirma que é futilidade buscar causas físicas em astronomia, pois estas são parte da filosofia natural e as duas devem ser mantidas separadas. Tenho muito trabalho pela frente, se pretendo convencer meus críticos... Preciso achar um método que torne clara a necessidade de liberar a astronomia das correntes que a aprisionam há mais de mil anos, que mostre como é imprescindível sua união com a filosofia natural. A busca pelo conhecimento deve juntar ideias, não separá-las! Será que ninguém vê isso? Na verdade, apenas a opinião de meu mestre me importa. Se algum dia conseguir convencê-lo, darei por cumprida minha missão. Infelizmente, até o momento meus esforços fracassaram.

Finalmente, Tycho Brahe, quem diria, o maior astrônomo da Europa, também me escreveu. Como minhas mãos tremiam quando abri a carta dele! Imagine, receber correspondência do grande homem que deixou recentemente sua ilha na Dinamarca e se encontra em trânsito pela Alemanha, visitando os nobres nos castelos. Ouvi dizer que está a caminho da corte de Rodolfo II, em Praga, para servir como matemático imperial. Ninguém em todo o continente é mais digno dessa posição.

Claro, antes que Tycho possa ser o novo matemático imperial, Ursus terá de morrer, ou ser deposto pelo imperador. Espero que isso não demore! Mais uma vez, meti-me numa grande embrulhada por causa do meu estúpido desejo de agradar a todos. Tycho está furioso com Ursus, e com toda a razão. O mau-caráter acaba de publicar um livro acusando-o de ter plagiado suas ideias; afirma que foi ele quem inventou o modelo tychoniano, aquela construção horrenda com a Terra no centro e o Sol girando à sua volta, enquanto os planetas giram todos em torno do Sol. Eu, que não tinha a menor ideia de que os dois estavam quase aos tapas, escrevi uma carta para Ursus dizendo o quanto admirava sua "graciosa ideia". Sou um idiota, e ainda por cima hipócrita! Sabia muito bem que o modelo era de Tycho, monstruoso ou não: mestre Maestlin mencionara-o em sua casa. E agora, para piorar, o canalha do Ursus publicou minha carta no livro como prova de meu apoio às ideias dele. Tenho certeza de que Tycho está furioso comigo também! Que humilhação, que humilhação. (Mas devo confessar, ao menos a este diário, que me sinto honrado de fazer parte da disputa entre os dois astrônomos famosos, mesmo que do lado errado. Vaidade, vaidade. Tudo é vaidade.)

De volta ao *Mistério*, Tycho não gostou muito de minha hipótese em relação ao uso dos sólidos platônicos. Julga a ideia interessante, mas critica-me por ter usado os dados de Copérnico, que, de fato, não são muito precisos. <u>Para desvendar o arranjo dos céus, são necessários dados da maior precisão e qualidade possíveis</u>, escreveu na carta. Concordo plenamente! E agora, a melhor parte: Tycho quer que eu vá visitá-lo, quem sabe até passar uma temporada com ele, para trocarmos ideias sobre nossas teorias astronômicas. Talvez eu possa até usar seus dados para confirmar meu arranjo cósmico. Ah... isso seria a realização de meu sonho! Nunca houve, em toda a história da astronomia, dados de melhor qualidade: três décadas de trabalho extremamente detalhado, medidas das posições de todos os planetas, de mais de mil estrelas! Difícil acreditar que eu, o pequenino Johannes de Weil, poderei um dia trabalhar ao lado do célebre príncipe dos astrônomos... Se tivermos de nos mudar, o desafio maior será convencer minha esposa semimorta. Só Deus sabe o quanto *ela odiaria sair da terra natal, poderia ser seu fim. Bem, veremos. O importante é que meu nome agora é conhecido pelos maiores astrônomos da Europa e que pelo menos alguns deles não me consideram um idiota completo.*

Maestlin fechou o pequeno volume e vasculhou sua coleção de cartas; procurava uma que Tycho lhe escrevera, comentando o livro de Kepler, expressando sérias dúvidas... Identificou-a, no meio da pilha, pelo brasão da família Brahe estampado no papel de alta qualidade. *Seria para mim muito surpreendente se, de fato, esse novo estilo de estudar astronomia a priori pudesse revelar algo de novo. Afinal, seu resultado maior seria provar que nosso trabalho de anos é basicamente inútil, que a astronomia é simplesmente produto da geometria. Parece-me que, ao contrário, sem dados observacionais é impossível tentar compreender os mistérios celestes. Que seria da astronomia se cada um pudesse imaginar seu cosmo preferido, se fôssemos incapazes de discernir entre verdade e fantasia? Não, Deus criou os céus para que sua beleza pudesse ser apreciada e mensurada, e não apenas sonhada pela imaginação ousada de um matemático.*

O velho mestre sorriu, olhando para as mãos enrugadas, cobertas de manchas, as unhas amareladas e sujas. "Tycho, meu caro", pensou, "nós somos de outro tempo, quando o mais importante era medir os céus, e rechaçávamos como podíamos as investidas da nova astronomia, da astronomia de Kepler. Trabalhamos com ele, ensinando-lhe o que sabíamos, esperando formar um aliado, e não nosso carrasco. Contudo, fomos subjugados, ofuscados por sua mente, que brilhava mais que o próprio Sol. Que opção temos senão aceitar que pertencemos ao passado, que o futuro é dele, da sua astronomia? Saudações, velho amigo, sentinela cega dos céus, como você chamava a todos nós."

17

Uma batida na porta assustou Regina, que brincava com suas bonecas aos pés do padrasto. Este ergueu a cabeça, muito a contragosto. Lia uma carta do chanceler da Bavária, Herwart von Hohenburg, cujo entusiasmo por temas científicos era rivalizado apenas por seu entusiasmo pela fé católica. Herwart bombardeava Kepler com questões que abrangiam uma extensa gama de assuntos, desde detalhes de seu *Mistério* e o sistema copernicano até o uso de fenômenos astronômicos para a datação de eventos bíblicos e históricos. *Qual a constelação que o poeta romano Lucano declarou ter aparecido nos céus durante a guerra civil em que César lutou contra Pompeia?* Kepler respondia a tudo com verve, esperando que sua dedicação lhe trouxesse a amizade de Herwart, bem como esclarecimentos sobre questões políticas e filosóficas das quais o chanceler era grande conhecedor. Herwart preenchia o vazio deixado pelo silêncio de Maestlin, que não escrevia quase nunca e, quando escrevia, enviava cartas frias e distantes. Kepler sentia-se abandonado e tentava convencer-se de que se tratava apenas de uma crise provisória, a qual se resolveria numa futura visita ou, melhor ainda, quando ele retornasse definitivamente a Tübingen. Nada o faria mais feliz do que se juntar aos mestres, tornar-se um deles, e com eles debater astronomia e teologia. Infelizmente, sabia bem que fantasiava. O conselho deliberativo não havia lhe oferecido nenhum cargo, nem sequer um convite para outra visita, e Maestlin tampouco lhe dera alguma indicação de que um dia isso pudesse vir a acontecer. Para piorar, Bárbara tremia cada vez que a possibilidade de sair de Graz, e, assim, abandonar a proteção e o dinheiro do pai, era mencionada. Deixando escapar um longo suspiro, Kepler pediu à enteada que abrisse a porta.

Um jovem mensageiro comunicou que Papius solicitava a Kepler que fosse imediatamente à escola. Kepler instruiu o rapaz para avisar que em breve estaria lá. "Regina", disse, "não conte a ninguém o que ocorreu, muito menos a sua mãe. Se ela perguntar aonde fui, diga que fui caminhar ao longo do rio para clarear a mente." A enteada fitou-o com um sorriso nervoso. "Não se preocupe, Regina, não é nada sério, tenho certeza. Você sabe como sua mãe tende a ficar nervosa à toa, não sabe?" A menina concordou com um aceno de cabeça, sentindo-se subitamente crescida, cúmplice do padrasto.

Kepler despediu-se e fechou a porta silenciosamente. Era uma tarde úmida e quente de meados de setembro. Raios de sol, filtrados pelas árvores, brilhavam com tal suavidade que pareciam suspensos no ar. As folhas dançavam ao vento, numa coreografia de significado desconhecido dos homens. Kepler olhou em torno, absorvendo a beleza do momento. Tinha o pressentimento de que algo terrível estava para acontecer. O arquiduque Ferdinando havia acabado de retornar do Vaticano, onde visitara o papa. A reunião na escola decerto estava relacionada com isso. Todos os protestantes na Estíria esperavam o pior, não se falava noutra coisa.

Os professores já ocupavam seus assentos quando Kepler entrou no salão principal. Papius acenou do pódio, pedindo silêncio. Seus olhos, avermelhados pela falta de sono, confirmavam o pressentimento de Kepler. Em quatro anos, ele nunca tinha visto o reitor tão abatido.

"Senhores", disse em tom grave, muito diferente do seu costumeiro tom brando, "nossas piores expectativas foram confirmadas. O arcebispo católico, servindo de porta-voz do arquiduque, decretou o fechamento de todas as escolas e igrejas protestantes dentro de duas semanas. Qualquer indivíduo que tomar parte nos ritos de nossa fé será preso e sujeito a severa punição, incluindo desmembramento e até a morte... Vivemos nossos dias mais negros." Baixou os olhos, tentando ocultar a expressão de derrota. Havia dedicado a maior parte da vida àquela escola, desenvolvendo seu currículo, aprimorando a qualidade do ensino, contratando e supervisionando professores, lecionando a centenas de jovens luteranos. Alguns presentes murmuraram seus protestos, mesmo sabendo que eram inúteis. Kepler cobriu o rosto com as mãos, bufando de raiva. Aquilo era só o começo, tinha certeza, os primeiros tiros de uma longa batalha.

"Como isso é possível?", perguntou um jovem professor de latim. "Será que não há nada que possamos fazer? Talvez apelar para a corte central da Estíria, ou para o próprio imperador em Praga?"

"Já dirigimos um apelo ao imperador", respondeu Papius. "Agora, só podemos esperar sua resposta e rezar para que seja favorável. Infelizmente, não tenho muita esperança."

"E sabemos muito bem por quê!", interveio Kepler. "Cavamos nossas próprias covas com nossa arrogância, com provocações incessantes. Que tolo acreditaria que a Paz de Augsburgo seria duradoura, que os católicos iriam ouvir em silêncio nossos desaforos? Chamar o papa de Anticristo e seus cardeais, de Prostitutas da Babilônia! Isso não podia terminar bem, especialmente agora, que nosso governante é um príncipe educado por jesuítas." Quase a indignação o engasgou. Havia meses que ele pregava uma atitude mais moderada para com as autoridades luteranas, implorando que os insultos cessassem. Ninguém lhe dera ouvidos. Mesmo naquele momento, ninguém parecia querer falar a seu favor. "A tolerância tem pressa, e desaparece quando bem quer", continuou. "Só quando aprendermos a respeitar outras fés, quando aprendermos a coexistir, é que teremos alguma chance de viver em paz. Mas isso não vai ocorrer enquanto os homens teimarem em disputar egoisticamente a atenção de Deus, como bestas selvagens." Olhou em torno, certificando-se de que não seria desafiado. "Vocês podem querer se sentir como vítimas e acusar todos os católicos de monstros. Eu discordo: somos nós os culpados e agora vamos pagar por nossos abusos, por nossa intransigência."

Papius sentiu-se obrigado a dizer algo. "Johannes, podemos concordar com você ou não, mas, na verdade, é tarde demais para esse tipo de argumento. Voltemos para casa, temos muito que conversar com a família, com os amigos, e precisamos nos preparar para tempos difíceis. Ouvi alguns boatos de guerra, e não ficaria nada surpreso se os credos de Augsburgo se unissem contra os papistas e sua repressão. Deus nos proteja a todos."

Kepler foi direto para a casa de Koloman. Andava o mais rápido que podia, esquivando-se com destreza das falhas entre as pedras do pavimento. Queria andar cada vez mais rápido, deixar Graz e toda a Estíria para trás. Sentiu imensa saudade da mãe, de Weil, dos tempos de estudante em Tübingen, quando os problemas eram tão simples. Suspirando, bateu à porta do amigo, que o abraçou e o convidou a entrar. Foi logo ao assunto: "Koloman, é verdade mesmo? Os católicos vão fechar as escolas e igrejas protestantes?".

O outro baixou os olhos, evitando a expressão triste de Kepler, e disse com voz alquebrada: "Temo que sim, meu caro. O arquiduque perdeu a paciência com a arrogância estúpida dos protestantes daqui. Pode estar certo de que não mudará de ideia, nem mesmo se o imperador interceder a nosso favor, o que acho pouco provável". Os olhos de Kepler encheram-se de lágrimas. "Já falei com o barão sobre você. Ele respondeu que fará o que puder para garantir seu salvo-conduto."

"Prezo muito sua ajuda, amigo." Kepler tentou esboçar um sorriso. "Só espero que seja suficiente."

"Pode ter certeza de que o barão fará tudo o que estiver a seu alcance. Agora, é melhor você ir para casa e dar as notícias a Bárbara. Imagino que a reação dela não será das melhores..."

"Deus me ajude. Prefiro enfrentar a ira da liderança católica que a de Bárbara."

Profundamente angustiado, Kepler deixou a casa do amigo. Mais uma vez seu destino era incerto. O clima mudara, como se refletisse as incertezas das relações entre os homens. O céu azul tinha desaparecido, oculto por uma névoa difusa e incolor. O sol brilhava timidamente, um disco pálido, vencido. Até mesmo o vento interrompera sua dança com as folhas. O tempo parecia ter parado. Kepler olhou em torno, invadido por uma sensação de desastre iminente. Não via ninguém, não ouvia nenhum som. Imaginou-se perdido no Purgatório, sem sua Beatriz, à espera da Grande Decisão, Céu ou Inferno. Não havia nada a fazer senão esperar e preparar Bárbara para o pior.

"Regina, sua mãe está em casa?" A menina ainda brincava com as bonecas, no mesmo lugar onde o padrasto a deixara horas antes. Olhou para ele, apreensiva, e apontou para o quarto da mãe. Kepler abriu a porta com grande delicadeza, como se a maçaneta fosse feita do mais fino cristal. Bárbara estava deitada, com uma almofada entre as pernas, a saia e a anágua levantadas acima dos joelhos, o espartilho no chão. Quando viu o marido, voltou o corpo na direção dele, sorrindo. Kepler achou que estava sonhando.

"Por onde o senhor andou, meu querido astrônomo?", perguntou Bárbara com voz provocante. Kepler conhecia suas intenções. "Inacreditável", pensou, boquiaberto. "Logo agora!" A mulher jogou a almofada no chão e acenou-lhe para que fechasse a porta. Atônito, ele não sabia se contava as novas ou se deixava para depois. "Dane-se", disse consigo, "essa é uma ocasião rara demais para ser desperdiçada." Deitou-se ao lado de Bárbara e começou a lutar contra as longas fileiras de botões de seu vestido, a desfazer os incontáveis laços; o que queria na verdade era rasgar tudo, livrar-se instantaneamente de todos os obstáculos entre sua mão e o corpo da mulher. Ela quase não se movia, gemendo de prazer cada vez que caía uma camada. Adorava ser despida aos poucos, fazia parte de seu ritual de entrega. Finalmente, os dois corpos nus se entrelaçaram como havia muito não faziam. Por alguns preciosos minutos nada mais importava: nem disputas religiosas, nem a música das esferas, nem mesmo Deus. Eram eles os deuses, celebrando a união da carne, dos odores, dos sons, criando juntos a sensação mais primitiva de harmonia.

Permaneceram deitados em silêncio por um bom tempo, a colcha cobrindo sua nudez, olhos fechados, mãos dadas. Kepler, semiembriagado, ainda surpreso com o inesperado ressuscitar de Bárbara, imaginou que a mulher estivesse tão tranquila quanto ele. Sabia ser aquele o melhor momento. Sentiu-se terrível, um monstro perverso capaz de arruinar até os instantes mais sagrados de um casal. Mas tinha pouco tempo. "Bárbara", murmurou, "acabo de voltar de uma reunião na escola. Papius contou-nos que receberam ordens de fechá-la. Aliás, todas as outras escolas e igrejas protestantes da Estíria serão fechadas. Teremos tempos difíceis pela frente." Ela ficou calada. Fitou o marido com olhos vazios, como se não tivesse escutado nem mesmo uma palavra. Justo agora, quando estava pronta para engravidar uma vez mais, quando tentava voltar ao mundo dos vivos? "Falei também com Koloman. Ele me disse que o barão vai interceder por mim. Acho que tudo dará certo, querida." Silêncio novamente.

"E se não der?", perguntou Bárbara por fim. "Que vai ser de nós?" Aos poucos, seu rosto mudou de cor, de um rosa pálido para um vermelho-fogo, e ela sentou bruscamente, cobrindo-se até o pescoço com a colcha. O encanto havia se quebrado.

"Não creio que seja hora de nos preocuparmos com isso", respondeu Kepler. "Soube que continuarão a me pagar, mesmo com a escola fechada. Portanto, aconteça o que acontecer, sem dinheiro não ficaremos", assegurou, sabendo bem que a garantia de estabilidade financeira apaziguaria os temores mais imediatos da esposa.

Mais aliviada, Bárbara pegou a mão do marido e a pôs sobre seu ventre. "Fizemos uma criança hoje, tenho certeza", disse, sorrindo.

Kepler retribuiu o sorriso, abraçando-a e beijando-lhe o rosto. "Pelo menos assim ela será feliz por um tempo", pensou.

Dez dias depois da reunião, Papius reconvocou os professores com urgência, a fim de que o ajudassem a empacotar e enviar todos os livros para fora de Graz, onde seriam protegidos por famílias nobres, antes que os jesuítas se apossassem do prédio e destruíssem tudo o que julgassem contrário à sua fé. Kepler estava a caminho da escola quando deparou com um grupo de soldados que, empunhando escudos ornados com uma cruz vermelha sobre fundo branco, símbolo do exército do arquiduque, escoltavam alguém numa carruagem. Resolveu segui-los, imaginando que se tratasse de algum dignitário da corte. Na praça em frente à escola, a carruagem parou, e os soldados circundaram-na. A porta foi aberta por um jovem oficial. Um homem de dimensões avantajadas, vestido numa capa de veludo vermelho adornada com brocados dourados, desceu do veículo com um documento oficial entre os dedos grossos. A carruagem foi rapidamente cercada por uma pequena multidão, Kepler no meio dela. O dignitário desenrolou o documento e, antes de lê-lo, esperou que um dos soldados soasse a corneta pedindo silêncio.

Por decreto de Sua Alteza, o arquiduque Ferdinando, todos os cidadãos que ensinam ou pregam em qualquer escola ou igreja contrária à fé católica devem deixar as terras da Estíria dentro de sete dias. Suas casas serão revistadas, e seus pertences, confiscados. Aqueles que se atreverem a violar este mandado serão imediatamente presos e queimados em praça pública.

Os soldados tiveram de brandir as espadas para dispersar a multidão aturdida, uma mistura de católicos e protestantes acostumados a conviver, se não em paz, ao menos respeitosamente. Kepler levou a mão ao coração. Era o fim da Paz de Augsburgo, o fim de sua estada em Graz. Correu em direção à escola, rezando para que Papius ainda estivesse lá e soubesse o que fazer. Na biblioteca, o reitor empilhava cópias da Bíblia de Lutero.

"Reitor!", exclamou Kepler. "O senhor ouviu? Estão nos expulsando!"

"Eu sei, Johannes, eu sei...", respondeu Papius, a voz quase inaudível. "Ajude-me aqui com estes livros, por favor. Se não os enviarmos hoje mesmo, serão todos queimados." Kepler iniciou outra pilha, reunindo os escritos de Phillip Melanchton.

"Que será de nós, reitor? Que vamos fazer?"

"Já estamos tentando resolver isso, Johannes. O imperador deu-nos permissão para viver em suas terras na Hungria o tempo que for necessário. Ele não pode deter as ações de Ferdinando aqui na Estíria, ao menos não agora, mas nos garantiu salvo-conduto."

"Que desgraça! Por quanto tempo teremos de viver no exílio, o senhor sabe? Alguém sabe?"

"É difícil prever, Johannes. Contudo, deixaremos nossas mulheres e crianças aqui, esperando retornar em breve. O imperador está ciente de que uma guerra entre católicos e protestantes teria consequências devastadoras para todos. Imagino que tentará convencer Ferdinando a abandonar essa política agressiva, que só trará desgraças maiores. De qualquer forma, vá para casa e comece a planejar sua viagem. Partiremos juntos, daqui da escola, em cinco dias, pouco antes do raiar do sol."

Kepler beijou com reverência a mão de Papius, que sorriu paternalmente. Mais uma vez, Kepler correu até a casa de Koloman antes de contar as novas a Bárbara. Entrou sem bater e encontrou-o na cama. "Como ele consegue dormir numa hora dessas?", pensou, enquanto sacudia o amigo pelos ombros.

"Johannes, o que você quer comi..."

"Estão nos expulsando daqui! Vou ter de viver no exílio, na Hungria! Que pesadelo, que pesadelo!"

"Eu sei, Johannes." Koloman dirigiu-lhe um olhar encorajador. "Tente se acalmar! Lembre-se de que você não é apenas um professor luterano. É também o matemático oficial da província da Estíria, posto perfeitamente legal e sancionado pelo próprio arquiduque, que, aliás, paga seu salário." Kepler concordou com um gesto de cabeça. "Sugiro que escreva imediatamente para seu amigo e protetor, o chanceler da Bavária, Von Hohenburg, pedindo-lhe apoio. Escreva também para o arquiduque, requisitando isenção do decreto em razão de seu cargo. Essas duas cartas, mais o apoio do barão Herberstein, certamente surtirão efeito. O barão tem excelentes relações com a nobreza católica, e sem dúvida vai usá-las." Sorriu, pondo as mãos nos ombros de Kepler. "Caso não receba novas nos próximos dias, não desconsidere o decreto! Vá para a Hungria, onde estará a salvo. Vou mantê-lo informado, pode ficar tranquilo."

"Sinto-me como um fugitivo, um criminoso", desabafou Kepler. "Esses pastores luteranos foram uns idiotas, achando que podiam rir impunemente da liderança católica, feito um bando de crianças. E agora somos nós que pagamos por sua estupidez." Olhou para Koloman, tentando controlar as lágrimas. "Ainda bem que o tenho como amigo, meu caro. Espero vê-lo muito em breve, de preferência com minha cabeça sobre o pescoço."

"Não se preocupe, Johannes. Tudo dará certo, você vai ver."

Os amigos abraçaram-se. Ambos sabiam que, na verdade, a situação era gravíssima.

Kepler foi para casa e trancou-se no escritório. Tinha de escrever duas cartas extremamente importantes, que poderiam redefinir o rumo da vida dele. Contaria as novas a Bárbara mais tarde, quando tivesse tempo para lidar com seus lamentos e acusações.

Ao sair de seu refúgio para jantar, deu de cara com Jobst Müller, que estava plantado bem em frente à porta, como um cão de guarda. O rosto dele tinha uma expressão mais petrificada que de hábito. "A última pessoa que queria ver hoje", lamentou Kepler consigo. Viu Bárbara sentada no sofá, aos prantos, e Regina a seu lado, sem saber o que fazer para acalmá-la. Foi até a mulher, que gemeu ainda mais alto quando o ouviu se aproximar. "Imagino que o senhor já tenha lhe contado as novas", disse, sem esconder o desdém.

"E não deveria tê-lo feito?" Müller encarou o genro com desdém ainda maior. "Pensa que não sei o que está tramando?" Kepler olhou para ele, boquiaberto. "Você ia fugir daqui com minha filha e minha neta sem me dizer nada, não ia? Confesse!"

"Não quero ir embora daqui, papai, não quero!", gritou

Bárbara. "Johannes, por favor, não me leve de Graz, eu lhe imploro!" Regina, assustada, começou a chorar também, escondendo o rosto na saia da mãe.

Kepler deu um passo para trás, horrorizado com a cena, sem saber o que fazer. Odiava dramas domésticos, achava absurdo que pessoas que se queriam bem magoassem umas às outras. Cada grito o remetia à infância em Weil, ao pai e à mãe berrando, aos tapas, às surras, ao corpo coberto de marcas. Queria fugir, esconder-se no escritório, sob a proteção das esferas celestes. Até o exílio lhe parecia melhor que aquilo.

"Bárbara, *Herr* Müller, vocês estão agindo como se tudo fosse culpa minha. E eu sou apenas uma vítima!"

"Desde o início eu sabia que ia dar nisso." A voz de Jobst Müller estava quase sufocada pelo ódio. "Jamais deveria ter deixado minha filha se casar com um pobretão, um mero matemático com ideias heréticas."

Bárbara gemia cada vez mais alto, o corpo inteiro sacudido pela violência dos soluços.

"*Herr* Müller", disse Kepler, "seu desdém por minha profissão e por minhas ideias não é nenhum segredo. Tenho pena do senhor, da sua incapacidade de interessar-se por questões que vão além do seu bolso. Somos homens muito diferentes, ninguém pode negar. Mas isso não significa que não possamos respeitar-nos, viver em paz."

"Não vejo como respeitar alguém que se preocupa mais com os astros do que com aqueles que estão à sua volta", replicou Müller.

Kepler respirou fundo: não cairia na armadilha do sogro, que só queria mais conflito. "Posso não ser rico, senhor, mas também não vivo na penúria. Continuarei a receber meu salário. Devo deixar a Estíria, viver exilado na Hungria, com meus colegas de magistério. Contudo, tenho amigos poderosos e sei que meu tormento durará pouco."

Jobst Müller limitou-se a olhar com desprezo para o genro. Ignorando-o, Kepler dirigiu-se à mulher e pôs as mãos em seus ombros. "Escute, Bárbara, não tenho a menor intenção de tirá-la de sua amada cidade. Pretendo retornar da Hungria o mais breve possível, assim que as autoridades católicas permitirem. Posso garantir-lhe que adoraria ficar em Graz, com você e com Regina." Ajoelhou perante ela. "Mas espero que você, minha esposa e companheira, permaneça sempre a meu lado, aconteça o que acontecer." Bárbara levantou a cabeça por um instante e, antes de afundá-la outra vez entre os braços, fitou-o em silêncio, com expressão de dor. Kepler continuou: "Tenho de tratar de assuntos extremamente importantes. Esta conversa estragou meu apetite". Foi direto para o escritório e fechou a porta. Agora, apenas os astros poderiam confortá-lo.

18

Kepler cruzou sozinho a fronteira entre a Hungria e a Estíria, equilibrando-se precariamente sobre uma mula velha, com seus livros mais preciosos e uma sacola de roupas. O exílio dele havia durado apenas um mês, graças aos apelos do barão Herberstein e de Herwart von Hohenburg. Tudo funcionara conforme o planejado: ele continuaria a trabalhar como matemático oficial da província, sob a proteção do próprio arquiduque. Claro, ninguém o impediria de continuar seus estudos astronômicos, sobretudo agora, que estava temporariamente livre da função de instrutor. Mesmo assim, temia o futuro. Sabia que a situação na Estíria só tendia a piorar. A intenção de Ferdinando era clara: converter todos os luteranos e calvinistas ao catolicismo, se não por livre escolha, à força. Kepler sentiu-se culpado por abandonar Papius e seus companheiros. Mas que alternativa tinha? Bárbara esperava-o ansiosamente e, tal como ela previra naquela tarde de rara intimidade conjugal, grávida pela segunda vez. Embora Kepler tivesse gostado de se afastar das brigas e das lágrimas, sabia que precisava voltar, ficar ao lado da esposa e de Regina, para afugentar o fantasma de Heinrich, que ainda lhes atormentava a vida.

Chegou a Graz ao anoitecer, quando os últimos vestígios avermelhados do dia desapareciam detrás das colinas. Sentiu inveja do Sol, de sua liberdade de viajar diariamente para o oeste, cruzando o céu sobre Tübingen, sobre a casa de seu mestre. Maestlin parecia não se importar mais com ele, não respondera a nenhuma das cartas que lhe enviara relatando suas dificuldades, implorando ajuda. Kepler não se conformava. Como seus mestres podiam tê-lo abandonado, se foram eles que o mandaram para Graz, se eram eles os culpados de suas tribulações? Será que não se sentiam responsáveis por seu futuro, por sua segurança pessoal? Ou será que era isso mesmo que queriam, livrar-se dele?

Kepler atravessou a ponte sobre o fosso que circundava a cidade, aproximando-se de suas muralhas. Guardas bloqueavam todas as entradas; interrogavam cada viajante e exigiam documentos. Um jovem oficial pediu-lhe que mostrasse sua permissão de entrada. "Desculpe-me, senhor, apenas cumpro ordens", disse. Kepler surpreendeu-se ao perceber que o oficial o reconhecera, certamente por causa de sua fama como astrólogo. "Por causa de minha fama como astrônomo é que não é", pensou, ao apresentar os papéis com a assinatura do arquiduque.

Assim que ultrapassou o portão, viu muita gente correndo e apontando para a praça em frente à antiga escola protestante, onde havia uma enorme coluna de fumaça. Puxou as rédeas da mula, tentando apressá-la. No centro da praça, ardia uma fogueira mais alta que dez homens, alimentada por livros e manuscritos que eram carregados até lá por uma procissão de soldados. Com o coração aos pulos, Kepler perguntou a um deles de que livros se tratava. O soldado olhou-o surpreso, devia ser a única pessoa na cidade que não sabia que tinham ordens de queimar todas as cópias da Bíblia de Lutero e qualquer outra obra ou documento luterano que encontrassem; que todos os habitantes de Graz deviam levar seus livros para as autoridades; que aqueles que se recusassem a fazê-lo seriam expulsos ou presos. "Só o fogo pode purificar essa porcaria ímpia!", exclamou o soldado. Kepler deu um passo para trás, mortificado, e agarrou-se a sua preciosa carga proibida. Se o soldado a descobrisse, iria matá-lo ali mesmo. A multidão gritava cada vez mais alto: "Morte aos inimigos de Cristo! Morte aos pecadores!", os punhos no ar, prontos para matar em nome da fé. Os livros eram atirados ao fogo, um após outro, como lixo.

Kepler considerava a queima de livros tão criminosa

quanto inútil. Sabia que, uma vez criado, o conhecimento não pode ser calado jamais. Sempre haverá aqueles que lutarão para preservá-lo, difundi-lo, movidos por razões nobres ou perversas. "Meu Deus", pensou, horrorizado, procurando afastar-se da praça, "como posso viver num lugar assim? Que será de minha família?" Soube depois que, em apenas algumas horas, mais de dez mil livros foram queimados.

Interpretou sua chegada naquela noite fatídica como um presságio. Tinha de sair de Graz antes que fosse tarde demais, antes que fosse preso e sacrificado como herege. Chegou tarde em casa, Bárbara já estava na cama.

"Johannes! Que está fazendo aqui? Por que não escreveu avisando que viria? Eu teria preparado uma ceia especial... Ah, que bom que você chegou!", disse ela, sentando-se e ajeitando os cabelos sob a touca. Kepler sabia o que o gesto significava: um lembrete de que estava grávida, intocável. Sentou-se ao lado da mulher, sem dizer nada por alguns instantes, e acariciou sua barriga, que já crescera um pouco.

"Parti assim que recebi o mandado da corte dando-me salvo-conduto. Uma carta não teria chegado antes." Kepler sorriu. "E então, como está se sentindo?"

"Acho que bem, não sei. É cedo demais para saber se vai dar tudo certo." Kepler olhou para ela: parecia dotada de uma aura mágica, quase santificada, como se a gravidez fosse sua maior razão de ser, sua única razão de ser. "Mas você deve estar tão cansado! Vá para a cama. Amanhã você me conta um pouco sobre a Hungria. Estava tão preocupada, ouvi histórias horríveis sobre os magiares e os székelys, sobre suas superstições pagãs. E os lobos? São terríveis por lá, não é? Meu Deus, que bom que você voltou são e salvo!", exclamou Bárbara, fitando o marido com os olhos de uma menina assustada com o mundo.

"Ah, os székelys, sim, são muito interessantes. Eu estava lá durante a Noite de Walpurgis, o festival da colheita celebrado no outono. Foi uma experiência belíssima, as colinas todas iluminadas por fogueiras, como se nelas se espalhassem incontáveis vaga-lumes. As mulheres dançavam sem parar, girando em torno do fogo numa espécie de transe e entoando melodias numa língua esquecida, enquanto os homens, vestidos com roupas coloridas e cobertos por peles de animais, batiam palmas e tocavam freneticamente tambores e flautas. É verdade o que dizem dos lobos... Eu ouvi os uivos à distância, a música dos animais completando a dos homens, as duas soando juntas, festejando a vida."

"Como viu tudo isso, Johannes?"

"Fiz amizade com um deles, um jovem pastor que encontrei quando caminhava pelo campo. São muito gentis e hospitaleiros; sua reputação é injusta, resultado de preconceito e ignorância. Dei-lhe um pouco do meu vinho, e ele, um pouco do seu queijo de cabra, delicioso com pão de centeio. Foi então, quando comíamos sentados na relva, cercados por suas ovelhas, que ele me convidou para ir à festa naquela noite."

"Você foi à festa deles? Enlouqueceu, homem? Deus lhe perdoe!"

Kepler caiu na gargalhada. "Calma, Bárbara. Você parece até um dos camponeses húngaros, que morrem de medo dos székelys. Acredita que o pastor os acusou de ser escravos do Diabo? É tudo uma grande besteira, uma vergonha. Eu me diverti muito na companhia deles."

"Johannes, um dia você ainda vai se meter numa encrenca séria." Bárbara fingiu estar mais preocupada do que realmente estava. "Às vezes, é igualzinho a sua mãe." Kepler pensou: "Você nem sabe quanto...". "Agora, vá logo para a cama", ordenou ela. "Precisa descansar, senão vai pegar uma daquelas suas febres."

Kepler fitou a mulher com olhar sombrio. "A verdade é que me senti muito mais seguro lá do que aqui", disse, mas decidiu não contar o que presenciara pouco antes.

Na manhã seguinte, foi ao encontro de Koloman perto da ponte coberta. Soldados marchavam por toda parte, certificando-se de que ninguém violava as proibições do mandado, vasculhando a cidade à procura de livros ou de qualquer vestígio da fé luterana que tivessem escapado. O amigo debatia animadamente com um artesão, pechinchando no preço de uma bandeja de cobre.

"Ora, ora. Veja só quem está de volta: nosso ilustre matemático!", exclamou Koloman, sorrindo. "E então, Johannes, que acha? Compro ou não a bandeja?"

"Claro! Por que não? Assim pode usá-la para entregar minha cabeça ao arquiduque, feito a do profeta." Um tom triste tingia a voz de Kepler, como se a possibilidade, embora remota, não fosse absurda.

"Que é isso, Johannes? Alegre-se! Você está de volta!"

"Estou, por ora." Kepler irritou-se com a inflexão irreverente do outro. "Mas que me reserva o futuro? Quanto tempo você acha que essa corte católica, fanática, vai tolerar um astrônomo luterano?"

"Bem, você sempre pode considerar a possibilidade de se converter, não?", disse Koloman, mais sério.

Kepler fitou-o, perplexo. "Para isso me deixaram voltar? Para que eu vire um jesuíta, feito o desgraçado do meu tio?", desafiou, sem esconder a decepção. "Agora entendo por que recebi carta do chanceler Herwart perguntando-me a mesma coisa... Bem, a resposta é simples: absolutamente impossível! Jamais me converterei! Embora não tenha o mesmo desdém que a maioria dos luteranos tem pelos católicos, nunca trairei a Confissão de Augsburgo. Se o arquiduque quiser que eu permaneça aqui, terá de aceitar meu luteranismo."

Koloman sorriu, estudando Kepler com olhar matreiro. "Ótimo, Johannes, estava só me certificando de que sua determinação persistia, mesmo após um mês de exílio. Pode ficar tranquilo, ninguém planeja obrigá-lo a converter-se. Só não quero que parta novamente. Preste atenção no que diz, e sobretudo para quem o diz. As ruas estão repletas de espiões. Não confie em ninguém."

"Pode deixar, Koloman." Kepler perguntou-se quanto o amigo demoraria para se converter, mas preferiu não dizer nada. "E então, que tal bebermos uma cerveja? Essa conversa séria me deu sede... e tenho muitas histórias para contar sobre minha estada na Hungria."

"Excelente ideia! Digna de nosso ilustre matemático. Quero que me conte tudo sobre seus planos e estudos, agora que terá todo esse tempo livre. Que privilégio!" Koloman pagou o artesão, e os dois cruzaram de braço dado a ponte, em direção à taverna próxima da igreja, agora fechada, onde Kepler vira Bárbara pela primeira vez.

Maestlin finalmente convenceu Maria a deixá-lo sozinho na beira do rio. Tinham acabado de fazer compras no primeiro mercado da primavera, sempre o mais festejado. As sacolas estavam cheias de repolhos e nabos, amoras e framboesas, e até de algumas flores. A fartura dos campos enfeitiçava o ar, as pessoas agiam como se algo importante estivesse por acontecer, quem sabe até o fim do conflito entre católicos e protestantes? A ilusão de mudança inspirava a todos.

O velho mestre sentou-se em seu banco favorito, a poucos metros da água. O Neckar fluía apressado, inchado pela neve que ainda derretia nas montanhas. O perfume do novo, úmido, vivo, era contagiante; a terra pronta para parir; as pessoas transformadas. Maestlin sentiu-se renovado, sua mente pulsava com uma energia que ele julgava não ter mais. Olhou em torno para certificar-se de que ninguém o espiava e apalpou o bolso interno do manto, procurando o pequeno livro. Lá estava ele, protegido de Ludwig ou de qualquer outro curioso.

Um grupo de estudantes passou por ele, falando alto, rindo. Para sua surpresa, cumprimentaram-no com um aceno de mão. "Deve ser a primavera", pensou o velho mestre, acenando animado, feliz por ter sido reconhecido, por terem notado que ele existia. Eram quatro, muito jovens para ser convocados, salvos por enquanto das garras da guerra, que aos poucos destruía toda uma geração. Um deles, magro, de compleição frágil, cabelos pretos, olhos castanhos e, a julgar pela maneira como controlava a conversa, mente ágil, fê-lo pensar em Kepler e em sua curiosidade insaciável, sempre pronto a aprender mais, a absorver conhecimento como a terra absorve as primeiras chuvas da primavera. Esse jovem olhou para Maestlin, uma vida inteira entre eles — uma, quase sem lembranças; outra, feita apenas delas —, e sorriu, celebrando talvez o tempo que tinha pela frente e o que o velho não tinha mais.

O jovem era agora Johannes, seu querido Johannes, que ele abandonara covardemente na hora mais dura, sem a menor compaixão. Se ao menos tivesse agido de outro modo, ajudando-o quando ainda estava na Estíria, desesperado, cercado por inimigos e preconceito. Se ao menos tivesse então a liberdade que tinha agora, a coragem de discordar, de enfrentar a ordem estabelecida, a censura institucionalizada de sua fé, tudo teria sido diferente, e ele e Kepler não teriam se afastado, e ele não estaria sozinho à beira de um rio, remoendo-se de remorso... Mas como poderia ter se aliado a Kepler após sua condenação pelo conselho deliberativo de Tübingen, quando suas teorias astronômicas e opiniões teológicas eram quase heréticas? Não, os riscos eram altos demais.

Uma sensação de calor bem acima da costela direita interrompeu os pensamentos do mestre. Era o diário que o chamava. Antes de abri-lo, procurou localizar uma vez mais os estudantes. Curiosamente, viu apenas três deles ao longe. O quarto, aquele de compleição frágil, desaparecera.

15 de fevereiro de 1599

Sinto-me um prisioneiro, trancado numa cela sem janelas nem teto. Enquanto apodreço, um tribunal invisível, que não me escuta, decide meu destino. Só o que posso fazer é olhar para cima, para os céus. As cartas que tenho trocado com Herwart são minha única salvação, a luz que dispersa as trevas ao redor. O interesse dele por astronomia, pela relação entre eventos históricos e eventos celestes, mantém minha mente viva, abre novos caminhos para investigações futuras. Claro, tenho também Koloman, meu caro amigo, para conversar sobre assuntos mais práticos, e Bárbara e Regina, para lembrar-me dos laços familiares e das coisas simples porém não menos importantes da vida. Nas ruas reina o mais completo caos, estou convencido de que o pior ainda está por vir, temo por minha vida.

O ventre de Bárbara cresce a cada dia. Deus zele por essa criança. Não sei se minha mulher suportaria outra perda. O inverno tem dificultado a vida de todos. O dinheiro de Bárbara, concentrado em imóveis, está desaparecendo rapidamente, por causa dos impostos absurdos sobre as propriedades pertencentes a luteranos. Estão fazendo de tudo para tornar insuportável nossa vida aqui. Maestlin não responde mais às minhas cartas, aos meus pedidos de emprego, o que quer que seja, em Tübingen ou mesmo em Württemberg. Só o que obtive dele foi um pronunciamento absurdo afirmando que a Igreja Católica está a serviço do Diabo, tentando destruir os luteranos. Como sofro ao ver meu querido mestre, homem conhecido por sua clareza de pensamento e pela força de seu intelecto, sucumbir à propaganda e ao extremismo religioso que corrói nossa Alemanha. Por que me abandonou assim? Será que minhas ideias são tão ameaçadoras?

Evito sair, evito ver o que se passa lá fora, a censura, as torturas, as execuções públicas. Enquanto o mundo segue afundando nas tenebrosas águas da intolerância, busco com energia redobrada as verdades que Deus imprimiu nos céus, verdades imunes à estupidez humana. Busco a harmonia secreta que controla tudo o que existe no cosmo. Harmonia! Os pitagóricos já sabiam que a estrutura mais íntima do mundo vem da combinação de música e movimento. É essa a revelação que tenho de encontrar, o êxtase vislumbrado por Pitágoras. Meu <u>Mistério</u> foi apenas um modesto primeiro passo em direção ao meu destino: desvendar a mente de Deus. Quando olho para os céus, não vejo as paredes da minha cela, cada vez mais próximas. Ah, como a fraqueza dos homens é ridícula, desprezível, quando vista do altar eterno da harmonia cósmica!

Maestlin interrompeu a leitura e ergueu os olhos. Viu o sol, que brilhava com intensidade, já na metade de seu arco, cada dia mais alto, através do firmamento. Viu a sombra espectral da lua crescente, uma mancha sutil no fundo azul, suas imperfeições plenamente visíveis, as mesmas que os aristotélicos diziam ser vapores atmosféricos, os luteranos, os pecados dos homens condensando-se nos céus, e Galileu, a sombra de vales e montanhas como os que temos aqui na Terra. Maestlin sabia que Kepler concordava com o italiano, ou com quem quer que discordasse das posições peripatéticas. Quanto a ele, por toda a vida tinha medido os céus sem se preocupar com as causas por trás dos movimentos. Nunca teria ousado voar tão alto, questionar o estabelecido. E, ainda que o tivesse feito, jamais teria elaborado a pergunta certa, a que levaria ao novo... Veio-lhe à mente a imagem de um cavalo preso por rédeas e com viseiras que só lhe permitiam olhar para a frente. A vida inteira o animal trotou para cima e para baixo na mesma estrada, sem ver a relva viçosa dos campos em volta. Às vezes, quando o vento soprava até ele o perfume fresco do pasto, o pobre, tremendo de prazer, punha-se a trotar na sua direção. Contudo, o chicote do dono rasgava-lhe a carne, forçando-o a continuar na estrada. Um dia, depois de anos de servidão, quando as pernas do bicho já estavam tão cansadas que mal se moviam, suas viseiras e rédeas foram finalmente retiradas. Mas era tarde. Ao ver o que o cercava, o que sempre o havia cercado, o cavalo sofreu um choque tão grande, que caiu morto. Maestlin sentiu-se amaldiçoado por não ter morrido ainda.

21 de julho de 1599

Que mais pode acontecer para desgraçar minha existência? Que fiz para merecer tal punição? Minha pobre Susanna, tão fraquinha, pereceu após somente trinta e oito dias, consumida por uma febre. Bárbara está perdida em sua melancolia, incapaz de comunicar-se, quase não come; é praticamente uma morta viva. Regina, assustada e confusa, agarra-se a mim, sem saber o que fazer. Como poderia entender tanto sofrimento?

Não foi apenas em frente à minha casa que o Diabo amarrou seu cavalo. Calamidades e pestilência vêm ocorrendo em toda parte. Na Hungria, pessoas têm sido afligidas por uma misteriosa doença que provoca feridas avermelhadas em forma de cruz no corpo inteiro. Alguns relatos dizem que manchas semelhantes, pintadas pelo anjo da morte, apareceram também na porta das casas dos doentes. Que eu saiba, sou o primeiro em Graz a sofrer do mesmo mal: ontem vi uma ferida em forma de cruz em meu pé esquerdo, no começo vermelha e agora amarelada. Não é esse o símbolo do Judeu Errante, condenado a vagar pela Terra até o dia do Juízo Final? Será esse o meu destino?

As autoridades católicas apertam o cerco a cada dia. Negaram-me o direito de enterrar minha filhinha segundo os ritos luteranos. E, quando descobriram que desobedeci à ordem, obrigaram-me a pagar uma multa de cinco coroas pela "transgressão"! A quantia era ainda maior inicialmente, dez coroas; só consegui diminuí-la depois de protestar muito. Um ultraje! Que sua pobre alma possa descansar em paz. Preciso sair daqui, encontrar refúgio em algum outro lugar antes que seja tarde. A luz da razão tem de continuar a brilhar, não pode ser ofuscada pela ignorância dos homens. Está na hora de escrever uma carta a Tycho, lembrando-lhe seu convite...

Meu único consolo é o trabalho. Tenho passado os dias no escritório, mergulhado em cálculos com intensidade proporcional à da dor que insiste em querer destruir minha vida. No capítulo 10 do livro I de <u>Sobre as revoluções</u>, Copérnico escreveu que uma das vantagens do sistema heliocêntrico é revelar "uma maravilhosa comensurabilidade no arranjo dos céus, uma <u>harmonia</u> expressa na relação entre os movimentos dos planetas e suas distâncias ao Sol, que não é encontrada em nenhum outro arranjo". Ele havia entendido que o conceito-chave na construção do cosmo é a harmonia, o casamento entre a geometria e o movimento. A isso, acrescento que o fato de sermos capazes de perceber a beleza dos padrões geométricos, de sermos enfeitiçados por eles, não é uma coincidência: fomos criados assim para que nossa mente pudesse ler a escrita divina. Deus pôs uma centelha de Sua luz criadora em nossas almas, iluminando-as com a chama da geometria. Agora é claro para mim por que Pitágoras tanto buscou as harmonias do mundo. Não foi ele quem descobriu que, quando duas cordas são soadas conjuntamente e seus comprimentos estão na proporção correta, seus sons ressoam em harmonia? Não era ele capaz de ouvir essa mesma harmonia ressoando em tudo o que existe, das oscilações do relvado ao vento à coreografia das esferas celestes?

A chave do mistério cósmico está na música. É ela que faz a alma ressoar em harmonia, transformando geometria em sensação, criando uma ponte entre o mundo das Formas Puras e o mundo dos homens. Nós a sentimos presente nos ritmos das danças e nas batidas dos tambores, nas rimas do poeta e na imensa variação de cheiros e gostos, nas proporções dos prédios e das estátuas, na intensidade do amor, do ódio e de todos os sentimentos. É essa a ligação que procuro, a lei universal que expressa a harmonia entre cosmo e alma, a dança do ser e do devir. Os planetas oferecem a primeira pista, encontrada no significado astrológico de seus aspectos: 0°, 60°, 90°, 120° e 180°. Apenas em ângulos bem determinados, harmônicos, existe uma ressonância entre a posição dos corpos celestes e nossas almas, exatamente como a encontrada nas cordas, que vibram em consonância somente em certas proporções: 1:2, 2:3, 3:4, 4:5 etc., mas não, por exemplo, 5:7 ou 7:8.

Será, portanto, tão absurdo imaginar que nossas almas são feitas de cordas, não aquelas reais, mas aquelas feitas de um material imponderável, etéreo, capazes de ressoar com a música das esferas, de vibrar apenas em determinados arranjos? Qual outra explicação para a astrologia, qual outra justificativa teria ela se não a de ser expressão dessa harmonia cósmica?

Aos meus críticos, incluindo Herwart von Hohenburg, o qual afirma que isso tudo não passa de adivinhação inspirada, digo que minhas ideias não têm nada de misticismo numérico; ao contrário, insisto que elas revelam a ordem que vemos no mundo, resultando da cuidadosa aplicação de princípios geométricos. Sei que um dia encontrarei o que procuro, a Lei Harmônica, a harmonia do mundo. Recentemente, comparei a escala das notas musicais baseadas nas harmonias pitagóricas com as razões das velocidades máximas e mínimas dos planetas em tor-

no do Sol. Os resultados não foram de todo absurdos, uma pista de que estou na direção certa. Se ao menos tivesse dados melhores, medidas mais precisas das posições planetárias, sei que triunfaria, sei que revelaria ao mundo a beleza da harmonia cósmica. Ah, como preciso de dados, dos dados de Tycho...

Alguém bate à porta de minha cela. É Regina, dizendo que a mãe não saiu do quarto o dia inteiro e que não responde aos seus chamados... Vivemos todos em celas aqui: a minha, aberta para os céus, e a de Bárbara, para um desespero que parece não ter fim.

Maestlin ouviu Maria chamá-lo, estava na hora de comer. Tentou mover-se, mas a má circulação paralisara-lhe as pernas. Olhou para o diário reverentemente antes de fechá-lo e pô-lo de volta no esconderijo. Maria foi ao encontro dele, levando uma bengala. Ajudou-o a levantar-se e disse algo que ele não ouviu. Só o que o velho mestre via era o cavalo, morto na beira da estrada, cercado pelos campos viçosos. Também era prisioneiro numa cela, procurando as harmonias que haviam lhe escapado, buscando entender por que ainda vivia e Kepler já morrera.

19

"Johannes, pelo amor de Deus, saia daí, ao menos por algum tempo", Bárbara gritou da porta. "*Preciso* falar-lhe!" Kepler fingiu não ouvir. Havia horas estava imerso num mar de cálculos, projetando os trânsitos planetários para o ano seguinte. Detestava ser interrompido, pois isso significava repetir dezenas de passos, páginas e mais páginas de números representando as posições angulares dos planetas em relação às constelações do Zodíaco. Não lhe restava muito tempo; o século ia terminar, e as pessoas, tomadas por temores apocalípticos, solicitavam os serviços de seu astrólogo provincial. Estranhas aparições tinham surgido nos céus: imagens múltiplas do Sol circundadas por auras de luz intensa, arco-íris em forma de cruz, inúmeras estrelas cadentes. Parecia mesmo que os céus estavam prestes a cair, prenunciando o Fim. Na Terra também, maus agouros assustavam a população. Na semana anterior, um fazendeiro levara um bezerro de duas cabeças para o mercado; num vilarejo vizinho, uma mulher dera à luz duas crianças de aspecto monstruoso, unidas entre si pelo fígado e pelo cérebro. Até a água nos poços apresentava uma coloração avermelhada, como se houvesse sido tingida de sangue. Será que o Juízo Final se aproximava? Cada vez mais desesperadas, as pessoas ajoelhavam pelas ruas pedindo piedade, confessando seus pecados, pagando dívidas. As igrejas estavam cheias como nunca, abarrotadas de almas angustiadas.

"Johannes, por favor!", insistiu Bárbara.

Percebendo que não tinha escapatória, Kepler abriu a porta. Havia meses que quase não se falavam, meras sombras cruzando-se esporadicamente pela casa, indiferentes. Desde a morte de Susanna, Bárbara afundara ainda mais em sua melancolia, e Kepler em seu trabalho. Para eles, por motivos muito distintos, pouco do mundo importava. Nas raras ocasiões em que se comunicavam, Kepler tentava injetar um pouco de energia na esposa, despertá-la da apatia. Nada surtia efeito. Quando se queixava de que ela não se interessava por seu trabalho — por nada, na verdade —, Bárbara replicava que ele se interessava apenas pelo que era inútil e impraticável. "O mundo está caindo aos pedaços, e só o que você faz é se esconder atrás desses planetas e estrelas estúpidos!" Kepler ouvia os insultos em silêncio, estupefato, mal acreditando que alguém pudesse ser tão ignorante do que realmente importa à mente e ao espírito. Regina era o único elo entre eles, embora cada vez mais fraco. Os dois pareciam marcar passo, esperando que o destino determinasse o que seria de suas vidas.

Como havia meses não fazia, Kepler olhou para a mulher. Bárbara tinha um aspecto mais vivo, a face rosada, a pele viçosa, convidativa. Usava seu vestido favorito, de tom bege, enfeitado com rendas finas e brocados belgas. Não havia dúvida: ela emergira da longa hibernação.

Kepler sorriu, sua concentração despencando do ar rarefeito das esferas celestes à região entre as pernas da esposa. "Bárbara, você voltou do mundo dos mortos!" Ela respondeu com um resmungo, irritada. Ele se levantou e pôs as mãos em seus ombros. Sentiu-se eletrizado ao tocar sua pele, com o calor que dela provinha.

Bárbara não retribuiu o sorriso do marido. "Johannes, precisamos conversar sobre nossa vida, nosso futuro", disse, baixando os olhos. "Estou preocupada demais, minhas propriedades não valem mais quase nada, e seu salário não ajuda muito. Sei que você ama sua astronomia e seus cálculos, mas está na hora de fazer algo mais concreto. Já não posso viver assim, à beira da miséria, sem saber o que será de nós amanhã!"

Kepler soltou um leve gemido, mas procurou manter um tom animado. "Não se preocupe, Bárbara. Estou quase terminando o calendário para 1600 e tenho certeza de que ganharei um bom dinheiro com ele, a maioria das pessoas está apavorada com o suposto fim do mundo..." Sabia que tentava tapar um vulcão com simples tábuas.

"Será possível que me casei com uma criança irresponsável?", gritou Bárbara. "Não entende que não será um calendário que vai fazer diferença? Precisamos de uma fonte de renda estável, que nos dê segurança, não de uma esmola aqui e ali." Kepler, sem saber bem por quê, sentiu-se excitado com a raiva da mulher; queria lembrar quando fora a última vez que tinham estado juntos. Meses... nem sabia mais quantos... "Você *precisa* fazer alguma coisa, homem!" A inflexão desesperada da mulher tirou-o de seu transe. Ele tentou acalmá-la, acariciando-lhe os ombros. Ela corou, mas deu um passo para trás. Kepler aceitou a derrota.

"Está bem, Bárbara, está bem", disse com impaciência, "vou conversar com algumas pessoas, ver o que posso arranjar. No entanto, você precisa entender que a situação está muito ruim para todos e que as chances de eu conseguir algo são mínimas, mesmo que tenha..." Batidas na porta interromperam-no. Bárbara olhou para ele, indagando quem poderia ser. Kepler deu de ombros, não esperava ninguém aquela noite. Regina voou em direção à entrada. Adorava receber pessoas, fingia ser a dona da casa. Um jovem mensageiro entregou-lhe uma carta de Herwart von Hohenburg. A menina agradeceu, mal escondendo o desapontamento. Àquela altura, cartas de Herwart não eram mais novidade. Kepler rompeu o selo e pôs-se a ler. Num certo momento, assobiou, incrédulo.

"Que é? Fale, homem!", exigiu ela.

"É a resposta às nossas preces!"

"Que é? Que é? Vamos, diga logo!"

"Herwart conta que Tycho assumiu o posto de matemático imperial em Praga. Sabe o que isso significa?", perguntou Kepler. Bárbara deu de ombros. "Lembra quando Tycho escreveu, sugerindo que eu fosse visitá-lo, que talvez até pudesse colaborar com ele? Pois bem, esta é minha chance, a oportunidade que pode mudar a minha vida, a nossa vida!"

Bárbara gelou. "Quer dizer que teremos de nos mudar sabe Deus para onde?"

Kepler acenou com a cabeça, feliz. "Exatamente! Escute, Bárbara, não temos opção. Permanecer na Estíria como luterano é uma atitude suicida. Não tenho dúvidas de que em breve seremos todos expulsos, os poucos que restamos. Ou pior ainda..." Fitou a esposa com olhos sombrios. "Maestlin recusa-se a responder às minhas cartas, a ajudar-nos. Que mais posso fazer? Você prefere ficar aqui e morrer de fome, ser assassinada por algum fanático? Quer me ver ser queimado vivo? Enviuvar pela terceira vez?"

Bárbara não conseguiu se conter. Correu para o quarto, aos prantos, e bateu a porta com violência. Kepler continuou no mesmo lugar por alguns instantes, balançando a cabeça e olhando para Regina. A pobrezinha, que ouvira tudo, não sabia se ria ou se chorava. Como sempre, decidiu optar pela alegria. "Quer dizer que vamos morar num castelo de verdade, papai?", perguntou, já vislumbrando as muralhas, os soldados, as carruagens estacionadas no pátio interno, as esposas dos nobres com seus vestidos bordados e joias caras, os criados correndo de um lado para outro.

"Ah, minha pequena, ainda não sei. Espero que sim! Tycho vive num bonito castelo chamado Benátky. Ouvi dizer que foi presente do imperador. Imagine só, um astrônomo ganhar um castelo do Sagrado Imperador Romano!" Regina correu a abraçar o padrasto. "Bem, mocinha, de qualquer modo, está mais do que na hora de a senhorita ir para a cama." Enquanto a enteada se afastava, Kepler abriu de novo a carta e terminou de lê-la. Herwart chegaria a Graz dali a dois dias para comemorar o Natal e gostaria de fazer-lhe uma visita.

Depois disso, Kepler foi ao quarto de Bárbara para tentar acalmá-la. Ela estava encolhida na cama, soluçando. Kepler perguntou-se se passaria o resto da vida lutando contra a melancolia da esposa. Aproximou-se e sentou-se a seu lado. "Bárbara", disse, quase num murmúrio, "as coisas não são tão terríveis assim. Veja só meus pobres colegas da escola, todos exilados, vivendo na Hungria ou sabe-se lá onde, longe da família e dos amigos, sem dinheiro." Ela se encolheu ainda mais. Kepler tocou-a de leve, brincando com os cabelos finos da sua nuca. Bárbara permanecia rígida.

"Herwart vem nos visitar daqui a dois dias. Esse é um gesto muito corajoso da parte dele, dada sua posição no governo e na corte católica." Os soluços cessaram. Kepler sorriu: sabia o quanto a esposa gostava de receber nobres e dignitários, ou qualquer um que impressionasse os vizinhos. "Acho que ele tem alguma proposta em mente, quem sabe até um novo cargo? Tenha fé, querida, as coisas vão melhorar. Pare de chorar e reze para que Deus nos ajude."

Deitou-se ao lado da mulher e beijou a pele macia de seu pescoço. Aos poucos, Bárbara deixou-se relaxar, uma flor desabrochando pétala por pétala, até parecer ter adormecido. Kepler virou-a de frente, como a uma boneca sem vida. Ela se rendeu às insistentes carícias do marido. Olhou para fora. A neve caía pesada, distante. Kepler sentiu-se envergonhado com o assédio, instigado, parecia, por algum animal que vivia dentro dele, uma besta que mal conhecia. Mas precisava daquilo, do contato físico, das peles se tocando, do clímax. O corpo sob o dele podia ser o de qualquer mulher, não importava. Talvez fosse esse o desejo de Bárbara, negar sua presença, ser só corpo, um repositório oco, sem espírito. Kepler montou-a como a uma cadela, sua mente, opaca, dominada pela besta. Penetrou-a com um movimento brusco, quase com fúria, os olhos voltados para cima, fitando o vazio do teto, enquanto os de Bárbara fitavam ainda a neve fria, resignada, que caía lá fora.

Os dois dias seguintes foram dedicados à preparação da casa para receber o ilustre chanceler. Bárbara parecia transformada, cheia de energia, fazendo compras, limpando, cozinhando. Causaria excelente impressão, tinha certeza. Herwart, apenas de passagem, não ficaria para o jantar. Bárbara decidiu então fazer um bolo de mel, que serviria com vinho, a sobremesa favorita dela. Kepler contava os minutos, feliz de que finalmente conheceria seu fiel correspondente e mentor, que não media esforços para apoiá-lo perante as autoridades da Estíria. Sabia que a relativa paz que havia gozado nos últimos meses era consequência das manobras de Herwart. Sabia também que ele era uma exceção, que a situação piorava a cada dia para os que ainda não tinham se convertido. Herwart era um desses raros indivíduos que acreditam na aliança intelectual dos homens, mesmo que estes escolham seguir credos diferentes. Para ele, assim como para Kepler, o Livro da Natureza estava aberto a todos que quisessem encontrar nele o caminho até Deus.

No dia marcado, Kepler lavou-se bem e vestiu sua melhor roupa, um casaco de veludo preto com listras verticais e botões de seda, uma blusa de linho branco com gola de renda enfeitada de detalhes triangulares e um cinto com fivela de prata. Usava também o medalhão de Sebald, com o brasão da família. Ocasionalmente, o medalhão ainda se aquecia por si só: "Sempre que minha mãe pensa em mim", murmurou Kepler, olhando-se no espelho. Imaginou-a em seu laboratório improvisado, feliz da vida, preparando poções exóticas e elixires mágicos, panelas borbulhando, a fumaça espalhando-se, as janelas embaçadas, o cheiro insuportável. Jurou que em breve a visitaria. Será que ela o reconheceria, agora que estava tão diferente, com seu cavanhaque cuidadosamente aparado e os cabelos castanho-escuros penteados para trás? "Quase atraente", disse para sua imagem, "a cara de um príncipe espanhol!" E foi para a sala atiçar o fogo.

Bárbara também caprichara: usava seu vestido bege com brocados florais e os cabelos presos no alto da cabeça. Kepler sorriu ao vê-la entrar na sala, ainda espantado com a recente transformação da mulher. Ela baixou os olhos, encabulada. A seu lado, Regina sem dúvida imaginava-se uma princesinha no vestido de renda branca com listras de seda azul-clara, a mesma seda que revestia seus sapatos e da qual era feito o grande laço que lhe cingia a cintura. Seu rosto parecia incandescente, os olhos também. Ela ia toda hora à janela para ver se a carruagem havia chegado. Não perderia a oportunidade de abrir a porta para o convidado ilustre, de ser a primeira a vê-lo. A neve continuava a cair, mais leve agora, brilhando em tons violeta contra o céu que escurecia.

"Ele chegou, ele chegou!", gritou Regina. "Olha, mãe, que cavalos lindos!" A carruagem, ricamente decorada com detalhes florais pintados em ouro, puxada por dois enormes cavalos negros mais bem tratados do que a maior parte da população da Baviária, estacionou em frente à casa dos Kepler. Um lacaio, de uniforme azul-marinho e chapéu de abas largas que o protegiam da neve, desceu do veículo e abriu a porta com toda a pompa que o chanceler merecia. Herwart von Hohenburg era um homem alto, esguio, com a expressão triste de quem costuma passar longos períodos ponderando as grandes questões metafísicas, as que jamais podem ser respondidas. Tinha o aspecto que a bondade e a sabedoria teriam se assumissem a forma humana. De seus olhos escuros emanava um brilho terno, que inspirava confiança e até reverência. Sua aparência era complementada pela roupa elegante e discreta: um colete de veludo preto sob uma comprida capa da mesma cor, presa nos ombros por broches de ouro. Um colar de prata quase lhe tocava a cintura, de onde pendia um medalhão de ouro com o brasão de sua nobre e antiga família.

Rapidamente, Kepler abriu a porta e desceu os três degraus até a rua. Por alguns instantes, os dois homens entreolharam-se, tímidos, dando vida a uma amizade que existia apenas no papel. Enfim, abraçaram-se como velhos amigos. Kepler, que tinha ensaiado várias vezes o que diria ao distinto convidado, espantou-se com sua informalidade.

"Meu caro Johannes, finalmente nos encontramos!"

"Ah, finalmente! Fico muito feliz por o senhor ter vindo, chanceler", disse Kepler, inclinando-se.

"Eu também, meu caro. Havia muito desejava conhecê-lo, apertar a mão de um jovem tão talentoso. Após tantas cartas, já era mesmo hora."

"É verdade, senhor, é verdade." Kepler sorriu, orgulhoso. "Por favor, vamos entrar, sentar perto do fogo, onde estaremos mais confortáveis. Minha esposa está ansiosa para conhecê-lo." Estendeu o braço em direção à entrada da casa, dando passagem a Herwart. Regina, à porta, não sabia se olhava para o chanceler ou para os cavalos.

"E esta adorável donzela, *Herr* Kepler, quem é?", perguntou Herwart, piscando para o amigo. "Qual o seu nome, formosa senhorita?"

"Sou Regina, senhor, às suas ordens", respondeu a pequena, fazendo reverência e correndo para dentro.

Bárbara, sentada num amplo sofá ao lado da lareira, parecia uma matrona romana à espera da aia. Herwart foi ao seu encontro e curvou-se respeitosamente. Ela baixou os olhos, envergonhada, sem saber o que dizer. O chanceler, que tudo percebia, tomou a iniciativa: "*Frau* Bárbara, fico embevecido pelo fato de a senhora ter aberto as portas de sua belíssima casa para me receber. É uma grande honra estar aqui, finalmente conhecer esta distinta família".

"Caro chanceler", devolveu Bárbara, tentando soar o mais requintada possível, "eu é que fico honrada com sua presença. Raramente recebemos visitas, sobretudo agora, que a maioria dos amigos de meu esposo vive longe. Por favor, vamos até a mesa. Pedirei à criada que nos traga bolo de mel e vinho."

À mesa, discutiram a situação política na Estíria, o clima frio, que ainda duraria dois ou três meses, os temores apocalípticos da população em razão do fim próximo do século, as novas ameaças de invasão dos turcos no sul. Ao terminarem, Herwart ergueu o cálice: "Ao meu caríssimo amigo Johannes, uma das mentes mais brilhantes a dignificar este Império". Kepler baixou os olhos e balançou a cabeça negativamente. "Não, não, não negue essa verdade", disse o chanceler. "Não é minha opinião apenas. Você tem muitos amigos aqui na Estíria. E estamos todos preocupados com sua situação." Tomou um gole de vinho e olhou paternalmente para Kepler. "E isso leva ao motivo de minha visita. Consegui transporte para que você vá a Praga visitar Tycho Brahe. Meu caro amigo, barão Hoffmann, um eminente diplomata da corte imperial, partirá no dia 11 de janeiro e conta com sua companhia."

Kepler teve de se controlar para não ir até Herwart e abraçá-lo. "Claro que irei a Praga com o barão. Não sei como agradecer-lhe, chanceler, por essa chance de encontrar o maior astrônomo de nossos tempos, talvez de todos os tempos. Só espero que ele ainda se lembre de mim..."

"Não se preocupe, Johannes. Sei que Tycho ficará muito feliz em conhecê-lo. Não me surpreenderia se ele acabasse por convidá-lo, e também a sua família, para viver em Praga, agora que a situação dele por lá é mais estável."

O chanceler voltou-se para Bárbara, que olhava para ele, pálida. "*Frau* Bárbara, espero que não fique preocupada com o paradeiro do seu marido. Essa viagem será curta, uma sondagem apenas, para que se façam arranjos futuros." Ela permaneceu imóvel. Herwart entendeu que teria de argumentar mais. "Johannes me diz que a senhora é muito ligada à sua cidade, o que não admira, visto que Graz é mesmo a pérola da Estíria. Porém, compreenda, minha distinta senhora, que não exagero ao dizer que seu marido corre grave perigo nestas terras. Infelizmente, estes são os tempos que vivemos, em que vidas e destinos são determinados pela intolerância religiosa." Bárbara aquiesceu levemente com um gesto de cabeça, sem saber se continuava a agir como uma dama da alta classe ou se explodia em prantos. Resolveu controlar-se, acenando à criada para que recolhesse os pratos. Kepler, por sua vez, mal podia falar, de tão emocionado. Agradeceu muito ao chanceler pela oportunidade e, quando por alguns instantes a esposa lhe deu as costas, por ajudá-lo a explicar a situação a ela.

Herwart não demorou a partir. Kepler passou a noite em claro, andando pela casa como um animal enjaulado prestes a ser solto, já sentindo o cheiro da liberdade. Sua mente fervilhava: insegurança, medo, mais uma mudança e a promessa de uma nova vida. Que seria dele e de sua família? Não devia pensar assim, aquela era uma oportunidade única. Ele, que no passado não tão distante fora apenas um humilde estudante de teologia, iria ao encontro do maior astrônomo da Europa, o único que possuía os dados de que tanto necessitava, que tornariam possível realizar seu sonho, que o ajudariam finalmente a desvendar a estrutura cósmica em todo o seu esplendor. Ninguém havia medido os céus como Tycho. As possibilidades eram infinitas. Pensou também em Maestlin, em sua mágoa por ter sido abandonado pelo querido mentor. Que fosse assim, precisava seguir seu caminho, mesmo que este o levasse para mais longe ainda de Tübingen. Talvez um dia se reencontrassem e então se abraçassem como pai e filho, dispostos a reatar os laços do passado. Agora, tinha uma missão a cumprir.

As duas semanas seguintes foram as mais lentas de sua vida.

PARTE III
Praga

Descrevo, nesses cinquenta e um capítulos, meu caminho solitário, como me choquei com mil muralhas até alcançar meu objetivo. Uma coisa, porém, é certa: existe uma força vinda do Sol que compele os planetas a girar à sua volta.

Johannes Kepler, carta a Longomontanus,
sobre seu livro *Astronomia nova*,
início de 1605

Sempre que reflito sobre a belíssima ordem que observamos no mundo, como cada coisa se origina de outra, sinto-me como se estivesse lendo um texto divino, escrito não com letras mas com objetos, que dissesse: "Homem, amplia tua razão, para que possas compreender".

Johannes Kepler, calendário de 1604

20

Pouco antes do amanhecer do dia 11 de janeiro de 1600, uma carruagem magnífica estacionou em frente à residência da família Kepler, em Stempfergasse. Ignorando o frio, Regina correu até ela. Desde que Herwart anunciara que o padrasto seria levado a Praga pelo barão Hoffmann em pessoa, ela não falava em outra coisa: seria a primeira vez que veria um barão de verdade! Nunca tinha visto carruagem tão bonita, nem mesmo em gravuras. Era enorme, preta, com lugar para seis passageiros, talvez até oito, e decorada com detalhes florais pintados em ouro como a do chanceler. As portas, com janelas de vidro, traziam a insígnia do barão: uma águia travando combate mortal com uma serpente. Seis soldados, montados sobriamente em cavalos brancos, cercavam o veículo. Regina fechou os olhos e pediu aos anjos que a transformassem numa princesa, que a carruagem fosse dela e que ela é que estivesse indo a Praga para casar-se com um belíssimo príncipe.

"Bom dia, jovem donzela", disse uma voz grave e bondosa vinda do interior da carruagem.

Regina abriu os olhos e viu que agora a porta estava entreaberta. "B-b-b-bom dia, senhor. Sou a princesa Regina, às suas ordens", respondeu, sua face mais rosada que a aurora.

"Encantado, Alteza. Sou Johann Friedrich Hoffmann, barão de Grünbüchel e Strechau, um servo seu. É um privilégio conhecê-la." Regina fitou-o, fez uma reverência e ofereceu-lhe a mão, como cabia a uma donzela da corte. O barão riu alto e debruçou-se na janela para beijá-la. Sua cabeça enorme, quase completamente calva, protegida do frio por uma boina de veludo preto bordada a ouro — as cores da carruagem —, mal passava pela abertura.

Kepler apareceu, ofegante, interrompendo a cena. "Regina! Espero que esteja se comportando! Barão, mil perdões", disse, sem graça.

"De modo algum, Johannes, de modo algum. Vê-se que esta formosa donzela vem de nobre estirpe, dado seu comportamento exemplar, bem mais refinado que o de muitas que conheço na corte."

Kepler sorriu, aliviado. "Regina, minha formosa donzela, vá dizer à sua mãe que o barão chegou."

"Sim, papai", respondeu a enteada, e correu de volta para casa.

"Senhor barão, é uma grande honra conhecê-lo", declarou Kepler, cerimonioso.

"A honra é toda minha, caro Johannes. Teremos bastante tempo para conversar nos próximos dias, o que muito me agrada."

"Será um imenso prazer, senhor. Vou pegar minha bagagem."

"Não se preocupe, jovem, meus soldados farão isso." Hoffmann acenou para o jovem oficial que liderava o grupo.

"Ah", pensou Kepler, "que diferença das minhas viagens em cima de uma mula velha. Espero que este seja apenas o começo..."

"Johannes, devemos partir o quanto antes", apressou-o o barão. "A viagem para Praga é muito longa, especialmente nesta época do ano."

"Certamente, senhor. Vou despedir-me de minha esposa e volto já. Como o senhor pode imaginar, ela não está muito feliz com minha partida. Pede desculpas por não vir cumprimentá-lo."

"Perfeitamente compreensível, jovem. Lamento que a situação aqui seja tão difícil para você e sua família."

Bárbara estava sentada numa cadeira, soluçando, com Regina a seus pés, tentando acalmá-la: "Mamãe, não fique assim. Papai volta logo, a senhora vai ver, com muitos presentes de

Praga". Bárbara não respondeu. Via aproximar-se a inevitável mudança, o fim de seus dias em Graz.

"Preciso ir, Bárbara", sussurrou Kepler. "Escreverei sempre que puder, prometo. Devemos chegar a Praga dentro de oito ou dez dias. Seja forte, por favor. Entenda que faço isso por nós dois, pelo futuro de nossa família." Bárbara olhou para o marido e tentou sorrir, dando-lhe a mão. Kepler lembrou-se da primeira vez que a beijara, na igreja; parecia que fazia décadas.

Regina agarrou-se às pernas do padrasto: "Pai, o senhor promete que me manda uma boneca de Praga, promete?".

"Claro, minha menina, prometo. Verei se acho uma daquelas que fazem por lá, com cordões presos aos braços e pernas, marionetes, creio que se chamam. Assim, você poderá distrair sua mãe com uma peça de teatro."

"Boa ideia, papai, eu adoraria uma marionete!"

Bárbara soluçava ainda mais alto. Sem saber o que dizer, Kepler acenou e partiu.

Um soldado abriu a porta da carruagem e convidou-o a entrar. O barão, que sozinho ocupava dois assentos, acolheu-o calorosamente. "Johannes, devo confessar que, quando Herwart mencionou que você precisava de transporte até Praga, fiquei muito entusiasmado. Como sabe, tenho grande interesse pela filosofia natural; considero seu livro e calendários extremamente interessantes. Será um prazer passar os próximos dias discutindo o cosmo e seus mistérios em tão distinta companhia."

Kepler sorriu, encabulado. Sabia que o barão se interessava por seu trabalho, mas não àquele ponto. Um ótimo começo. O barão acenou ao oficial para que partisse. O chicote estalou, e os cavalos dispararam.

"Senhor, o prazer será todo meu", disse Kepler. "Todavia, confesso que me preocupo um pouco com Tycho, com o modo como ele me receberá. Nem sabe que estou indo a Praga!"

"Não se preocupe, Johannes. Conheço Tycho e sei que terá imensa satisfação em tê-lo em seu grupo."

Kepler perguntou-se o que o barão quisera dizer com

"grupo". Desconfiava que Tycho tivesse um ou dois assistentes para ajudá-lo com seus enormes instrumentos astronômicos. Ouvira dizer que ele tinha quadrantes, sextantes e esferas armilares feitos de carvalho e cobre que pesavam toneladas. Um "grupo", no entanto, soava bem maior do que um par de assistentes. Será que haveria concorrência?

"Barão, perdoe minha curiosidade, o senhor sabe se Tycho tem muitos assistentes?"

"Ah, certamente, Johannes. Tycho tem um pequeno exército à sua volta, tal como um príncipe em sua corte. Ele *é* um príncipe em sua corte, um astrônomo entre príncipes e, como você sabe, um príncipe entre astrônomos. Gosta de levar a vida em grande estilo. O filho, Tycho Jr., é um dos que o ajudam, e sei que tem ao menos mais três ajudantes. Seu castelo é um lugar bem movimentado, como você verá em breve." Kepler teve o pressentimento de que as coisas não seriam tão simples quanto gostaria.

O barão continuou: "Você sabe que ele não vive em Praga no momento, não? O imperador Rodolfo II comprou-lhe um castelo nos arredores. Chama-se Benátky e fica a umas seis horas de distância, numa colina sobre o rio Jizera. Ouvi dizer que está sendo reformado para se transformar num observatório astronômico como o que Tycho tinha na Dinamarca, Uraniburgo".

Kepler ouvira histórias sobre Uraniburgo, onde Tycho passara mais de vinte anos mapeando os céus, medindo a posição de planetas e de milhares de estrelas. Concorrência ou não, aquela era a grande chance de sua vida. Tinha de provar a Tycho que era especial, ganhar a confiança dele. Só assim um dia teria acesso aos seus preciosos dados, os números que confirmariam suas ideias para o mundo. "Barão", disse, sorrindo, "o senhor não imagina como fico grato pelo seu apoio. Prometo que farei tudo o que estiver a meu alcance para provar ao senhor e a Tycho que não confiaram em mim e no meu trabalho em vão."

"Não tenho dúvida, jovem", respondeu o barão, apertando paternalmente o braço de Kepler. "Veja, estamos entrando na estrada que leva ao norte", disse, apontando para o caminho coberto de neve, o qual refletia em rosa os primeiros raios de sol. "Vamos rezar para que o tempo nos favoreça."

"Há dias que não faço outra coisa, senhor." Kepler sorriu nervosamente.

Maestlin por fim sentiu o sangue circular nas veias. As pernas pareciam-lhe dois troncos apodrecidos, que mal sustentavam seu peso. Aproximou-se devagar da casa, apoiando-se na bengala.

"Mestre, o senhor não devia passar tanto tempo fora. O vento frio não faz nada bem para suas articulações", ralhou Maria. Maestlin não respondeu. Via ainda o pobre cavalo, morto à beira da estrada, cercado de campos verdes. "Mestre?"

"O que você disse antes, Maria?"

"Ah, senhor, mestre Ludwig está à sua espera. Trouxe seu filho Christian. Que rapaz bonito, um homem, já! O senhor nem vai reconhecê-lo!"

Maestlin levou instintivamente a mão ao bolso interno do manto, para certificar-se de que o livro ainda estava em seu esconderijo. "E o que temos para comer hoje? Você fez alguma coisa especial para o meu neto?"

"Ah, eu assei aquele belíssimo peixe que compramos no mercado, o senhor se lembra?"

"Não me lembro, mas está ótimo."

Ludwig e Christian esperavam à porta. Havia anos que Maestlin não via o neto. Pai e filho eram completamente diferentes. O jovem tinha os olhos escuros da mãe, ternos, sinceros.

"Vovô querido, há quanto tempo!", exclamou Christian, curvando-se, respeitoso.

"Meu Deus, como você cresceu!", disse Maestlin, sorrindo. Ludwig limitou-se a observá-los.

"O senhor sabe que eu estava na Itália, estudando medicina na Universidade de Pádua, não? Aquela onde Copérnico estudou, há mais de cem anos..." Christian fitou o avô com olhos curiosos. "Ainda falam muito dele, dizem que nunca ria." Maestlin sorriu, interessado. "Mas quem é famoso mesmo em Pádua é Galileu Galilei, que era professor de matemática lá até recentemente. Vem causando muita polêmica, proclamando aos quatro ventos que Aristóteles estava errado e Copérnico, certo. Os jesuítas estão furiosos." O avô e o pai arregalaram os olhos. O jovem continuou, animado: "Parece que ele é amigo do papa Urbano VIII e o convenceu a deixá-lo escrever um livro em que apresentaria argumento conclusivo a favor de Copérnico, usando sua teoria das marés. A obra ainda não foi publicada, mas a curiosidade, como o senhor pode imaginar, é grande. Ouvi dizer que os aristotélicos estão bastante nervosos e que a Inquisição está de olho nele...".

"Conheço esse Galileu", disse Maestlin com descaso. "Sem dúvida é um excelente filósofo natural. Como astrônomo, contudo, é medíocre. Nunca mediu as posições planetárias com precisão, limitando-se a descrever as coisas que viu com sua luneta ótica, imperfeições na Lua, quatro estrelas 'novas' na órbita de Júpiter, outras tantas na Via Láctea etc. Tampouco deu crédito às ideias de Kepler, nem depois de ter recebido seu apoio diversas vezes. Não, não aprecio muito a ciência ou o caráter desse italiano."

Christian sorriu para o avô. "Um dia, o senhor precisa me contar mais sobre Kepler. Não foi seu pupilo mais famoso? O que virou matemático imperial de Rodolfo II em Praga?"

Maestlin concordou com um gesto de cabeça, mal escondendo o orgulho. "Já são quase trinta anos..."

"Tenho certeza de que seu avô terá muito prazer em contar-lhe tudo sobre Kepler, não é mesmo, pai?", cortou Ludwig. "Mudando de assunto, estou sentindo o aroma do peixe assado de Maria."

Os três sentaram-se à mesa em silêncio: Maestlin à cabeceira, Ludwig à sua direita e Christian à sua esquerda. Peixe e rabanetes desapareceram em instantes. Maria espiava da porta da cozinha, feliz.

Depois de tomar um demorado gole de vinho, Ludwig levantou-se. "Pai, perdoe-me a pressa, mas tenho de ver meus pacientes. Sem dúvida, o senhor e Christian têm muito que conversar."

"Temos, sim, Ludwig. Obrigado pela visita." Maestlin tentou esconder seu alívio. Assim que o filho partiu, voltou-se para o neto: "Fico contente em tê-lo comigo por mais tempo".

"Eu também, vovô. Ouvi dizer que Maria sempre tem um *Kuchen* escondido em algum canto da cozinha. É verdade?"

Maria, que recolhia os pratos com a eficiência costumeira, corou e desapareceu. Em segundos, uma bandeja com um *Kuchen* recém-assado surgiu sobre a mesa. Christian mergulhou um pedaço do bolo no vinho e engoliu-o. Maestlin sorriu, vendo o neto deliciar-se. Como os devorava na sua juventude... O *Kuchen* tinha algo de maternal, uma espécie de proteção contra os males do mundo. Até esse prazer o tempo havia lhe roubado.

"O senhor não vai comer?", perguntou o neto, com os olhos no último pedaço.

"Não, Christian, pode terminar... E então, o que você quer saber sobre Kepler?"

O jovem olhou para o avô com expressão compenetrada. "Papai me disse que o senhor tem uma espécie de... de obsessão por ele, que passa os dias lendo e relendo suas cartas e livros."

"É verdade." Maestlin suspirou. "Kepler foi um dos grandes astrônomos de todos os tempos, meu aluno mais brilhante." O neto concordou com um gesto de cabeça. "Foi muito além do que lhe ensinei ou do que poderia ensinar-lhe, desvendando os segredos das órbitas planetárias."

"É mesmo? Ele não acreditava que Deus pôs os planetas em movimento quando criou o mundo, dando-lhes o primeiro empurrão?"

"Não diretamente. Um dos seus objetivos era provar que Copérnico estava certo, que os planetas giram de fato em torno do Sol. Além disso, ele acreditava que o poder do Sol e o poder de Deus eram uma coisa só, e que a luz do Sol era a responsável pelos movimentos planetários. Foi aí que começou nossa discordância. Eu insisti que não cabia à astronomia preocupar-se com as causas dos movimentos celestes, apenas com sua descrição. Kepler considerava minha posição absurda, incompleta: movimentos têm de ter causas, teimava, do mesmo modo que uma pedra só sobe na vertical se for atirada para cima. Nunca aceitou a ideia aristotélica de que os planetas são feitos de éter e, portanto, movimentam-se em círculos sem que haja nenhuma força que os empurre pelos céus."

"E o senhor nunca concordou com as ideias dele?"

Maestlin podia ouvir ainda as antigas discussões, a ansiedade remoendo-o. Olhou para o neto por um longo tempo, refletindo sobre como prosseguir. Decidiu revelar-lhe um pouco apenas, ao menos por ora... "A verdade, Christian, é que perdi a única oportunidade que tive de imortalizar meu nome, de me tornar um dos grandes na história do conhecimento", disse, lutando contra as lágrimas e baixando a cabeça lentamente, como se a dor a fizesse pesar.

O jovem fitava o avô, boquiaberto. Via sua frustração, seu espírito alquebrado. Precisava fazer alguma coisa, ajudar a resgatar ao menos um vestígio da dignidade dele. "Tenho uma ideia, vovô. E se eu viesse visitá-lo todos os dias e lesse o diário de Kepler para o senhor? Deixe-me ser seus olhos, seria uma honra." Maestlin encarou-o, desconfiado. "Tal pai, tal filho", pensou. "Prometo não dizer sequer uma palavra a meu pai", continuou Christian, adivinhando-lhe os pensamentos.

Maestlin permaneceu calado por um tempo, ponderando a oferta. Seu instinto dizia que não devia aceitar, que seria um erro, que o livro era apenas dele. Por outro lado, ele se sentia só, cansado de lutar contra seus erros passados. O neto não sabia muito sobre astronomia, mas parecia ser uma pessoa honesta. Via isso nos olhos dele. "Muito bem, Christian, você tem permissão para visitar-me todos os dias, em torno de meio-dia, até que terminemos de ler o diário de Kepler. Quem sabe não decide virar astrônomo como eu?"

Christian sorriu, empolgado. "Prometo ao senhor que valerá a pena!"

"Espero que sim. Aliás, para que perder tempo? O diário está dentro do... Não, eu mesmo vou buscá-lo." Maestlin foi até o quarto. Aquele esconderijo, ele preferia manter secreto.

Os dois sentaram-se diante da lareira. O jovem sentiu um leve tremor no corpo quando abriu o pequeno volume. Pareceu-lhe estranhamente quente: era como se emitisse calor próprio e lhe desse boas-vindas.

25 de janeiro de 1600

Chegamos a Praga após dez longos dias. O barão, sempre extremamente gentil, hospeda-me em sua mansão enquanto arranja um encontro com Tycho. Infelizmente, a peste forçou-o a ausentar-se de Benátky por tempo indeterminado. Um péssimo sinal, a peste logo agora... Mas o barão me assegura que não é coisa séria e que logo ele estará de volta.

Praga é majestosa. Nenhuma cidade se compara a ela. O castelo do imperador, chamado Hradschin, domina a vista do alto de uma colina, cercado de casarões e palácios pertencentes à nobreza local. O barão vive perto da catedral de São Vito, uma enorme estrutura gótica cuja torre pode ser divisada a léguas de distância. Os católicos certamente sabem como celebrar a glória de Deus em seus templos...

Nos primeiros dias, explorei as vizinhanças do castelo, que a população local chama de Hradcany. Uma larga avenida desce até o rio Moldau, de onde uma ponte leva à Cidade Velha. Pretendo visitá-la em breve. Nunca vi tantas pessoas, ricas e pobres, católicos e protestantes, reunidas no mesmo lugar. Vendedores que oferecem de tudo um pouco — comidas, tapetes, joias, objetos vindos de terras próximas ou longínquas — enchem as ruas e vielas estreitas. Odores exóticos escapam de sacos repletos de sementes e iguarias as mais diversas. Mendigos dormem nas calçadas, competindo por espaço com músicos, mágicos e dançarinos. Graz, em comparação, lembra um pequeno vilarejo. As ruas de Praga parecem esconder a solução de antigos mistérios esculpida em suas sombras, cada esquina apresentando infinitas possibilidades, peri-

gosas e promissoras. Esta cidade é uma feiticeira: ela nos seduz com seus encantos até apossar-se de nossas almas. Pulsa com vida, como se o próprio tempo tivesse feito dela sua moradia e ocultado sua essência nas fachadas dos prédios que se debruçam tristes sobre as calçadas.

Christian olhou para o avô, a fim de certificar-se de que podia continuar. "Tenho de visitar Praga quando terminar a guerra", disse, esperançoso.

Maestlin permaneceu calado. Olhava para fora, para a pequena e orgulhosa Tübingen, onde passara quase toda a vida. Sentiu-se limitado, provinciano, tão conservador em suas viagens quanto em sua astronomia. "Que triste ironia dar-me conta de como desprezei as coisas boas da vida, agora, que já estou quase morto, tão fraco que mal posso caminhar sozinho até o rio", pensou. Ergueu os olhos tristes, indicando a Christian que prosseguisse. Ao menos *ele* tinha tempo pela frente, talvez aprendesse algo e não arruinasse sua existência.

31 de janeiro de 1600

Que felicidade! Finalmente recebi notícias de Tycho, que acaba de retornar a Benátky: <u>Venha não como um mero convidado, mas como um caro amigo e colaborador de nossos estudos e observações celestes...</u> "Amigo e colaborador"! Nobre senhor, não tenha dúvida de que em breve estarei a seu lado. Mal posso esperar para mergulhar nos dados que vão confirmar meu arranjo dos céus. Sinto-me como um beduíno que, depois de passar dias atravessando o mais seco dos desertos, avista, enfim, o oásis ao longe.

2 de fevereiro de 1600

Enquanto espero os emissários de Tycho, continuo a explorar Praga. Ontem, cruzei a magnífica ponte Carlos em direção à Cidade Velha. A beleza desta cidade é extasiante, a começar pela praça Central e seu relógio astronômico, uma maravilha mecânica que mostra os movimentos da Lua e dos céus e marca a passagem das horas com o anjo da morte tocando um sino lúgubre, lembrando-nos, a cada badalada, de nosso destino. Se o castelo imperial é a cabeça de Praga, a Cidade Velha é seu coração, e suas vielas e ruas, as veias por onde flui seu sangue. Em frente ao relógio, encontra-se a sinistra igreja de Tyn, na qual repousam os restos mortais de muitos nobres da Boêmia, um colosso gótico cujos pináculos gêmeos parecem desafiar os céus.

Hoje à tarde, na praça, avistei um homenzinho vestido de preto, com um chapéu também preto e um xale de seda branca amarrado à cintura. Uma comprida barba castanha com fios grisalhos em torno da boca cobria seu rosto pálido. Pequenas tranças espiralavam das orelhas, dançando à sua volta enquanto ele caminhava a passos largos na direção norte. Murmurava algo ininteligível, talvez uma prece; uma aura cercava-o. Movido por uma curiosidade incontrolável, decidi segui-lo à distância. Raramente via judeus como aquele em Graz ou em Tübingen, apenas quando pousavam nessas cidades durante suas viagens. Em Praga, contudo, havia muitos deles vivendo na região que chamavam de gueto, de onde quase nunca saíam. Parece que foram postos lá à força, após um decreto papal de 1179. Um tanto absurda tal segregação, sobretudo considerando-se que o ministro das Finanças do imperador é o prefeito do gueto, Mordechai Maisel, supostamente o homem mais rico da cidade. É evidente que Rodolfo II não vê problemas em contrariar as instruções do papa. Bom sinal.

A estranha figura deixou a praça e andou por vielas até chegar a um portão de metal, a única passagem numa muralha alta como três homens: a entrada do gueto. Voltando-se, encarou-me em silêncio e me examinou de cima a baixo. Estava claro que sabia que eu o havia seguido. "Posso ajudá-lo, jovem?", perguntou em alemão. Surpreendi-me de que conhecesse minha nacionalidade. Envergonhado, pedi desculpas e apresentei-me. "Ah, um astrônomo! Excelente, excelente. Talvez um dia o senhor possa nos visitar, conversar com o rabino Gans." Indaguei quem era o rabino Gans. O minúsculo judeu balançou a cabeça, mal acreditando que eu não soubesse de quem se tratava. "O rabino é um grande estudioso, um conhecedor da astronomia, o braço direito do notável rabino Loew, o mais sagrado dos homens." Considerei pretensiosa sua afirmação. Talvez outros homens também fossem tão sagrados, mas respondi que teria imenso prazer em visitar o rabino Gans. Expliquei que partiria em breve para trabalhar com Tycho Brahe e que, portanto, seria melhor visitá-lo o quanto antes. À menção do nome do matemático imperial, o homem sorriu, animado. "Bem, bem, nesse caso é melhor que o senhor me acompanhe imediatamente." Olhei ao redor, sem saber se devia ou não penetrar naquele mundo tão distinto do meu. Meu guia, vendo que eu hesitava, acenou-me para que o acompanhasse, mantendo boa distância entre nós.

Todos os homens se vestiam da mesma forma que ele; já as mulheres usavam vestidos longos e cobriam a cabeça com lenços. Observavam-me, curiosos, e faziam comentários. Uma menina de uns oito anos, com enormes olhos negros, sorriu e acenou para mim. Quando retribui o sorriso, ela veio mostrar-me sua boneca, feita de retalhos. Vendo meu interesse, pôs-se a contar uma longa história com grande entusiasmo, provavelmente as aventuras da boneca. Pena que eu não tenha entendido uma palavra ao menos. Ela falou animadamente até sua mãe gritar de uma janela que se calasse, enquanto sorria para mim, desculpando-se. Curvei-me respeitosamente à senhora e fui atrás de meu impaciente guia, a quem quase perdia de vista.

Ele parou em frente a uma construção singular, uma estrutura gótica com uma única torre. "Essa", disse, "é a sinagoga que chamamos de Alt Nay. Foi construída com as pedras do templo do Rei Salomão. Quando o Messias chegar e o templo for reconstruído em Jerusalém, serão usadas essas mesmas pedras." Bateu três vezes na enorme porta de madeira e, assim que ela foi aberta, adentrou o local. Do lado de fora, ouvi vozes agitadas, bem como passos lentos e pesados subindo degraus. Minha inesperada visita aparentemente causou alvoroço. Tive a impressão de que objetos eram escondidos às pressas, que portas se fechavam. Por fim meu guia reapareceu, acenando-me para que entrasse. Conduziu-me a uma sala iluminada por tochas suspensas em paredes de pedras grandes e amareladas, as pedras de Salomão. Após alguns instantes, passamos por um corredor estreito que nos levou ao salão principal da sinagoga. Senti-me tomado por uma sensação de paz, de união com o divino. Ouvia um murmúrio contínuo, persistente, como se as próprias paredes rezassem, ecoando séculos de devoção, de entrega ao Criador. Duas colunas octogonais sustentavam o salão como dois braços erguidos em prece. Uma estrutura retangular, da altura de um homem, feita das mesmas pedras que o restante do templo e cercada por um elaborado muro de ferro batido com detalhes florais intrincados, ocupava o centro do espaço. No lado oposto, sobre um altar bem simples, uma espécie de armário guardava o que — via-se por uma fresta — parecia ser um rolo de textos sagrados protegido por uma capa de veludo vermelho.

Alguém tossiu levemente. Quando me voltei na direção do som, vi um homem alto e magro, de barba comprida, quase toda branca. Seus olhos brilhavam com uma luz pálida, testemunhas de coisas que poucos homens imaginam possíveis. "Meu nome é David Gans", apresentou-se com voz quase gutural. "O rabino Josué me conta que o senhor é astrônomo. Tenho imenso prazer em conhecê-lo", continuou, inclinando-se. Uma paz profunda irradiava daquele homem, que inspirava confiança de imediato.

Que circunstância extraordinária, pensei. Apenas alguns dias em Praga, e aqui estou, na presença de um dos grandes líderes intelectuais da comunidade judaica, um interessado em astronomia. O rabino levou-me a um escritório, onde me ofereceu um cálice de vinho adocicado e perguntou sobre meu trabalho, em particular sobre Copérnico. Cada vez que eu mencionava meus argumentos justificando a posição central do Sol, seus olhos faiscavam. Após uma hora, o rabino Josué informou a Gans que eu devia partir. "Sinto muito pela interrupção, <u>Herr</u> Kepler, e espero que tenhamos outra oportunidade para continuar essa conversa. Talvez vá visitá-lo, em Benátky..." Respondi que teria enorme prazer em revê-lo, mas que ele devia consultar Tycho sobre uma eventual visi-

ta. Gans sorriu. "Decerto, <u>Herr</u> Kepler. Acho pouco provável que Tycho Brahe não se interesse pela minha visita." Falou e curvou-se. Meu guia bufou e lembrou ao rabino que o Sol estava se pondo. "Que Aquele Que Não Tem Nome ilumine seu caminho com a luz de Sua infinita sabedoria", disse Gans.

O rabino Josué conduziu-me de volta à sala de entrada. No caminho, notei uma escada à minha direita, que levava até a torre. A porta de um quarto no segundo andar estava entreaberta. Lá de dentro surgiu uma figura colossal, maior do que qualquer ser humano que eu já vira, coberta por trapos enlameados. Seus ombros deviam ser ao menos duas vezes mais largos que os meus. Tinha uma corda amarrada à cintura. O rosto... talvez fossem meus olhos ou a luz fraca das velas... Vi apenas traços grosseiros, amorfos. Parecia... sei que isso é absurdo... parecia que a <u>criatura não tinha rosto</u>! E o que eram aquelas inscrições em sua testa? Letras do alfabeto hebreu? Alguém gritou do interior do quarto, e o gigante recuou, desaparecendo da vista. Fiquei parado ao pé da escada, até sentir meu guia me puxar pelo braço e quase me empurrar para fora do templo. Fosse lá o que fosse, aquela estranha aparição não era humana.

Christian olhou assustado para o avô. Maestlin deu de ombros. "Sabe-se lá o que se passa entre as muralhas desses guetos", disse. "Talvez fosse apenas um brutamontes estúpido."

"Não sei, senhor, essa história me parece bem estranha. Espero que Kepler nos conte um pouco mais sobre essa criatura."

"Mas não hoje", disse Maestlin. "Estou muito cansado."

O neto devolveu-lhe o diário. "Volto amanhã, então?"

"Sem dúvida! Pedirei a Maria que prepare mais um *Kuchen* para você."

Ambos ouviram passos. Era Maria que procurava a farinha.

21

Kepler nunca tinha visto uma biblioteca como a do barão. Diariamente, perdia-se em meio a livros de filosofia, teologia, poesia, música... Cada volume era uma preciosidade ricamente encapada em couro preto ou marrom, com o título e o nome do autor gravados em letras douradas. Quando não estava explorando Praga, Kepler ficava horas entre as obras de Cícero, Lucrécio e santo Agostinho, assimilando o máximo que podia. Prateleiras de mogno que iam do chão ao teto, interligadas por passarelas e escadas em espiral, adornavam três das quatro paredes do salão. Janelas enormes enchiam a biblioteca de luz. O teto era decorado com afrescos inspirados na Guerra de Troia. Kepler podia passar o resto da vida ali, lendo e calculando. Especialmente se tivesse os dados de Tycho...

Certo dia, quando lia intrigado a obra do poeta romano Ovídio, *Metamorfoses*, na qual a Terra é uma esfera que gira sobre si mesma, ouviu um dos criados anunciar a chegada de dois senhores de Benátky. "Finalmente!", exclamou, deixando o livro de lado e correndo até seus aposentos para pegar suas coisas. Em menos de dez minutos descia a escadaria de mármore que levava ao salão de entrada. Os homens, cujas roupas revelavam sua origem nobre, cochichavam perto da porta principal. Assim que o viram, deram um sorriso calculado. Kepler sentiu aversão por eles. Ao que parecia, o sentimento era mútuo.

"Ah, *Herr* Kepler", disse o mais baixo, curvando-se ligeiramente, "Tycho Junior, às suas ordens. Este é o assistente principal de meu pai e, em breve, seu genro, Franz Tengnagel.

Viemos buscá-lo para levá-lo a Benátky." Seu alemão, com um pesado sotaque dinamarquês, soava como o arrulho de pombos. Kepler teve de conter o riso.

"Senhores, não sei como agradecer-lhes." Kepler evitou demonstrar sua excitação. "Estou ao seu dispor, pronto para partir. Espero que a estrada se ache em bom estado."

"Não está tão má", respondeu Tengnagel com voz grave. "Devemos chegar a Benátky em seis, provavelmente sete horas", continuou, sem esconder sua irritação.

Os dois cavalos lutaram para subir a colina que levava a Benátky. Kepler avistou a estrutura retangular do castelo ao longe, sua única torre encimada por uma cúpula negra. Jamais um astrônomo havia tido tanto poder, ganhar um castelo do Sagrado Imperador Romano e receber fundos para transformá-lo num observatório. Ouvira dizer que o salário de Tycho era o mais alto da corte, maior até que o de condes e barões.

"Bem-vindo ao manicômio", ironizou Tycho Junior. Kepler olhou para ele, intrigado. "O tumulto é grande, com meu pai reformando o castelo. Imagino que o senhor saiba que os instrumentos dele precisam de muito espaço."

"Sim, claro, já os vi em ilustrações. Que privilégio medir os céus com tal precisão, revelar ao mundo as proporções do cosmo", respondeu Kepler. "Infelizmente, meus olhos não permitem que eu participe da coleta de dados... Tenho de me contentar em calcular as consequências dessas medidas." Tycho Junior e Tengnagel entreolharam-se. Kepler fingiu não perceber. "Onde estão os instrumentos?", perguntou.

"A maioria não chegou ainda", disse Tengnagel. "A demora é fonte de grande frustração para mestre Tycho. Mas transportar instrumentos de tal porte por milhares de quilômetros em estradas enlameadas não é nada fácil. Como o senhor verá em breve", continuou Tengnagel, piscando para Tycho Junior, "paciência não é uma das virtudes do mestre." Kepler sentiu um frio no estômago.

A carruagem passou sob o arco de entrada e estacionou na praça central do castelo, um quadrado perfeito, onde dois lacaios com túnicas de veludo azul-celeste foram recebê-los, abrindo as portas do veículo em perfeita sincronia. O castelo, uma estrutura de três andares, cercava três dos lados da praça, o quarto dando para o vale abaixo. Pintadas de bege claro, as paredes externas eram adornadas com cenas de batalhas e caçadas na cor branca. Kepler notou que a torre alojava o sino de praxe e, também, equilibrados precariamente sobre uma passarela que a circundava, um sextante e um quadrante do tamanho de um homem. Dois criados tentavam alinhá-los na direção do sol poente, preparando-os para observações noturnas, provavelmente de Mercúrio ou de Vênus. Dezenas de pessoas iam e vinham apressadas. Ao menos vinte serviçais corriam de um lado para outro da praça, uns levando madeira para o castelo, outros retirando detritos de seu interior. Crianças e cachorros brincavam em montes de neve acumulada contra as paredes.

Tycho Junior e Tengnagel haviam desaparecido. "Nem se despediram", resmungou Kepler, confuso, sem saber para onde ir. Minutos depois, viu uma figura aproximando-se, um homem alto e magro, alguns anos mais velho do que ele, vestido em veludo preto e com um colarinho branco, no estilo dinamarquês, cujos detalhes hexagonais lembravam uma colmeia. O aspecto austero do cavanhaque grisalho e da testa alta era contrabalançado por um par de olhos num tom pálido de azul que revelavam uma alma generosa soterrada por anos de privações e sofrimento.

"*Herr* Kepler, seja bem-vindo a Benátky. Meu nome é Christian Longomontanus, sou um dos assistentes de mestre Tycho." Kepler sentiu-se aliviado. "Espero que a viagem tenha transcorrido sem incidentes."

"Obrigado, senhor. É uma honra conhecê-lo", disse Kepler, ligeiramente sem graça. "Já tive o prazer de ler alguns de seus trabalhos em parceria com mestre Tycho. Aliás, onde está ele? Estou ansioso para vê-lo."

"Tudo à sua hora, *Herr* Kepler. Antes, devo levá-lo ao seu quarto. O sino anunciará a ceia no salão de banquetes, onde nos reuniremos mais tarde. O senhor terá então a oportunidade de cumprimentar mestre Tycho."

A sós em seu quarto, Kepler foi tomado por uma profunda insegurança. O cômodo era minúsculo e ficava ao lado da cozinha e dos aposentos da criadagem. Sentia o cheiro das carcaças e do sangue de animais abatidos no matadouro, não muito longe dali. Pediria imediatamente novos aposentos! E por que Tycho Junior e Tengnagel o haviam abandonado no meio da praça? Estranhou o fato de eles não terem mencionado astronomia nem uma só vez nas sete horas de viagem. Aliás, mal tinham lhe dirigido a palavra. Longomontanus, ao menos, parecia ser uma pessoa decente. Kepler já sentia uma camaradagem nascer entre eles. Mesmo assim, era difícil evitar a sensação de que o viam como um intruso, uma raposa entre lobos.

Logo após o pôr do sol, Kepler ouviu o sino anunciando a ceia. Por um comprido corredor, iluminado por tochas suspensas nas paredes, chegou a um saguão que ligava diversos corredores a um mais largo. Criados carregavam bandejas abarrotadas de comida e garrafas de vinho, uma fartura que ele não vira nem mesmo na casa do barão Hoffmann, em Praga, ou no castelo do duque de Württemberg. Tomando coragem, atravessou o corredor mais largo e entrou no salão de banquetes. O que viu fez sua cabeça girar.

Primeiro, olhou para o teto, pintado de um azul resplandecente, como o que os italianos usavam no manto da Madona. Estrelas douradas decoravam sua abóbada, sustentada por vigas de madeira dispostas como costelas. Toras ardiam numa lareira alta o suficiente para acomodar um homem em pé. Tapeçarias de Flandres, bordadas com cenas rupestres, adornavam as paredes brancas. Três enormes lustres de ferro batido, cada um com cinquenta velas, oscilavam solenes acima de uma mesa para trinta pessoas. Na cabeceira, uma cadeira de carvalho maciço, mais parecida com um trono, esperava por seu amo. Sobre a mesa, além dos pratos da melhor porcelana de Bruges, dos cálices de cristal da Boêmia, dos talheres de prata, com o brasão da família Brahe gravado, delicadamente arranjados, viam-se travessas de prata repletas de ameixas e romãs vindas da Itália, verdadeiras preciosidades em fevereiro. Músicos tocavam melodias antigas em flautas e alaúdes, enquanto um anão rolava pelo chão diante deles, contorcendo o corpo deformado em posições improváveis. "Um bobo da corte", pensou Kepler, "um astrônomo que tem um bobo da corte. Este podia ser o salão de um rei!"

"Johannes!", gritou Tycho Junior do meio de um grupo. "Venha cá, junte-se a nós", convidou, zombeteiro, cutucando Tengnagel, que, a julgar pelo tom avermelhado de seu nariz, já estava completamente embriagado. "Estamos todos curiosos para ouvir suas primeiras impressões sobre o Novo Uraniburgo, como meu pai gosta de chamar Benátky." Longomontanus, também no grupo, parecia bem mais sóbrio.

"Senhores, obrigado", respondeu Kepler, ajeitando o rufo. "Bem, este lugar é maravilhoso. Nunca vi nada igual. Tanta luz, tanta comida! Esta é uma ocasião especial ou todos os jantares são assim?"

Tycho Junior divertiu-se com a inocência do hóspede. "Ora, *Herr* Kepler, é claro que esta é uma noite especial. Afinal de contas, estamos celebrando sua chegada." Falou, e caiu na gargalhada com Tengnagel.

"Ei, vocês dois, qual o motivo para tanto riso?" Uma jovem de aspecto austero aproximou-se do grupo.

"Elizabeth... p-p-p-perdão", gaguejou Tengnagel, "estávamos perguntando ao nosso hóspede, *Herr* Johannes Kepler, sua opinião sobre Benátky."

"Ah, *Herr* Kepler, seja bem-vindo ao castelo de meu pai. Sou Elizabeth Brahe, noiva desse bêbado tonto", disse a moça, apontando para Tengnagel.

"Muito agradecido, *Frau* Brahe", respondeu Kepler, curvando-se sem graça e perguntando-se por que uma jovem tão séria teria se envolvido com tamanho idiota. Ao ver sua barriga, levemente distendida, entendeu. "Deve tê-la seduzido durante o sono", pensou, irritado.

A música cessou. O anão rolou até a cadeira na cabeceira da mesa e acomodou-se a seu lado, como um cachorro esperando por restos de comida. Dois criados abriram as portas solenemente. Tycho e sua mulher, Kirsten, entraram de braço dado, tal qual rei e rainha. Os olhos de Tycho encontraram-se imediatamente com os de Kepler, que sentiu um calafrio: ali estava o homem que havia mapeado os céus. O grande astrônomo tinha algo de sobre-humano, inspirava medo, submissão. Enquanto os olhos escuros de Kepler brilhavam, ternos, os de Tycho, de um azul metálico, eram frios; enquanto os cabelos castanhos de Kepler lhe cobriam generosamente a cabeça, os de Tycho, curtos, ruivos, mal cobriam a dele. Seus bigodes loiros eram compridos como facas, e o nariz, um amálgama grotesco de ouro com prata, dava-lhe um aspecto monstruoso.

Tycho saudou Kepler com um gesto de cabeça e acenou-lhe para que se aproximasse. Este curvou-se e deu alguns passos em direção à cabeceira da mesa. Sentia o olhar de Tycho Junior e de Tengnagel cravado nas costas. Sorriu timidamente para Tycho, que retribuiu o sorriso, fechando os olhos enquanto ajustava a prótese nasal, a qual devia incomodá-lo muito. Mais à vontade, Kepler observou-o em silêncio. Tycho movia-se com lentidão, cinquenta e três anos divididos entre a obsessão pelos céus e a obsessão pela gastronomia. Um homem orgulhoso, no topo de uma torre que construíra com as próprias mãos, ciente de que sua fundação enfraquecia a cada dia. Nos olhos dele, Kepler viu o medo de a torre tombar.

"*Herr* Kepler, é um enorme prazer recebê-lo em Benátky!", bradou Tycho, num tom de voz de quem está acostumado a dar ordens. "Por favor, junte-se a nós. Vamos iniciar nossa humilde ceia." Kepler sorriu ao ouvir a palavra *humilde*. Como se Tycho soubesse seu significado...

"Senhor, agradeço-lhe do fundo de meu coração. É uma grande honra estar na presença do maior astrônomo que o mundo já conheceu. Com sua permissão, espero que tenhamos a oportunidade de conversar longamente sobre os céus e seus mistérios."

"Sem dúvida, jovem, essa é minha intenção. Temos muito trabalho pela frente. Mas antes precisamos comer bem. Uma mente faminta é como uma espada sem fio, pesada e inútil. Concorda, Jepp, criatura miserável?" Tycho chutou o anão sob sua cadeira e caiu na gargalhada, seguido pela família, pelos assistentes e pelos convidados. O pobre monstrengo escondeu-se debaixo da mesa, gemendo de dor. Kepler notou a expressão indignada de Elizabeth. Eles foram os únicos que não riram.

Kirsten soou uma sineta, dando início a uma procissão de criados com bandejas cheias de comida. Como entrada, sopa de repolho com lascas de carne de veado defumada, seguida de omeletes variados: de cebolinha e cogumelos, e de salsichas e queijo de cabra. Depois, ovas de carpa com trufas e pato em gelatina. Como prato principal, o primeiro, peixe assado com aspargos, e o segundo, rim grelhado com ervilhas. Para finalizar, língua e pernil assados no espeto. Por mais que tentasse, Kepler não conseguia esvaziar o cálice de vinho, que parecia encher-se magicamente, como a cornucópia de Baco. No fim da refeição, bêbado, jurou que, se sobrevivesse àquela noite, tentaria controlar-se nas seguintes. Foi então que veio a sobremesa: maçapães cobertos de açúcar, romãs e um queijo forte de cabra que lhe lembrou o encontro com o jovem Székely durante seu exílio na Hungria.

Kepler sabia que aquele lugar não era para ele. Desdenhava a opulência, o excesso. Mas que alternativa tinha? Em Graz, não podia ficar por muito mais tempo; as portas de Tübingen pareciam ter se fechado definitivamente; Maestlin agia como se não o conhecesse. Pensou em Bárbara e Regina, em Koloman. Pensou na mãe, viu-a em seu cubículo, cercada de panelas e poções. Era como se pertencessem a uma vida passada, uma vida que ele queria desesperadamente de volta.

De qualquer modo, precisava ir em frente, tinha uma missão, uma missão que transcendia as frivolidades dos homens, que era mais forte do que a vaidade, a qual enfeitiça as pessoas, tornando-as incapazes de distinguir o certo do errado. Jurou, em nome da verdade, em nome do seu *Mistério*, que resistiria com todas as forças às tentações que o atormentariam ali. Ah, mas o vinho era tão bom...

"Johannes", chamou Tycho da cabeceira, os efeitos do vinho transparecendo na voz, a testa empapada de suor, "conte-nos alguma coisa sobre suas descobertas mais recentes."

Kepler julgou ver a cabeça de Tycho oscilando, como se estivesse prestes a cair. Tycho acenou aos músicos para que parassem de tocar e jogou um pedaço de maçapão para Jepp. A criatura, engatinhando como um animal, apressou-se em abocanhar a guloseima antes que os cães o fizessem.

"Bem", começou Kepler, lutando para concentrar-se, "inspirado pelos pitagóricos, venho buscando encontrar uma relação entre as velocidades dos planetas em torno do Sol e as notas musicais." Tengnagel e Tycho Junior tentaram conter o riso, que, no entanto, escapou-lhes ruidosamente pelas narinas. Bastou um olhar gelado de Tycho para que os dois silenciassem. Longomontanus fitou Kepler, interessado. Piscando rapidamente, este prosseguiu: "Os gregos descobriram que os sons da lira são aprazíveis apenas quando os comprimentos de suas cordas estão em proporção direta. Por exemplo, quando uma é o dobro da outra, na proporção de 1:2, uma oitava; 3:4, uma quarta, e assim por diante. Sabemos também que a Terra e os planetas giram em torno do Sol com velocidades determinadas". Com o canto do olho, notou o desconforto de Tycho. "Será que essas velocidades também satisfazem uma proporção simples? E se essas proporções forem as mesmas que os gregos chamaram de harmônicas? Nesse caso, poderíamos concluir que as mesmas leis harmônicas regem a música e os movimentos celestes, que a harmonia do mundo é única e eterna."

"Uma hipótese interessante, se os planetas giram de fato em torno do Sol", interveio Longomontanus. "Por favor, continue, Johannes."

"Descobri que a razão da velocidade de Saturno para Júpiter está na proporção de 3:4; de Júpiter para Marte, 1:2; da Terra para Vênus, 5:6, uma terça menor. Ou seja, descobri que os planetas ressoam pelos céus num acorde de dó maior com a segunda invertida. O movimento dos planetas é ditado pela música, a música das esferas, como era chamada pelos pitagóricos."

Longomontanus foi o primeiro a falar. "Johannes, acho pouco provável que haja tanta compatibilidade entre velocidades planetárias e escalas musicais. Afinal, as velocidades planetárias variam em suas órbitas. Que valores você escolheu? Por que não outros? E, também, por que tomou pares de planetas em sequência? Por que não investigar pares distintos, como Mercúrio e Júpiter, ou Terra e Saturno? Perdoe-me, Johannes, mas a construção de sua hipótese parece-me um tanto arbitrária." Olhou vitorioso para Tycho. Kepler sentiu o rufo apertar-lhe o pescoço. Ali estava seu concorrente: Longomontanus não era tolo como os demais.

Quando Kepler se preparava para retrucar, Tycho ergueu a mão. "Johannes, essa sua ideia, como as outras que já conheço, é muito criativa. No entanto, contém asneira e criatividade na mesma proporção, ou seja, numa razão de 1:1." Falou, e caiu na gargalhada. Jepp deu cambalhotas para trás, comemorando o gracejo de seu mestre. Kepler coçou os olhos, como para certificar-se de que aquilo não era um pesadelo. Tycho continuou, agora em tom sério: "Espero que aproveite sua estada aqui para dedicar-se a um problema mais digno de atenção, usando como ponto de partida para a construção de hipóteses dados concretos, não uma fantasia teórica".

"Mas, mestre, é justamente por isso que preciso de seus dados, para poder averiguar a veracidade de *minhas* ideias", protestou Kepler.

Tycho bufou. O novo assistente ainda não havia entendido para quem trabalharia em Benátky. "Ninguém corre antes de saber andar, jovem", disse com frieza. "Deixe de lado esse sonho de entender o cosmo por inteiro. Sugiro que se dedique ao estudo de um único planeta, Marte, cuja órbita é caprichosa, altamente excêntrica. Descubra suas peculiaridades. Nem mesmo meu caro Longomontanus tem tido muito sucesso..." Kepler olhou para Longomontanus, que ficou visivelmente ofendido com o comentário. Tycho prosseguiu: "Amanhã, você receberá parte de meus dados sobre Marte. Mas é só, compreende? Assim, concentrará sua energia num problema concreto".

"Muito bem, senhor", respondeu Kepler com inflexão arrogante, "aceito o desafio. Apresentarei os resultados em uma semana."

Tengnagel riu alto. "Caro Johannes, asseguro-lhe que não será fácil domar o Deus da Guerra. Aposto que não terá êxito."

"Aposta aceita", replicou Kepler. "Uma caixa de vinho italiano."

22

No dia seguinte, Christian chegou à casa do avô antes do meio-dia. Havia dormido mal, um sono atormentado por pesadelos. Sonhara que Kepler era perseguido por uma criatura gigantesca nas vielas do gueto de Praga. Ele também estava lá, escondido entre as ruínas de um prédio, esperando o monstro, decidido a desvendar sua identidade. Seu coração disparou quando ele ouviu os passos pesados se aproximando. No momento exato, saltou à frente do gigante... e o que viu fez seu sangue gelar: a criatura era Maestlin, tinha o seu rosto, esculpido na lama fétida das margens do rio Moldau.

Suspirou aliviado ao ver o avô abrir a porta. Mas achou melhor não lhe contar seu sonho.

"Ora, ora, você parece estar com pressa hoje, hein?", disse Maestlin, apoiando-se no braço do neto.

"É verdade, vovô. Mas, para começarmos, preciso comer um pedaço do maravilhoso *Kuchen* de Maria."

Em segundos, uma bandeja com um *Kuchen* materializou-se sobre a mesa como por encanto. Duas cadeiras esperavam diante da lareira, exatamente na mesma posição do dia anterior. Maestlin, também com pressa, entregou o diário ao neto.

19 de março de 1600

Um mês já se passou desde que cheguei a Benátky. E, a cada dia, minha alma fica mais pesada. Desdenho os banquetes e os excessos daqui, tentações pecaminosas que me distraem de minha missão. O vinho enfraquece-me a mente, tornando-me lento de raciocínio e agressivo. Temo ter feito apenas inimigos. Tycho finge não me ouvir, e continuo no mesmo quarto miserável, apesar dos protestos. Seu filho e Tengnagel, aquele idiota pretensioso, tornam quase insuportável meu dia a dia. Longomontanus é um pouco mais agradável, mas é óbvio que se ressente de minha presença — considera-me um intruso — e vem se afastando. Acho que planeja retornar à Dinamarca em breve.

 A única boa notícia é que venho progredindo nos cálculos sobre a órbita de Marte, embora tenha perdido a aposta que fiz com Tengnagel (mas não lhe dei uma garrafa sequer!). Descobri que os dados de Tycho fazem muito mais sentido quando o centro da órbita é o Sol, não a Terra. Exatamente o que eu esperava: o Sol como centro de todas as órbitas, a fonte dos movimentos planetários. Para confirmar minha hipótese, demonstrei que a órbita da Terra também se comporta desse modo. Tal como Marte, nosso planeta move-se mais rápido quando mais próximo do Sol. Suspeito que exista uma relação matemática entre a velocidade orbital de um planeta e sua distância do Sol... Tycho tem razão: talvez seja mesmo melhor concentrar-me na órbita de um planeta apenas. Na verdade, minha cobiça pode me cegar.

26 de março de 1600

 Tycho continua a ignorar-me. Nunca tem tempo para conversarmos, especialmente depois que soube de meu progresso com Marte. Teme que seus dados acabem provando que seu sistema geocêntrico está errado, como sei que está. Por outro lado, insiste que eu seja fiel aos seus dados. <u>Estou</u> sendo fiel aos seus dados, senhor, e o que eles me dizem, cada dia com mais clareza, é que o Sol é o centro das órbitas de Marte e da Terra. Se pudesse pôr as mãos nos dados dos outros planetas, tenho certeza de que provaria que também giram em torno do Sol. Infelizmente, isso me parece impossível no momento, já que Tycho os protege mais do que Jobst Müller protegia Bárbara. O trágico é que sei o quanto ele precisa de minha ajuda (e eu da sua!). Vejo isso nos olhos dele, um lampejo somente, uma luz incerta por trás de sua postura intimidadora. Como *na fábula do leão ferido, paralisado por um espinho na pata, e do camundongo insignificante que o socorre, Tycho necessita de um arquiteto que dê vida ao seu trabalho, e sabe que sou o único capaz de fazê-lo, ainda que possa causar o colapso de sua visão do mundo. Preciso dele, respeito-o pelo grande astrônomo que é, mas meu compromisso é apenas com Deus e Sua verdade. Só espero que o leão, movido pelo orgulho, não devore o camundongo antes mesmo de se recuperar. Ou depois.*

Maestlin olhava pela janela, distraído. Christian pigarreou, tentando chamar sua atenção. "Por que Tycho se recusou a dar seus dados para Kepler? Do que tinha tanto medo?"

"Não condene precipitadamente os atos de Tycho, Christian. Ele sentia o peso da idade, sabia que não viveria por muito mais tempo. Como poderia entregar o trabalho de toda a sua vida nas mãos de um estranho, um jovem pretensioso que se julgava capaz de desvendar um dos grandes mistérios da astronomia em uma semana?" O jovem fitava constrangido os olhos atormentados do avô. "Além do mais, ele não confiava em Kepler."

"Por que não? Kepler fez algo de errado?"

"Kepler havia escrito uma carta apoiando as ideias de Ursus, o grande rival de Tycho."

"O senhor se refere a Ursus, o matemático imperial?"

"O próprio, aquele salafrário. Como Tycho podia entregar seu maior tesouro a Kepler depois disso? E para quê? Para que alguém com metade da idade dele revelasse seus erros ao mundo? Para ser desmoralizado por suas ideias antiquadas? Ele, o príncipe dos astrônomos? Não, você não deve condenar os atos de Tycho. Às vezes, é melhor morrer negando o fracasso do que aceitá-lo. Garanto-lhe que é uma opção bem menos dolorosa... Tycho demonstrou coragem ao convidar Kepler para ir a Benátky. Uma coragem que nunca tive." Maestlin baixou a cabeça. Christian viu em seus olhos o sofrimento que carregava havia trinta anos. Sentiu imensa pena do avô, de Tycho, daqueles que, no fim da vida, olham para seu passado, seus erros, e sabem ser tarde demais para repará-los, derrotados pelo tempo, que derrota a todos.

Maestlin pediu-lhe que prosseguisse a leitura.

4 de abril de 1600

Não posso continuar assim, sendo ignorado por Tycho, sendo tratado como um mero aprendiz! Ele incumbiu Longomontanus de ser meu mentor, mesmo sabendo muito bem que sou mais competente. E o meu futuro? Quanto tempo terei de ficar aqui como hóspede, sem salário, sem perspectiva nenhuma, sem minha família? Essa incerteza corrói minhas entranhas, deixa-me nervoso. Toda noite brigo com alguém durante a ceia, ou para defender-me dos ataques injustos de Tycho Junior e Tengnagel, ou para provocar a ambos. E o pior é que Tycho parece divertir-se com isso, limitando-se a sorrir perversamente da cabeceira da mesa, enquanto seus cães de estimação se devoram. O tirano alimenta-se da miséria dos outros!

Hoje, solicitei ao bom dr. Jesensky que me represente nas negociações com Tycho. Se até o imperador confia nele, espero que possa me ajudar a resolver minha situação. Entreguei-lhe uma lista de pedidos endereçados a Tycho. É bom que meu plano funcione!

Kepler e Jesensky encontraram-se na antessala da biblioteca de Tycho. Alguns minutos depois, um lacaio anunciou que o astrônomo estava pronto para recebê-los. Kepler balançou negativamente a cabeça. "Julga-se o próprio imperador", murmurou. Jesensky fitou-o, apreensivo.

"*Herr* Jesensky, *Herr* Kepler, por favor, entrem. Sentem-se aqui, perto do fogo", disse Tycho, vestido como se fosse a uma audiência com o imperador, o peito coberto de medalhas. Até seu nariz parecia brilhar com mais intensidade.

"Nobre senhor", começou Jesensky com voz insegura, "*Herr* Kepler gostaria de saber se teve oportunidade de ler sua lista de pedidos."

Kepler tentou esconder o nervosismo, evitando os olhos

de Tycho. Este, por sua vez, parecia muito calmo. "Sim, li a lista, e creio estar de acordo com *quase* tudo", respondeu.

"O senhor poderia, talvez, dizer primeiramente com o que concordou?", sugeriu Jesensky.

"Sem dúvida. Entendo que *Herr* Kepler queira morar em sua própria residência, com a família. Não vejo problema nisso, contanto que a casa se localize nas proximidades de Benátky. Não sei, exatamente, por que ele precisa ter liberdade de ir a Praga quando bem entender, mas atenderei também a esse pedido. Ademais, em razão de sua visão reduzida, não participará de nossas observações astronômicas, reservando seu talento para os cálculos necessários, como já vem fazendo." Tycho interrompeu-se, fitando Kepler com firmeza. "Em troca, *Herr* Kepler deve jurar que não revelará, em nenhuma circunstância, o que se discute neste castelo. Além disso, exijo que ele redija um documento esclarecendo sua posição sobre minha disputa com aquele desgraçado do Ursus."

Kepler estourou: "O senhor obviamente não confia em mim. Pior, acusa-me de ser um espião!".

"Jovem, até o momento não tenho nenhuma prova em contrário", replicou friamente Tycho, e, embora Jesensky ameaçasse dizer algo, continuou: "Tampouco posso garantir-lhe um salário no momento. Infelizmente, a generosidade do imperador não se estende ao seu tesoureiro. Eu mesmo não recebo há meses".

"Quê?", berrou Kepler. "O senhor quer que eu fique aqui, longe de minha família, trabalhando como um escravo com seus assistentes incompetentes? Considera-me um tolo?"

"Sua remuneração, o senhor recebe em moradia, sustento e aprendizado. Gostaria também de lembrar-lhe que ninguém que está sob minha supervisão é incompetente. Sua ingratidão e seu desrespeito são injustos e desnecessários." Jesensky olhou surpreso para Tycho, que normalmente já teria chutado o insolente para fora da sala.

"O senhor chama de 'moradia' o buraco fedorento onde durmo? Recuso-me a ser humilhado desse jeito. E que 'aprendizado' é esse? Aprendi muito mais com mestre Maestlin do que com o senhor ou com qualquer outro neste castelo. Na verdade, julgo minha estada aqui uma grande perda de tempo! Vou-me embora amanhã de manhã. Deixo-lhe com seus assistentes competentes." Kepler levantou-se e se dirigiu à porta, ignorando os apelos de Jesensky.

"Sua insolência, *Herr* Kepler, será o seu fim", gritou Tycho.

"Será um alívio tê-lo longe daqui."

Kepler bateu a porta do quarto com violência. Fizera de tudo para evitar aquele conflito, mas sua paciência tinha limite. Sentia-se culpado, com a consciência pesada. A raiva, porém, consumia-o. Seu corpo inteiro tremia. Precisava acalmar-se, pensar no que fazer. Foi até a cômoda, onde ficava a pequena bacia com água, e lavou o rosto. Olhou-se no espelho e se perguntou como podia ter se transformado em tão pouco tempo naquele monstro intransigente, egoísta. Estava confuso, desejava que Maestlin estivesse por perto, que o aconselhasse e tranquilizasse. A quem recorreria agora? "Feliz é a criança que chora sabendo que os pais estão próximos para ouvi-la", lamentou-se, as lágrimas escorrendo.

Decidiu caminhar, clarear os pensamentos. Atravessou rapidamente a área central do castelo em direção à trilha que descia para o vale. Era primavera, o campo inteiro cobria-se de flores selvagens — amarelas, cor de laranja, vermelhas. Havia quanto tempo não prestava atenção nas criações da Natureza, prisioneiro da obsessão por Marte e sua órbita. Olhou em torno: tudo parecia estar no lugar, como se uma mão mágica houvesse arranjado o mundo da forma mais harmoniosa possível. O sol surgiu repentinamente de trás de uma nuvem, enchendo de luz o vale. Pela primeira vez em um mês, Kepler sentiu-se em paz. Teve a impressão de que os pássaros gorjeavam em coro para lembrá-lo do que realmente importava: o *Mistério cosmográfico*, decifrar o plano divino da Criação, sua missão sagrada. Sabia que estava mais próximo que nunca de cumpri-la, agora que os dados de Tycho tinham confirmado que o Sol era o centro da órbita de Marte e da Terra. Mas... como continuaria seu trabalho? Sem os dados de Tycho, só o que podia fazer era especular. E sabia muito bem que, em filosofia natural, especulações somente são aceitas se forem comprovadas.

Kepler deteve-se, pensando na estupidez de seus atos. Cuspira no único que o acolhera, um dos maiores astrônomos de todos os tempos, talvez o maior. Havia enlouquecido? Preferia voltar de mãos vazias para Graz, dedicar a vida a tarefas medíocres, produzir calendários e mapas astrológicos para a nobreza da Estíria? Não, não e não! Não fora para isso que tinha vindo ao mundo! Não morreria frustrado. Precisava encontrar uma saída, um gesto de reconciliação. Mas como? Tycho não perdoaria aquela afronta. O homem perdera o nariz num duelo!

Viu uma nuvem de poeira ao longe, uma carruagem na estrada que vinha de Praga. Sentou-se na relva, esperou que ela se aproximasse. Era a carruagem do barão Hoffmann, a mesma que o trouxera de Graz. "Obrigado, Senhor!", berrou para os céus. O barão era o único que podia ajudá-lo naquele momento.

"Caro Johannes, que alegria revê-lo! E antes de chegar ao castelo! Que coincidência!" Kepler entrou no veículo e tentou sorrir. "Mas você está pálido... Que houve? Está doente?"

"Barão", balbuciou Kepler, "o senhor *precisa* me ajudar. Estou em apuros."

O sorriso do barão desvaneceu-se. "Conte-me o que aconteceu."

Escondido em seu quarto, já que não podia correr o risco de encontrar-se com Tycho nem com seus assistentes, Kepler aguardou ansiosamente notícias do barão. No quinto dia, viu pela janela a carruagem de Hoffmann partir bem cedo. O barão retornou no dia seguinte, acompanhado de Tycho; eles haviam feito uma breve viagem, provavelmente até Praga. Kepler mal podia conter a curiosidade, mas Hoffmann ordenara-lhe que só aparecesse quando a situação estivesse resolvida. No fim da tarde, um lacaio foi buscá-lo no quarto e o levou à biblioteca. Dessa vez, o mediador seria o barão.

Como na outra ocasião, Tycho usava suas roupas da corte. Hoffmann, sentado ao lado dele, olhava distraído para a lareira. Kepler entrou de cabeça baixa. O barão quebrou o silêncio: "Johannes, *Herr* Tycho, demonstrando sua generosidade, aceita receber carta sua desculpando-se da conduta lastimável, contanto que de hoje em diante se comporte como um pupilo obediente. Prontifica-se a fazê-lo?".

"Sem dúvida, meu senhor", respondeu Kepler com voz trêmula.

Tycho permanecia impassível. Os dois entreolharam-se, e Kepler pôde ver, ainda que por um breve instante, a mesma insegurança que já percebera, a rachadura nas paredes da fortaleza.

"Em troca de seus serviços e lealdade", continuou o barão em tom obsequioso, "*Herr* Tycho conseguiu com o imperador um emprego temporário para você." Hoffmann sorriu pela primeira vez. "Tenho o prazer de anunciar que o imperador consentiu em dar-lhe apoio financeiro por um período de dois anos, contanto que trabalhe sob a supervisão de *Herr* Tycho. Entretanto, ele insiste que você mantenha seu posto de matemático oficial da Estíria e adicionará cem coroas ao seu salário anual. Esperamos que esse arranjo seja satisfatório."

"Meu senhor, estou profundamente grato a mestre Tycho por sua bondade", disse Kepler. "E, claro, também ao senhor e ao imperador. Minha carta deixará claro meu arrependimento. Prometo provar que sou um trabalhador dedicado e leal. Mas algo me preocupa: por que o arquiduque Ferdinando e as autoridades da Estíria concordariam com tal arranjo?"

"O próprio imperador reivindicará sua licença com vencimentos. Julgamos pouco provável que o arquiduque ou as autoridades da Estíria se oponham ao desejo de Sua Alteza." Hoffmann falou com a confiança de quem conhece a extensão de seu poder e influência.

Kepler inclinou-se e suspirou. Sua situação estava resolvida.

Enfim, Tycho manifestou-se: "Johannes", disse, "espero ter o prazer de sua companhia hoje no jantar. Receberemos um convidado especial, alguém que gostaria muito de encontrá-lo".

"Terei imensa honra, nobre senhor." Kepler sorriu. Os olhos de Tycho pareceram-lhe aliviados.

Quando o sino anunciou a ceia, Kepler já havia escrito a carta. Ao chegar ao salão, notou a ausência de Longomontanus e perguntou por ele. "O traidor decidiu deixar-nos", respondeu Tengnagel. Kepler sentiu-se culpado. "Será que ele se ofendeu quando ouviu que eu é que seria pago diretamente pelo imperador?", indagou-se. Percebeu que vencera uma batalha tática: com a partida de Longomontanus, seria o assistente principal de Tycho, já que Tycho Junior e Tengnagel se interessavam mais por cartas e vinho do que por astronomia. Entendeu o motivo do alívio nos olhos de Tycho. Era hora de voltar a Graz para buscar Bárbara e Regina.

As portas do salão foram abertas por dois lacaios. Tycho entrou, acompanhado do rabino Gans e de seu nervoso assistente. Kepler curvou-se diante deles, sorrindo. Os judeus saudaram-no com uma leve inclinação de cabeça. Kepler jurou que beberia pouco.

Terminada a ceia, os quatro dirigiram-se a uma saleta, onde sentaram em círculo. Tycho foi o primeiro a falar. "Caro rabino Gans, como já lhe disse, tenho imenso prazer em recebê-lo em Benátky. Sou um grande admirador da obra intelectual judaica e de seu líder, o rabino Loew." Gans inclinou a cabeça, agradecendo. Para ele, ninguém era mais sábio do que o Grande Rabino Loew de Praga, o Maharal, seu mestre adorado, para quem os portões celestes estavam perpetuamente abertos.

Gans fitou Tycho e Kepler por alguns momentos, procurando as palavras adequadas. "Há uma antiga controvérsia entre os sábios de meu povo sobre a interpretação dos movimentos celestes", disse com sua voz gutural. "No Talmude, os comentários das leis sagradas do Eterno, está escrito que os sábios de Israel aceitaram os ensinamentos dos sábios de Alexandria de que as estrelas são carregadas pelas revoluções das esferas celestes. No entanto, a doutrina original judaica afirma o contrário, que são as estrelas que se movem, enquanto as esferas celestes permanecem fixas." Kepler sorriu para Tycho, e ia falar, mas o pequeno rabino ergueu a mão: Gans não terminara. "Mesmo que o Grande Rabino considere a controvérsia indigna da astronomia judaica, continuo preocupado com a questão e gostaria de ouvir a opinião dos senhores."

"Explique-me uma coisa, rabino Gans", arriscou Kepler, "o que o senhor quer dizer com 'astronomia judaica'? Certamente, todos os homens podem observar os céus e contemplar sua beleza, não?"

"Certamente, *Herr* Kepler", respondeu Gans. "Todavia, o Grande Rabino não crê que o pensamento judaico deva envolver-se com as causas materiais das coisas, o que costuma chamar de conhecimento horizontal. Aceita o entusiasmo e a proficiência com que sábios não judeus se dedicam a essas questões, mas pensa que a astronomia judaica deve concentrar-se na busca da essência oculta de todas as coisas. Seria uma meta-astronomia, digamos, sem considerações sobre as relações materiais e causais do mundo sensorial. Sua astronomia é uma investigação do espírito humano, e sua relação com o Eterno, uma indagação metafísica da primeira causa, a verdade absoluta, que transcende nossa realidade imediata."

Kepler notou um leve tremor na voz de Gans, quem sabe um conflito entre sua lealdade ao Grande Rabino e sua simpatia pela astronomia convencional. Sem perder tempo, disse: "Não foi o grande sábio judeu Moisés Maimônides que afirmou que a razão deve ser usada para desvendar os mistérios do mundo natural? Que os textos sagrados não devem ser vistos como tratados científicos, pois esse nunca foi seu papel? Que, para compreendermos a natureza de Deus, precisamos estudar os céus, como parte do poema da Criação?". Gans concordou, inclinando levemente a cabeça. "Nesse caso", continuou Kepler com entusiasmo, "podemos concluir que existe apenas *uma* astronomia, a que busca aproximar-se da mente divina pelo estudo dos céus. Só assim o homem em sua insignificância pode ascender à essência do Divino, banhar-se em Sua glória." Gans fitou-o com admiração, talvez inveja. O jovem astrônomo tinha resolvido a tensão entre seu livre-arbítrio e seu amor pelo Criador. Usava a *razão* como instrumento de devoção e liberdade...

"*Herr* Kepler mais uma vez demonstra a profundidade de seu conhecimento e erudição. No entanto, podemos também argumentar, como imagino que faria o Maharal, que a natureza transcendental Daquele Que Não Tem Nome jamais poderia ser compreendida por meio do conhecimento material das coisas e de suas causas. Somente na Cabala podemos encontrar a chave para o mistério do Eterno."

"Mas Deus *é* a Natureza", replicou Kepler, impaciente. Gans apenas inclinou a cabeça.

Tycho, que não estava habituado a ser um mero observador, interrompeu: "Voltando à sua pergunta inicial, rabino Gans, imagino que os sábios judeus, ao optar pela interpretação dos alexandrinos, adotaram as ideias de Ptolomeu". Gans confirmou. "Nesse caso", prosseguiu Tycho, "tenho novidades. A doutrina antiga de seus predecessores estava correta desde o começo! Eu provei, usando inúmeras observações extremamente precisas de movimentos de cometas e outros fenômenos celestes, que não existem esferas cristalinas. As estrelas viajam pelos céus sem nenhum suporte. Caso contrário, um cometa, ao viajar além da Lua, colidiria com várias esferas em seu trajeto através do cosmo. E, como sabemos, isso ainda não ocorreu. Estilhaços de cristal nunca choveram dos céus..." Tycho sorriu, obviamente orgulhoso de sua argumentação. Gans retribuiu o sorriso com inesperada intensidade. "Decerto, sua consciência está bem mais leve", pensou Kepler.

"Mas, agora, basta de conversa!", exclamou Tycho. "A noite está clara, esperando pelos nossos olhos. Vamos medir a posição de algumas estrelas para o meu globo celeste. Afinal, sem medidas precisas, a astronomia não passa de mera especulação."

"Maimônides, a paz esteja com ele, certamente concordaria", disse Gans. Mas Kepler sabia que ele tinha querido dizer: "*Eu* certamente concordo".

23

"Johannes", disse Tycho, "gostaria de apresentar-lhe meu jovem primo Frederick Rosenkrantz. Ele vai para Viena dentro de dois dias e gentilmente se ofereceu para levá-lo até Graz."

Um jovem alto, de compleição forte, dirigiu um sorriso indiferente a Kepler. Seus longos cabelos loiros e olhos de um intenso azul-celeste contrastavam com as grossas sobrancelhas pretas, dando-lhe o aspecto de um deus nórdico prestes a conquistar um campo de batalha ou, à falta de guerra, um corpo de mulher. "Minha viagem a Graz será bem diferente da minha vinda para cá", pensou Kepler, retribuindo-lhe o sorriso.

E assim foi. Rosenkrantz parava em toda taverna ao longo da estrada para saciar sua interminável sede de vinho e de mulheres. Era também um contador de histórias, o que ajudou a viagem a passar rápido. Durante um jantar que satisfaria a cinco homens, contou a Kepler que ia a Viena para participar da luta contra os turcos, não por heroísmo, mas como punição por ter engravidado uma aia em seu país. "Imagine", disse ele, enquanto despedaçava com as mãos um coelho assado, "queriam tirar meu título de nobreza e cortar dois de meus dedos por esse delito insignificante. Ah, se soubessem quantas mulheres já carregaram meus bebês..." Kepler ouvia a tudo sorrindo, espantado com o contraste entre eles. Após algumas taças de vinho, porém, as diferenças começaram a desaparecer. Agora era ele quem contava histórias de sua época de estudante em Tübingen, das brigas e bebedeiras, das peças teatrais, se bem que julgou prudente omitir o fato de que sempre representava papéis femininos. Rosenkrantz ria às gargalhadas da inocência do interlocutor. "Ah, o teatro! Isso me lembra uma viagem que fiz à Inglaterra com meu primo Gyldenstierne. Fomos ver uma peça escrita por um jovem extremamente orgulhoso de seu trabalho, William não sei do quê. Bem, no meio de uma fala longuíssima de um rei inglês, caí na risada, e só parei quando o elenco inteiro veio me esmurrar. Acabaram chutando-nos para fora do teatro. Jurei a meu primo que jamais assistiria a outra peça. É, para mim o teatro morreu." Kepler balançou a cabeça, aliviado por não ter de passar mais que dez dias na companhia do dinamarquês. Mas, ao mesmo tempo, sentiu pena daquele jovem tão embriagado pela vida, que provavelmente encontraria a morte na ponta de uma lança turca.

A carruagem deixou Kepler em frente à sua casa, na Stempfergasse. Era um belo dia de primavera, quente e seco. Cinco meses haviam se passado. Ele não sabia o que esperar, já que cartas nunca contam tudo. Tinha escrito dizendo que chegaria em breve, mas não especificara o dia. Ao abrir a porta, viu a esposa e a enteada sentadas à mesa, tricotando.

"Papai! Você chegou!", exclamou Regina, atirando-se nos braços do padrasto.

Kepler deu-se conta de quanto havia sentido falta da energia dela. Em todo aquele período, a única pessoa que abraçara, ou melhor, que o abraçara, tinha sido o barão Hoffmann.

Bárbara levantou-se devagar, corando levemente e juntando-se a Regina no abraço. "Johannes! Estávamos contando os dias."

Kepler surpreendeu-se com seu tom de voz. "Talvez os meses de distância tenham feito bem a ela", pensou. E disse: "Eu também, querida, eu também. Tantas coisas aconteceram nessa viagem…".

Bárbara soltou-se dos braços do marido e examinou-o. "E o que me diz dessas olheiras e desse nariz vermelho, senhor astrônomo? Andou bebendo mais do que devia?"

Kepler baixou os olhos, envergonhado. "Bem, eu… Esse sujeito que me trouxe, Rosenkrantz, um dos primos de Tycho, bebia como se cada noite fosse a última de sua vida. E vivia enchendo meu copo, dizendo que não gostava de beber sozinho. Era difícil para mim controlar-me."

"É mesmo? E o que mais esse mau elemento dinamarquês o forçou a fazer?" O desdém de Bárbara pelos dinamarqueses já era evidente, embora ela não conhecesse um dinamarquês que fosse.

"Nada, sério. Só nos divertimos muito, contando histórias do passado um para o outro..."

"Bem, você precisa descansar. Mas vamos comer alguma coisa antes."

Kepler foi ao escritório para lá deixar os livros e cálculos. Notou, satisfeito, que tudo estava no lugar. A mulher não ousava tocar no seu "santuário", como ela dizia.

Assim que sentaram à mesa, Bárbara pediu: "Fale um pouco do castelo, Johannes, da comida, de Tycho Brahe".

Kepler atendeu-a, descrevendo a atmosfera de Benátky; o movimento constante da criadagem, dos construtores, dos hóspedes; os banquetes, em que se consumia diariamente uma quantidade absurda de vinho e de comida; Tycho e seu nariz metálico, que assustou Regina; as discussões com Tycho Junior e com Tengnagel; o anão Jepp e o rabino Gans; a partida misteriosa de Longomontanus; a intervenção salvadora do barão Hoffmann.

Bárbara ouviu a tudo em silêncio, com expressão de desdém. "Um anão? Ele tem um anão de estimação?"

"Sim, querida, e trata a pobre criatura como se fosse um animal, até pior."

Regina debruçou-se na mesa, ansiosa. "Papai, quando nós vamos nos mudar para lá? Quando?"

Kepler sorriu. "Tenho de conversar com sua mãe, mas é bem possível que... Finalmente recebi uma oferta oficial para tornar-me assistente de Tycho, com salário pago pelo próprio imperador", disse com orgulho.

A mulher encarou-o, atônita. "Como assim?"

"Bem, se o governo da Estíria continuar a pagar meu salário, o imperador vai complementá-lo por dois anos, para que eu possa prosseguir no trabalho com Tycho."

"*Dois anos?* E nós? Vai nos abandonar como se fôssemos trapos?", indagou Bárbara.

"De jeito nenhum, querida... Meu plano é passar períodos curtos por lá, não mais que alguns meses. A menos, claro, que vocês venham comigo. É o que eu preferiria, tê-las a meu lado."

"Nós vamos, sim, papai!", gritou Regina.

"Prefiro *morrer* a mudar-me para esse lugar cheio de dinamarqueses pomposos!", desabafou Bárbara.

"Mas não precisamos morar no castelo", replicou Kepler. "Moraríamos nas proximidades, em nossa própria casa. A região é muito bonita, você verá. E Praga é simplesmente majestosa, repleta de gente elegante, de diplomatas e dignitários de todas as partes da Europa." Percebeu uma ponta de curiosidade no olhar da mulher. Contudo, sabia que convencê-la de que poderia sobreviver fora de Graz seria mais difícil do que desvendar os mistérios da órbita de Marte.

No dia seguinte, enviou uma carta às autoridades da Estíria explicando a proposta do imperador. Enviou, igualmente, uma carta a Herwart, pedindo sua opinião sobre um plano que, caso funcionasse, significava que ele poderia continuar em Graz ainda por um bom tempo, talvez indefinidamente; qualquer coisa seria melhor do que lidar com a ira de Bárbara. Colaboraria com Tycho à distância, por meio de cartas, e faria breves visitas a ele. Sugeriria ao arquiduque Ferdinando que o contratasse como seu matemático, do mesmo modo como o imperador havia contratado Tycho. Imaginou que diferenças religiosas não seriam um problema muito maior na Áustria, ao menos naquele caso. Afinal, se o Sagrado Imperador Romano tinha um astrônomo luterano, por que o arquiduque também não podia ter um? Animado com a possibilidade, redigiu um documento para aguçar a curiosidade do arquiduque antes mesmo de receber uma resposta de Herwart. Nele descrevia sua nova teoria da órbita lunar — a de que existe na Terra uma força responsável pelo movimento da Lua — e seu novo método para a observação de eclipses solares, que gostaria de demonstrar na praça central de Graz no dia 10 de julho. Ficaria lisonjeado, claro, se o arquiduque pudesse honrá-lo com sua presença na ocasião.

Naquela mesma noite, encontrou-se com Koloman numa taverna próxima à sua casa. Os dois abraçaram-se efusivamente. "Koloman, meu caro, não tem ideia de como senti sua falta. Havia dias em que a saudade era tanta que eu podia jurar ter ouvido sua voz ecoando no quarto."

"Tudo é possível após umas boas taças de vinho." Koloman sorriu. "Espero que tenha aproveitado a famosa adega de Tycho. E talvez uma ou duas de suas criadas também..."

Kepler corou. "Vinho, sim; até demais. Mas criadas, claro que não!"

"Ah, meu velho Johannes, sempre prestando mais atenção nas estrelas do céu do que naquelas à sua volta..."

"É, é, mas diga-me, Koloman, que acha do plano que propus ao arquiduque?"

O amigo encarou-o, sério. "Acho que você está subestimando o ódio de Ferdinando pelos luteranos. Eu ficaria muito surpreso se ele mostrasse interesse em tê-lo na corte, mesmo que admire seu trabalho. Contratá-lo seria contradizer toda a sua política de segregação religiosa."

Kepler baixou a cabeça, desconsolado. Koloman tentou animá-lo. "Não fique tão preocupado, amigo! Relaxe, vamos brindar ao seu retorno."

"Mas com cerveja, por favor", suplicou Kepler.

"Que seja!", exclamou o outro.

Kepler recebeu as três respostas no mesmo dia. Trancou-se no escritório, decidido a sair dali apenas depois de lê-las; sabia que definiriam seu destino. Abriu primeiro a de Herwart. Em tom estranhamente seco, o chanceler da Baviária como que lhe ordenava que partisse da Áustria o mais rápido possível e se juntasse a Tycho na Boêmia quaisquer que fossem as circunstâncias. O clima político da Estíria não era nada favorável a luteranos, ainda que o luterano fosse Kepler. O jovem astrônomo balançou a cabeça, envergonhado de sua ingenuidade em questões diplomáticas. Em seguida abriu a carta do arquiduque. Conforme Koloman previra, Ferdinando agradeceu mas argumentou que, embora tivesse grande admiração pelo trabalho dele, não podia contratá-lo: seu governo tinha outras prioridades no momento. Kepler entristeceu-se: sua estratégia havia falhado. Tomou coragem e abriu a terceira carta:

Estimado mestre Johannes Kepler,

É com imenso pesar que nos vemos forçados a negar seu pedido de licença. Recebemos carta do imperador e entendemos que Sua Majestade tenha grande interesse em seu trabalho como matemático. A presente situação política, porém, requer ações drásticas. Nossa população doente, nossos feridos, precisam de seus serviços. A beleza dos céus, sem dúvida uma inspiração para todos, não atende às necessidades imediatas de nossa província.

Pedimos ao senhor que vá à Itália estudar as artes médicas e curativas que lá são ensinadas. Levando em conta que acaba de retornar após uma ausência de cinco meses e, portanto, deve querer passar um período com a família, autorizamos sua estada aqui por no máximo dois meses. Assim que concluir os estudos, o senhor deverá voltar à Estíria e dar continuidade às suas atividades como matemático da província e médico de nossa corte e população. Caso contrário, seremos obrigados a considerar o término de seus serviços.

Cordialmente,
Governo da Estíria

Kepler deixou a carta cair no chão, como fizera com as outras. Alguns dias na Estíria, e sua vida havia se transformado completamente. O arquiduque, católico fanático que era, não o contrataria, e as autoridades locais, também católicas, exigiam que fosse estudar medicina e esquecesse a carreira de astrônomo. Ele sabia que os tempos eram difíceis, que a população sofria, mas como poderia interromper os estudos, desistir de tudo, de sua busca, agora que se sentia tão perto da resposta? Por outro lado, se não atendesse ao pedido do governo, estaria desempregado. Pior ainda, sem o salário da Estíria, estava automaticamente cancelado o trato com Tycho e o imperador. Tinha apenas duas opções: ir à Itália estudar medicina ou à Boêmia sem garantia nenhuma e ficar completamente à mercê de Tycho... Redigiu uma carta para o grande astrônomo, implorando ajuda. Estava desesperado. Se o imperador não concordasse em ser seu único patrono, teria de abandonar a astronomia, abandonar sua missão. Tycho era sua última esperança.

Na manhã de 10 de julho, Kepler, acompanhado de Regina, montou seu equipamento na praça central, à espera do eclipse. O dia estava perfeito, ensolarado, as nuvens não ousavam interferir. Era a primeira vez que a menina via o padrasto sorrir desde o dia em que recebera as três cartas. Ela também não escondera seu desapontamento por não ir morar num castelo com um anão de verdade. Sua mãe era a única que estava feliz com as novas, coisa que Regina não conseguia entender: como alguém podia preferir Graz a Praga?

"Minha pequena", disse Kepler, enquanto abria um cavalete, "em tempos como estes, quando nada parece dar certo, só os céus consolam. O que veremos em breve é um presente de Deus, para nos distrair, mesmo que por alguns momentos, dos tormentos da vida." A menina sorriu.

Kepler montou uma tela branca sobre o cavalete, alinhando-a na direção do Sol. A seu lado, apoiou diversas pranchas de madeira; no centro de cada uma, um furo circular cujo tamanho variava: de uma cabeça de alfinete a uma maçã. Em pouco tempo, uma pequena multidão cercava os dois; alguns reconheceram o matemático oficial, famoso por seus calendários capazes de prever invernos rigorosos e invasões turcas. O movimento foi diminuindo: músicos pararam de tocar, e comerciantes fecharam lojas e tendas. Um grupo de crianças surgiu do meio da multidão e sentou-se perto da tela. A expectativa crescia. Os eventos na praça costumavam ser atrações grotescas, como a queima de bruxas — cinco só no mês anterior — ou a execução de condenados. Será que o famoso matemático iria demonstrar seus poderes mágicos?

"Senhor, o que é isso?", perguntou um mascate desdentado, apoiando-se em sua mula.

Kepler sorriu. "Em breve seremos presenteados pelos céus: a Lua passará sobre o Sol e…" Um "oh!" coletivo interrompeu-o. A curiosidade começou a transformar-se em medo.

"Deus nos proteja!", gritou o mascate, benzendo-se várias vezes. "A Lua vai cair do céu!"

"Não há motivo para alarme." Kepler tentou acalmar seu público. "Não se notará nada de estranho, apenas o que chamamos de eclipse parcial do Sol, quando a Lua passa em frente a ele em seu caminho celeste, cobrindo-lhe parte da superfície. Podem ter certeza de que não existe mágica nem perigo." Olhou para a audiência, lembrando-se das palavras de Lucrécio: "É por verem tantos fenômenos ocorrendo sem causa aparente na Terra e nos céus que as pessoas vivem tão amedrontadas e atribuem tudo à ação misteriosa de algum deus". As coisas haviam mudado pouco em dezesseis séculos…

Uma voz gritou do fundo: "Mas, senhor, não está escrito no Apocalipse que 'o Sol tornou-se negro como um saco de crina, e a Lua inteira como sangue'? Que 'as estrelas do céu se precipitaram sobre a Terra'?". Um "oh!" ainda mais alto sacudiu a praça.

"Senhor, por favor, diga-nos se o Fim está próximo! Deus tenha piedade de nós, pecadores!"

"Por favor, acalmem-se! Não estamos próximos do Fim, posso garantir-lhes, embora estejamos às vésperas do fim do século, sempre um momento misterioso", disse Kepler, com um brilho malicioso nos olhos. As pessoas que estavam mais próximas dele deram um passo para trás, como se estivessem na presença do próprio Satã. Católicos beijaram seus crucifixos. "Caros senhores e senhoras, não se apavorem. Sigam minhas instruções, e nada de errado vai acontecer, prometo. Abram os olhos, prestem atenção. Não se deixem cegar por seus temores e superstições."

Pegou uma prancha com um orifício grande e posicionou-a de modo que a luz do Sol passasse pelo furo e se refletisse na tela branca ao fundo. "Isso é o que vocês veem num dia normal, em que não há eclipse. A luz do Sol passa pelo buraco e se reflete na tela na forma de um disco. Vamos esperar alguns minutos e ver o que acontece. *Nunca* olhem direto para o Sol, pois podem ficar cegos." Trocou a prancha por outra com um orifício menor, do tamanho da pupila de um olho humano. Quando a Lua passou em frente ao Sol, a sombra escura de seu disco apareceu projetada na tela branca. Parte do Sol gradualmente desapareceu. Alguns se benzeram. Outros ajoelharam e começaram a rezar em voz alta.

"Deus nos salve das trevas eternas!", gritou o mascate, agarrando-se ao pescoço da mula e olhando ora para o céu ora para a tela. "A Lua está comendo o Sol!"

Kepler caiu na gargalhada. "Não se preocupe! Em breve ela vai cuspi-lo de volta!" Trocou outra vez de prancha, agora por uma cujo orifício ainda menor dava origem a uma imagem mais precisa. Regina permaneceu ao lado do padrasto, sorrindo, orgulhosa, os olhos grudados na sombra que se movia na tela. Após alguns minutos, a sombra escura desapareceu, e ficou apenas o disco brilhante do Sol. A multidão explodiu em gritos de júbilo, chapéus voaram, promessas foram proclamadas, católicos e protestantes trocaram abraços entusiasmados. Kepler estava radiante. Não só demonstrara a um grande número de pessoas como a ciência, a razão, pode afugentar medos e superstições absurdas, como resolvera um problema que havia muito atormentava Tycho. Tendo usado a mesma técnica de projeção durante outro eclipse parcial do Sol, o astrônomo concluíra que a Lua não era grande o suficiente para cobrir a superfície inteira do Sol. Isso implicaria a impossibilidade da ocorrência de eclipses totais, que acontecem justamente quando a Lua se superpõe exatamente ao Sol, cobrindo por inteiro o disco dele. Ora, eclipses tinham sido observados e registrados por milênios, o que tornava absurda a conclusão de Tycho. Kepler mostrou que a eficácia do método depende do diâmetro do orifício; ou seja, se Tycho tivesse usado orifícios de tamanho diverso, teria chegado a uma conclusão diferente.

Quando se preparavam para partir, Kepler e Regina ouviram o galope de cavalos que se aproximavam, forçando passagem através da multidão. Cinco soldados com armadura completa escoltavam um mensageiro do arquiduque. Pararam no centro da praça, ao lado deles. Um dos soldados soou um pequeno tambor, indicando que se leria um decreto dali a instantes. O mensageiro, um jovem oficial com um manto de veludo vermelho enfeitado de brocados dourados, desmontou do cavalo e retirou um pergaminho da bolsa que levava a tiracolo. Desenrolou-o e, sem perder tempo, leu:

Por ordem de Sua Alteza, o arquiduque Ferdinando, todos os habitantes de Graz — doutores, procuradores e nobres incluídos — estão convocados a comparecer perante Sua Alteza e um comitê da Sagrada Igreja às seis horas da manhã do trigésimo primeiro dia de julho para a inquirição de sua fé. Sua Alteza permitirá a conversão dos que não forem católicos, se o fizerem sinceramente e por convicção. Aqueles que se recusarem a converter-se serão obrigados a deixar Graz definitivamente em data a ser anunciada.

"Um ultraje!", gritou alguém. "Estava mesmo na hora de acabar com esse lixo luterano!", berrou outro. Em instantes, a multidão tinha se dividido em dois grupos, um de católicos, outro de protestantes. O medo e o fascínio que os uniram momentos antes não podiam competir com as diferenças de fé. Punhos e clavas ergueram-se, bradaram-se insultos. Não fossem os soldados, plantados entre os grupos, a violência teria corrido solta. Kepler pegou Regina pelo braço e fugiu, abandonando pranchas e tela.

Chegou em casa encharcado de suor, a pele dos braços irritada. Sentiu-se perdido. A situação finalmente alcançara seu clímax: conversão forçada ou exílio. O arquiduque revelou-se um radical muito mais perigoso do que seu primo imperador. Kepler trancou-se no escritório, para pensar no que faria. Uma carta de Tycho esperava por ele sobre a escrivaninha. "Que coincidência", murmurou, abrindo o envelope. Tycho havia recebido a carta dele. "Não se preocupe, amigo, venha imediatamente, com ou sem sua família. Não demore; venha o mais rápido possível." Um sorriso despontou em seus lábios. Tycho mais uma vez o salvaria. Pareceu-lhe que o destino tinha planejado isso, fechando porta após porta até que só lhe restasse essa possibilidade. Porém, ainda havia outra, apesar de remota: talvez Maestlin, vendo seu desespero, o aceitasse de volta... Quando ele começou a redigir uma carta para o velho mestre, alguém bateu à porta. "Agora não", gritou. Mas Jobst Müller entrou mesmo assim, e com uma expressão mais amarga que a de praxe.

"Acabo de ouvir as novas. Conversão ou expulsão, hein? Já posso imaginar qual será sua escolha."

"Espero mesmo que o senhor saiba, *Herr* Müller, porque sobre a sua eu não tenho dúvidas."

"Só um idiota desistiria de tudo o que tem em nome de um orgulho inútil. Deus perdoará aqueles que se converterem. Não é o que os católicos sempre dizem? Que basta se confessar que Deus perdoa? Minha família vai se converter e vai ficar. Espero que você e Bárbara façam o mesmo."

"*Herr* Müller, *jamais* trairei a fé de minha família, dos meus mestres, a fé que toda a vida respeitei e defendi. Não é uma questão de orgulho: é uma questão de ser fiel àquilo que acredito ser correto, uma questão de dignidade. Espero que minha esposa venha comigo." Kepler sentia a pele queimar, a irritação alastrar-se até o pescoço.

"Foi isso que você sempre quis, não foi? Roubar minha filha e minha neta! Finalmente conseguiu!" As mãos de Müller tremiam.

Pela primeira vez, Kepler viu-o como de fato era: um homem fraco, frustrado, que passara a vida escondendo-se detrás de uma fachada intimidadora e que agora estava velho e assustado demais para recomeçar a vida em outro lugar, mesmo que ficar significasse perder a dignidade.

Kepler levantou-se, tomou a mão do sogro e apertou-a

afetuosamente, num gesto que surpreendeu até a ele próprio. "Em tempos como estes", disse, emocionado, "é bom que deixemos as brigas e discussões do lado de fora de casa. Vamos, *Herr* Müller, que o jantar nos espera."

No dia marcado, Kepler acordou com o nascer do sol, pegou um pedaço de pão velho na cozinha e encaminhou-se à Igreja Católica do outro lado do rio Mur para declarar sua devoção à fé luterana. Quando cruzava a ponte, lembrou-se de quando conhecera Bárbara, apenas quatro anos antes, de como ela estava atraente, mesmo vestida de viúva... Agora, tudo havia mudado: a beleza da mulher naufragara num mar de melancolia, seus dois bebês tinham morrido, o futuro mais uma vez era ameaçador. Apesar disso, ele se sentia curiosamente leve, livre, como se as coisas estivessem seguindo um rumo predeterminado, um rumo que o levaria a Tycho, aos seus dados preciosos. Enviara a carta a Maestlin, implorando um cargo em Tübingen, embora àquela altura não esperasse muito dele. Pelo menos, seu mestre sentiria um pouco da culpa que devia sentir. De qualquer forma, era mais seguro estar em Praga do que numa terra controlada por um católico fanático. Para a Itália ele certamente não iria.

Uma multidão vinda das ruas próximas dirigia-se à avenida que levava à igreja. Na praça, vigiada por dezenas de soldados a pé e a cavalo, enrodilhava-se uma fila aparentemente interminável. Kepler calculou no mínimo em mil o número de pessoas: os protestantes com expressão de derrota e resignação, os católicos, jubilosos. Na igreja, o arquiduque Ferdinando presidia os trabalhos, orgulhoso, à cabeceira de uma mesa comprida à qual estavam sentados doze representantes da Igreja taciturnos vestidos com becas. Na parede em frente ao assento no qual se acomodariam os entrevistados, fora pendurado um enorme crucifixo, especialmente escolhido pela profunda tristeza que a face de Jesus revelava.

Um a um, homens e mulheres foram interrogados pela voz austera do bispo de Seckau: "O cidadão é crente católico?". Se a resposta fosse "sim", o entrevistado era imediatamente liberado. Se fosse "não", o bispo perguntava: "O cidadão está pronto para confessar seus pecados e aceitar a sagrada comunhão como o corpo e sangue de Nosso Senhor Jesus Cristo?". Se a resposta fosse "sim", os representantes da Igreja anotavam o nome do entrevistado e faziam-lhe algumas questões de ordem prática. Se fosse "não", a pessoa era oficialmente expulsa de Graz e, antes de partir, devia pagar um imposto de dez por cento sobre o valor total de suas propriedades.

Kepler só foi convocado depois de dois dias. Imaginou que os representantes da Igreja julgavam que o tempo poderia alterar sua decisão. Mal sabiam que, ainda que tivesse de esperar até o dia do Juízo Final, daria a mesma resposta. Quando chegou sua vez, ele declarou fidelidade à Confissão de Augsburgo, recusando converter-se. O próprio arquiduque interveio: "Tem certeza, *Herr* Kepler, de que sua decisão é essa? Seria uma pena vê-lo partir, mas não teríamos escolha".

"Sim, Alteza, essa é minha decisão. Devo-a à minha família, aos meus mestres em Tübingen, ao duque de Württemberg, que custeou meus estudos desde a infância, e, mais importante ainda, devo-a à minha consciência." Kepler encarou os representantes da Igreja com desprezo, condenando-os em silêncio por sua pretensão. Quem eram eles para decidir como devia servir a Deus? Quem lhes dera tal poder? Além do mais, sabia que a religião era mera desculpa; o que eles queriam na verdade era usurpar as terras da Estíria das mãos dos protestantes.

Por fim, após alguns minutos que se arrastaram como horas, o bispo levantou-se, pigarreou, solene, e declarou: "*Herr* Kepler, é decisão desta comissão expulsá-lo definitivamente de Graz. O senhor tem seis semanas e três dias para partir. Devido aos serviços que prestou à província da Estíria, seu imposto foi reduzido para cinco por cento sobre o valor de suas propriedades".

Kepler lutou para controlar a ira. Inclinou-se diante do bispo e do arquiduque, e deixou a igreja a passos largos. Apenas outros sessenta luteranos, dos milhares que foram entrevistados, recusaram converter-se.

Koloman, cabisbaixo, esperava-o do lado de fora. Havia aceitado converter-se no dia anterior. O rosto dele expressava a culpa de alguém mais fiel a seu conforto do que a um credo. "Johannes, sinto muito. Quisera ter sua coragem. Mas, com o barão se convertendo, eu..."

"Caro Koloman, não há do que se desculpar. Fazemos nossas escolhas e devemos ser fiéis a elas. Em todo caso, espero que venha me visitar um dia, seja lá onde for." Kepler tentou controlar as lágrimas.

"É claro, Johannes. E, se um dia você retornar a Graz, terá sempre um teto."

Os dois amigos, o católico recém-convertido e o resoluto astrônomo luterano, abraçaram-se pela última vez.

Maestlin andava de um lado para outro na sala, impaciente. Passava das treze horas, e nada de Christian chegar. Maria, percebendo sua agitação, sugeriu-lhe que começasse sozinho. Ele olhou surpreso para a criada. E por que não? Sentou-se na poltrona, apontou para a pilha de cartas sobre a mesinha, esquecidas já por tantos meses, e pediu a Maria que lhe entregasse a do topo. A leitura do diário podia esperar pelo neto.

15 de agosto de 1600
Caro mestre,

Tenho aguardado em vão sua carta, que, sei, dissiparia ao menos um pouco das trevas que me cercam. Nunca precisei tanto de seu auxílio como agora. Todos os meus planos falharam. Perdi o emprego como matemático da Estíria assim que o arquiduque expulsou os luteranos que recusaram converter-se. Minha vida é uma sucessão de tormentos. Bárbara está profundamente infeliz. Como se não bastasse, tivemos sérias perdas financeiras. A saúde, também, começou a faltar-me. Tenho tido febres, meu corpo está coberto de feridas purulentas. Não tenho forças para me preparar para mais uma mudan-

ça, embora nossos dias em Graz estejam contados. Contudo, jamais trairia nossa fé em nome do conforto. Meu amor por Deus sustenta-me, ajuda-me a suportar o ultraje na companhia de alguns irmãos, a abandonar minha casa, os amigos e a pátria. Se é esse o caminho do martírio, se a redenção final é, de fato, tão intensa quanto os infortúnios, posso compreender como é possível morrer pela fé, como tantos fizeram no passado e farão no futuro. Sinto-me purificado, ainda que meu corpo esteja fraco e eu tema pela sobrevivência de minha família. Por favor, mestre, ouça minha súplica, ajude-me a encontrar um cargo perto de Tübingen, nem que seja o de simples assistente. Mestre adorado, mostre que ainda me ama.

Como devemos deixar Graz em breve, por favor, envie-me uma resposta a Linz, aos cuidados do barão Von Starhemberg. Temos nos correspondido nos últimos meses e nutro a esperança de que ele um dia venha a ser meu patrono. Planejamos visitá-lo durante nossa viagem até Praga. Ah, como gostaria de viajar na direção oposta, para o oeste, para minha querida Alemanha... Estarei à mercê de Tycho, sem salário nem emprego. Deus tenha piedade de mim e dos meus.

Aceite meus melhores votos e que esta o encontre em boa saúde, meu ilustre mestre.

Do mais leal de seus pupilos,
Johannes Kepler

A batida de uma porta interrompeu a leitura do velho mestre. Christian entrou, acompanhado de Ludwig. Ao ver o filho, Maestlin deixou escapar um longo suspiro, mas sorriu em seguida.

"Olá, pai", cumprimentou Ludwig, pendurando o manto e o chapéu com o costumeiro gesto teatral. "O senhor me parece bem-disposto hoje. Espero que não se incomode se eu ficar para o almoço."

"Não, não, de modo algum." Maestlin acenou a Maria para que pusesse mais um prato na mesa.

"E então? Christian tem se comportado?"

"Sem dúvida! Ele tem sido uma companhia excelente, aliviando a solidão de seu velho avô."

O jovem baixou os olhos, envergonhado.

"E é bastante leal também: não disse uma palavra sequer sobre o que vocês dois andam fazendo", provocou Ludwig.

"Ótimo, assim mesmo é que deve ser." Maestlin sorriu para o neto.

"E por quê? Por acaso Kepler revelou algum segredo que eu não devo conhecer?"

"Não, Ludwig, não há segredo algum. Apenas detalhes de sua vida pessoal, coisas do trabalho dele." O filho encarou-o com desconfiança. "Espero", continuou Maestlin, "que não prive seu velho pai deste último prazer."

"Deixe disso, pai, o senhor ainda tem muitos anos pela frente. Pena que tenha escolhido passá-los na companhia de um fantasma."

Maestlin balançou a cabeça. Christian olhou para o pai, surpreso com sua hostilidade. Para um filho, é sempre difícil ver o pai também como filho, especialmente quando, nesse papel, o pai revela o pior de sua personalidade. O jovem percebeu que Ludwig estava com ciúme, o mesmo que ele próprio às vezes sentia dos irmãos. Se o pai fosse mais humilde, Christian poderia aproximar-se dele, talvez até tornar-se seu amigo. Sabia, contudo, que isso era impossível.

"Não fique me olhando desse jeito!", repreendeu-o Ludwig. "Você é jovem demais para entender do que se trata." Christian olhou para o avô, procurando apoio. Maestlin, que continuava balançando a cabeça, fez um gesto indicando-lhe que não se preocupasse.

Comeram em silêncio. Ludwig partiu logo em seguida. Assim que a porta se fechou, Maestlin pediu ao neto que o ajudasse a se levantar. "O dia está bonito demais para nos escondermos aqui", disse. "Vamos ler na beira do rio."

Maria surgiu da cozinha com um pequeno embrulho nas mãos. "Aqui, mestre Christian, para um lanche mais tarde."

O jovem cheirou o embrulho e sorriu. "Bolo de mel!"

À beira do Neckar, os dois sentaram-se no banco preferido de Maestlin, que retirou o diário do bolso do manto. Quando ia passá-lo para o neto, o pequeno livro escapou de suas mãos e caiu. Ao pegá-lo, Christian viu a mensagem e fez menção de abri-la:

Caro mestre,
Peço-lhe que leia esta carta apenas depois de terminar o diário. Sei que o senhor compreenderá.

"Christian, *não* abra!", gritou Maestlin. "Apenas eu posso ler essa mensagem, e mesmo assim só depois de terminar a leitura do diário. Jure que jamais a abrirá."
"Juro, vovô querido. E o senhor sabe que pode confiar em mim." Christian repôs a mensagem em seu esconderijo.
"Muito bem", disse Maestlin. "Podemos então iniciar a leitura."

15 de fevereiro de 1601

Depois de passarmos três meses na residência do barão Hoffmann, mudamos para a casa de Tycho em Praga. O imperador havia lhe pedido que ele e a família deixassem Benátky e se juntassem à corte. Tycho reclamou muito comigo, dizendo que o imperador queria exibir seus instrumentos como troféus, pouco se importando com o fato de os céus de Praga serem péssimos para observações astronômicas: o ar, poluído pela queima excessiva de madeira, dificulta medidas precisas.

Tenho enfrentado vários problemas desde que cheguei a Praga. Como esperava, não encontrei carta de Maestlin em Linz. Quando finalmente recebi algo dele, em dezembro, foi pior que seu silêncio. Sua carta fez-me perder todas as esperanças de obter um cargo em Tübingen. Só o que ele disse foi que rezaria por mim e por minha família. A reza pode aliviar sua culpa, senhor, mas não encherá nossas barrigas. Nosso dinheiro está sendo rapidamente devorado pelos preços exorbitantes da cidade. Para completar, desde o outono estou doente, com uma febre e uma tosse que não me deixam em paz. Deus tenha piedade de mim.

10 de abril de 1601

Meu trabalho com Tycho tem progredido muito pouco, vítima de minha péssima saúde e de sua avareza. Ele continua a negar-me seus dados, dando-me num dia uma posição, noutro dia, outra, insistindo que devo concentrar-me na órbita de Marte. Infelizmente, tenho pouco a dizer sobre o assunto.

A morte de Jobst Müller no mês passado contribuiu para aumentar a melancolia de minha esposa. Somente a este diário confesso que não chorei a morte de meu sogro. Sinto apenas pela dor de Bárbara.

Vou a Graz para cuidar das propriedades que restaram. Pretendo vender todas, converter tudo em dinheiro. Estou cansado de depender da benevolência inconstante de Tycho, que se proclama meu "benfeitor". Pode ser, mas eu também sou benfeitor dele! Sem meus cálculos, ele estaria perdido. Sou o único aqui capaz de ajudá-lo. Até Tengnagel partiu — agradeço a Deus por isso — com Elisabeth. Tycho Junior é inútil. No mais, Regina, com sua singular generosidade, tornou-se companheira inseparável de Jepp, que a segue pela casa como um cãozinho de estimação. Bárbara tem medo dele, do seu corpo deformado, e evita-o como se o anão fosse o próprio Diabo. Outro dia, disse-me que é por causa do seu mau-olhado que não engravida. Que mulher ignorante fui encontrar!

Maestlin não respondeu a nenhuma das minhas várias cartas. Será que ele me abandonou tão cruelmente somente em razão de nossas diferenças filosóficas? Imagino que não. Seu silêncio é a maior punição para mim.

Quando for a Graz, não passarei por Tübingen, onde obviamente não sou querido, embora me parta o coração admiti-lo. Na verdade, estamos todos sós no mundo. Apenas Deus nos acompanha. Se em Sua sabedoria Ele deseja que doravante minha vida seja aqui, assim será.

Christian interrompeu a leitura e voltou-se para o avô, que parecia distraído, fitando o rio com olhos vagos. "Por que, vovô, o senhor abandonou Kepler? Por que não o ajudou quando mais precisava?"

Flutuando entre sonho e realidade, Maestlin olhou para o neto e viu apenas os contornos do seu rosto, os olhos castanhos, a barba. "Você esgotou minha paciência, Johannes", disse com voz trêmula. "Eu lhe ensinei o que sabia, confiava em você. Mas você ignorou tudo, resolveu seguir seu próprio caminho, humilhou-me. E para quê? O que ganhou com sua traição?"

Christian hesitou. Havia lido o *Mistério cosmográfico*, conhecia bem a razão da disputa. Só agora compreendia a dimensão do desespero do avô. Devia responder-lhe? Será que tinha o direito de fingir ser quem não era, de intrometer-se no mundo particular do velho mestre e de seu pupilo?

"Mestre, jamais tive intenção de traí-lo. Amei-o como se o senhor fosse meu pai. Nunca poderia esquecer-me do quanto lhe devo, como mentor e amigo. Nunca."

"Mas então por quê, Johannes? Por que não me ouviu? Por que decidiu ir em frente com suas ideias, sua física celeste, sabendo muito bem o quanto elas contrariavam a tradição astronômica, o quanto contrariavam tudo aquilo em que eu acreditava?"

"Não tive outra saída, mestre, precisava seguir meu destino. Meu amor e minha devoção ao senhor e à tradição astronômica são muito importantes, mas acima deles está meu amor a Deus e à verdade."

"E quem é você para decidir qual a verdade de Deus?"

"Não me julgo melhor que ninguém, porém senti que a verdade veio até mim, senti isso com uma intensidade avassaladora. Senti que ela me foi revelada como a um profeta, um emissário de Deus. E minha convicção apenas cresceu quando vi quão bem os céus eram retratados pela hipótese do *Mistério*, quão bem a dança orbital dos planetas era descrita por uma causa física, uma força vinda do Sol. Tive de escolher entre ser fiel ao senhor e ser fiel à verdade de Deus. E foi o que fiz, mestre, ainda que meu amor e minha admiração pelo senhor jamais tenham se alterado."

Maestlin estremeceu, como se algo houvesse se partido dentro dele. "E você tinha razão o tempo todo", murmurou, suspirando. "Idiota que sou, não tive coragem de aceitar isso. Mas como podia admitir que você havia me superado, que seu conhecimento era maior que o meu? Que a obra da minha vida inteira não chegava aos pés daquela que você produziu apenas no início da sua? Não, não podia suportar a humilhação. E quanto aos teólogos de Tübingen, todos contrários às suas ideias? Devia me opor a eles, meus colegas de décadas? Espero que um dia você compreenda minhas razões..." Interrompeu-se e fitou Christian, os olhos cheios de lágrimas. "Espero que um dia você me perdoe."

"Basta, meu mestre, esqueçamos essa dor. Estou aqui, pronto para perdoá-lo." Christian abraçou ternamente o avô e sentiu o corpo dele tremer. Mas um abraço, apenas, não poderia apagar décadas de culpa e ressentimento. Com um movimento brusco, Maestlin afastou-se. Sua penitência ainda não terminara.

24

Apesar de ser bem curta a distância entre sua casa e o castelo imperial, Tycho preferiu usar a carruagem, escoltada por quatro soldados. Aquela era uma reunião importante, merecia um pouco de pompa, ainda que o imperador não fizesse caso de formalidades e protocolos. O objetivo não era impressionar seu patrono, mas os conselheiros dele, pois o grande astrônomo considerava fundamental lembrar-lhes com quem estavam lidando. Kepler, sentado ao lado do mentor e já acostumado aos seus exageros, divertia-se em silêncio com a ostentação desnecessária. Tycho chegara a instruí-lo sobre que roupa vestir e como comportar-se.

Kepler mal podia acreditar que aquele era o mesmo Tycho que conhecera no início do ano de 1600. Ele finalmente agia como um verdadeiro mentor, preocupando-se com o bem-estar do pupilo em sua casa em Hradcany e até pagando-lhe um pequeno salário. Infelizmente, sua generosidade não se estendia aos seus dados: continuava a combater as ideias de Kepler e a criticar o modelo de Copérnico, insistindo que as medidas dele deveriam ser usadas para provar a veracidade do seu próprio sistema, não a do sistema do polonês. Por outro lado, quando Kepler reclamava de falta de dinheiro ou solicitava um arranjo mais formal, ele dizia que se tranquilizasse, pois todos os seus problemas logo seriam resolvidos. Naquela mesma manhã, durante uma rápida refeição, afirmou que a reunião com o imperador iria mudar sua vida. Kepler fez de tudo para extrair alguma informação do mentor.

"Venha comigo ao castelo, Johannes, e verá do que se trata", disse Tycho, polindo o nariz metálico com o guardanapo.

A carruagem parou em frente ao portão principal do castelo. Kepler acariciava o anjo de asas abertas no medalhão do avô. Sentiu emanar calor do metal e murmurou: "Mãe, sei que a senhora está comigo". Dois guardas de porte avantajado puseram-se um de cada lado do veículo, inspecionando-o. Terminada a vistoria, curvaram-se respeitosamente perante Tycho e deram sinal para que o portão fosse aberto. A carruagem desfilou lentamente ao longo dos palácios e mansões dos súditos mais importantes da corte. Kepler olhava para tudo, deslumbrado com a riqueza do local, uma pequena cidade, residência para milhares de pessoas, de barões e condes a servos e cavalariços.

Depois de passar as enormes portas da catedral de são Vito, orgulho dos católicos da Boêmia, a carruagem finalmente estacionou diante do Palácio Real, onde Rodolfo II concedia suas audiências. A arquitetura sólida e despojada do palácio parecia criticar os excessos góticos da catedral. Os soldados de Tycho abriram as portas para que os astrônomos descessem. Barvitius, o secretário imperial, cumprimentou-os com sua notória frieza. Os três atravessaram inúmeras salas e corredores, todos com tetos decorados de cenas mitológicas que se perdiam nas alturas. Quadros de pintores ilustres — Ticiano, Parmigianino, Dürer, Bruegel — dividiam as paredes com tapeçarias de Flandres. O entusiasmo de Rodolfo II por obras de arte e por objetos mecânicos de funções dúbias era motivo de constante desespero para seus tesoureiros. Por isso o imperador queria Tycho por perto, para que os instrumentos astronômicos pertencentes a ele se somassem à sua coleção. Tycho viu-se forçado, muito a contragosto, a pô-los no terraço da casa de veraneio imperial, localizada na periferia de Hradcany e com péssima visibilidade para o sudoeste.

Quando o trio enfim chegou à sala de audiências, dois guardas abriram as portas. Barvitius anunciou a presença do matemático imperial e de seu assistente. Do fundo da sala, Rodolfo II acenou aos astrônomos para que se aproximassem. Os dois inclinaram-se e iniciaram a longa caminhada até o trono, procurando manter sincronia entre os passos. Tycho pegou delicadamente a mão do patrono e beijou-lhe o anel imperial. Kepler limitou-se a ajoelhar, com a cabeça baixa, tentando controlar o tremor. Com alguma dificuldade, Tycho ajoelhou a seu lado.

"Basta, basta", disse o imperador num tom surpreendentemente suave. "Chega de cerimônia. De pé, os dois." Eles obedeceram. "Diga-me, meu matemático, é esse o talentoso alemão de quem você me falou?" Mas, antes que Tycho pudesse responder, o imperador continuou: "Não, espere! Primeiro, preciso saber se os astros estão favoráveis. Caso contrário, devemos interromper esta audiência imediatamente".

Tycho baixou os olhos, impaciente. "Estão, Alteza, este é um dia muito propício, com Júpiter em seu signo. Nossos atos deverão ter consequências de grande importância."

"Excelente, excelente!", exclamou Rodolfo, aliviado como uma criança em cujo quarto escuro a mãe acende uma vela.

Kepler tomou coragem e olhou pela primeira vez para o Sagrado Imperador Romano. "Que aparência estranha", pensou. Ele tinha o queixo pronunciado dos Habsburgo, um nariz comprido e retilíneo, meio achatado, enormes olhos redondos, dos quais emanava uma luz cinza, triste, como se quisessem vislumbrar outras coisas, coisas que se encontravam longe dali. Aquele era um homem enfadado com os afazeres do Estado, a quem apenas a solidão trazia paz; preferia passar os dias cercado por seus objetos excêntricos e meditando sobre as grandes questões do espírito.

"Muito bem, então", continuou Rodolfo, "diga-me a que devo o prazer de sua esplêndida e iluminada visita."

"Vossa Alteza sabe que tenho em mãos os dados astronômicos mais precisos jamais coletados na história da humanidade."

"Sim, sim, e foi por isso que o contratei como meu matemático, o grande orgulho de minha corte."

"Pois bem. Vossa Alteza também sabe que a astronomia e a astrologia dependem de tabelas que contêm, com a maior precisão possível, as posições dos corpos celestes." O imperador aquiesceu com um gesto de cabeça. "Proponho", continuou Tycho, "que *Herr* Kepler trabalhe como meu assistente na produção de uma nova tabela que tornará completamente obsoletas as tabelas Alfonsina e Prutênica usadas hoje em dia." O imperador sorriu, meneando a cabeça com mais intensidade. O coração de Kepler disparou. Ele por fim entendeu o plano do mentor. "Ademais", prosseguiu Tycho com inflexão vitoriosa, "proponho que a chamemos de 'Tabelas Rodolfinas', para imortalizar a sabedoria de Vossa Alteza, bem como seu amor pela nobre ciência dos céus."

"Magnífica ideia, caro Tycho, simplesmente magnífica!", exclamou Rodolfo, batendo palmas. "Diga-me apenas quais seus termos e condições e quando espera completar a tabela. Barvitius, anote tudo." O secretário imperial acenou rigidamente com a cabeça.

"Como já temos os dados", disse Tycho, "só o que peço a Vossa Alteza é que designe *Herr* Kepler como meu assistente oficial, com um salário pago pelos cofres imperiais. Espero que, com a ajuda de Deus, a tabela esteja pronta dentro de dois anos."

"Tycho e *Herr* Kepler, os senhores têm a minha bênção. Que suas mentes continuem a iluminar o mundo para a glória de nosso Império."

Os astrônomos curvaram-se mais uma vez perante Rodolfo, deram dez passos para trás e se voltaram em direção à porta, sorrindo triunfantes para Barvitius.

Kepler quase tropeçou em sua alegria. Finalmente teria acesso a *todos* os dados de Tycho, e com a sanção do imperador, seu novo patrono. "Mestre Tycho, não sei como agradecer-lhe. Sinto vergonha de, no passado, ter duvidado de suas intenções", confessou, depois de entrar na carruagem. O mentor sorriu e ergueu a mão, indicando que aquilo não tinha a menor importância. Apesar do sorriso, os olhos dele pareciam tristes, derrotados. O brilho frio que tanto aterrorizara seus inimigos havia desaparecido. Kepler notara isso ao retornar de Graz, em setembro. Raramente se ouviam as gargalhadas de Tycho; ele preferia passar os dias sozinho, entre os livros, e, à noite, já não ia até os instrumentos observar os movimentos celestes.

Algo acontecera, algo que lhe roubara o apego que sempre havia tido à vida. A morte do irmão mais novo no inverno anterior afetara-o muito. Com exceção de Kepler, todos os seus assistentes tinham partido. Embora jamais o admitisse publicamente, Tycho sabia que seu sistema geocêntrico estava errado, que seu legado se limitaria aos dados que coletara durante a maior parte da vida. "Deve ser por isso", pensou Kepler, "que enfim permitiu que eu os usasse. Quem mais resgataria sua obra depois da sua morte? Sou a última esperança dele." E declarou: "Prometo que não vou desapontá-lo, mestre".

"Assim espero, Johannes", disse friamente Tycho, apertando a mão de Kepler como se para selar um pacto. Este percebeu a familiar fagulha de medo atravessando os olhos do mentor. Pareceu-lhe uma estrela cadente a surpreender a noite com seu rasgo efêmero de luz.

Alguns dias após a audiência, pouco antes da meia-noite, bateram furiosamente à porta da residência dos Brahe. Era Minckwicz, o conselheiro imperial, amparando Tycho, que estava embriagado. Os urros do grande astrônomo acordaram a casa inteira: "Preciso mijar! Se não mijar, vou explodir!". Kirsten, de camisola, desceu as escadas às pressas, seguida por Tycho Junior e Kepler. Jepp pôs-se a dançar ao redor de seu mestre. Criados espreitavam assustados detrás de portas entreabertas.

"Desta vez Tycho passou dos limites", disse Minckwicz. "Consumiu mais vinho do barão Rozmberk do que cinco homens. Pedi-lhe que se controlasse, mas, teimoso como sempre, ele não me deu ouvidos. Resultado: no fim do jantar, mal podia ficar em pé. Agora está pagando o preço."

"Cale a boca, seu tolo, e ajude-me a subir as escadas. Se não mijar, vou explodir, juro!"

"Não fale assim com seu amigo!", gritou Kirsten. "Se não fosse ele, você estaria caído na sarjeta feito um mendigo. Por que não urinou antes?"

"Ora, mulher estúpida, você não entende nada!", rosnou Tycho, apertando o abdome logo acima da bexiga.

Minckwicz balançou a cabeça. "A senhora deve saber que é quebra de protocolo deixar a mesa antes do anfitrião. E o barão estava muito inspirado hoje, contando histórias de suas campanhas contra os turcos nos Cárpatos. Tycho bebia sem parar, esperando que o barão se levantasse. Acho que calculou mal..."

"Deus tenha piedade de sua alma", rogou Kirsten. "Johannes, Tycho Junior, ajudem-me, rápido! Levem-no para o quarto, enquanto preparo um banho quente." Bateu palmas para chamar os criados. "Obrigada, conselheiro. Estou profundamente envergonhada da conduta de meu marido. Nem sei o que dizer."

"Não se preocupe, senhora. Acredite, Tycho não é o único na corte que não sabe se controlar diante de uma garrafa", disse Minckwicz, com o sorriso orgulhoso de quem nunca perdia o controle. "Por favor, mantenha-me informado do progresso dele. Talvez um pequeno sangramento o ajude a dormir esta noite." Em seguida, fez uma reverência e partiu.

Tycho, dobrado sobre si mesmo, urrava de dor cada vez que seu filho e Kepler o forçavam a ficar ereto para subir as escadas. Foi uma luta chegar ao quarto, e outra, despi-lo.

"Vou deixá-los agora. Se precisarem de ajuda, estou à disposição." Kepler falou, e aproximou-se de Tycho, tentando confortá-lo, mas ele havia perdido a consciência.

Ninguém dormiu. Os gritos de Tycho sacudiram as paredes a noite inteira. Ele não conseguia urinar, e, quando acontecia de expelir algumas gotas, sentia uma dor insuportável. Os dias foram passando, o pobre dr. Jesensky tentando de tudo: sangramentos, compressas quentes e frias, infusões de ervas, mas nada parecia funcionar. Para piorar a situação, nas raras ocasiões em que a dor o esquecia, Tycho comia e bebia furiosamente, como se a estivesse cortejando.

"Por que está fazendo isso, homem?", gritava Kirsten, exasperada. "Está cansado da vida? É isso? Quer morrer? Como pode ser tão egoísta?"

Ele fitava a mulher com olhos vagos, enquanto mastigava como um animal. Só encontrava paz nos longos períodos de delírio. No décimo primeiro dia, começou a sofrer de insuficiência respiratória. Jesensky solicitou a Kirsten, Tycho Junior e Kepler que fossem até o quarto. Os quatro cercaram o leito do moribundo, rezando em silêncio para que sua alma encontrasse o merecido descanso eterno. Jepp, encostado na parede, de cócoras, gemia como um bicho ferido. Aos prantos, Kirsten pegou na mão trêmula do marido e sentiu seu calor pela última vez. De súbito, Tycho abriu os olhos e vasculhou o quarto até encontrar Kepler. Este foi tomado pela emoção. Um brilho que vinha de um lugar além deste mundo iluminava os olhos do mentor, que estendeu os braços para ele, pedindo-lhe que se aproximasse. O assistente atendeu-o. Reunindo todas as suas forças, Tycho pôs as mãos nos ombros de Kepler e disse: "Não deixe que minha vida tenha sido em vão. *Por favor*, não me deixe ter vivido em vão...".

Kepler ajoelhou a seu lado e, apertando a mão do grande astrônomo contra o peito, respondeu: "Não deixarei, mestre. Prometo-lhe".

Dois dias depois da morte de Tycho, Barvitius foi à residência dos Brahe. Pediu ao criado que o atendeu que chamasse Johannes Kepler.

Kepler desceu a escada correndo, abotoando o colete. "Excelência, perdoe meus trajes. Não esperava visitantes."

O secretário de Rodolfo II ignorou as palavras de Kepler e, secamente, declarou: "Estou aqui para anunciar-lhe que Sua Alteza, o Sagrado Imperador Romano, acaba de nomeá-lo sucessor de Tycho Brahe. O senhor é o novo matemático imperial". Kepler ficou boquiaberto. "Sua Alteza pede-lhe que prepare uma proposta salarial com urgência, para que possamos cuidar dos necessários arranjos contratuais."

Kepler teve uma vertigem. Precisou sentar-se, respirar fundo. "Matemático imperial? Eu? O posto mais prestigioso para um astrônomo em toda a Europa?" Barvitius bufou.

"Perdoe-me, Excelência, mas a notícia pegou-me de surpresa. É uma honra servir nosso amado imperador. Prepararei uma proposta o quanto antes."

"Sua Alteza deseja que o senhor cuide dos instrumentos de Tycho e termine os trabalhos já iniciados. Em particular, insiste que as Tabelas Rodolfinas sejam concluídas o mais rápido possível."

Kepler sorria como uma criança. Nem mesmo a arrogância do secretário imperial o incomodava. "Terei o maior prazer em cumprir as ordens de Sua Alteza."

"Muito bem, *Herr* Kepler. Agora, se me permite, devo partir. Tenho ainda muito que providenciar para o funeral de Tycho."

Assim que Barvitius se foi, Kepler voou escada acima, gritando: "Bárbara! Bárbara!".

Bárbara saiu do quarto, assustada. "Que aconteceu?"

"Ah... uma coisa maravilhosa, querida, uma coisa maravilhosa..."

"Diga logo, homem!"

"Acabo de ser nomeado sucessor de Tycho! Sou o novo matemático imperial de Sua Majestade Rodolfo II, Sagrado Imperador Romano!"

Bárbara correu ao encontro do marido e abraçou-o. "Johannes, estou tão orgulhosa de você! Será que finalmente teremos nossa própria casa?"

"Sim, querida, vamos começar a procurar uma imediatamente! O secretário imperial solicitou-me que propusesse um salário, imagine só! Preciso escrever logo para Herwart, pedindo sua orientação."

"Que nossos tormentos tenham chegado ao fim", rogou Bárbara.

"Chegaram, querida, chegaram", disse Kepler, abraçando uma vez mais a esposa.

No dia do funeral, milhares de pessoas reuniram-se na praça central da Cidade Velha, esperando a procissão que levaria Tycho ao local de seu repouso eterno, na catedral de Tyn. Ao meio-dia, o corneteiro imperial anunciou o início da cerimônia. Guardas organizaram a multidão em duas fileiras, formando um corredor de mais de três quilômetros. Uma companhia de cem guardas da cavalaria imperial foi a primeira a cruzá-lo, seguida por número idêntico de soldados que soavam tambores. Dois guardas com armadura completa, portando as bandeiras do Império, marcharam solenemente diante do cavalo de Tycho. Depois, pelo corredor humano passou o caixão, carregado por doze homens e coberto por um manto de veludo negro com o brasão da família Brahe bordado a ouro. Atrás do caixão vieram Kirsten, Tycho Junior e demais membros da família, Kepler e outros assistentes, dezenas de dignitários da corte, e, finalmente, nobres e amigos mais próximos. Fechando a procissão, um grupo de vinte meninos e meninas, todos vestidos de preto, com uma rosa vermelha nas mãos encostada no peito.

A catedral estava abarrotada. As cadeiras destinadas aos membros da família foram revestidas do mais fino tecido inglês, tingido nas cores da Dinamarca. Rosas brancas espalhadas sobre o altar imitavam as estrelas. Os restos mortais de Tycho foram depositados numa tumba ao lado de seu amado globo celeste. "Acompanhou os astros durante a vida, será acompanhado por eles na morte", murmurou Kepler, ensaiando sua fala. "Viveu como um príncipe e morreu como um príncipe, o príncipe dos astrônomos." Falou, e segurou a mão da esposa.

"É verdade, Johannes. Mas agora é a sua vez, a vez do astrônomo plebeu", disse Bárbara.

"Sim, querida, agora é a minha vez."

25

"Vossa Alteza, anuncio a presença de Johannes Kepler, o matemático imperial", disse Barvitius. Vestindo calças largas atadas abaixo dos joelhos, como ditava a moda, um colete de veludo verde-escuro bordado com seda importada e uma blusa branca de cetim, Kepler não parecia o humilde assistente de Tycho que, apenas três anos antes, estivera naquela mesma sala com o grande astrônomo. "Como as coisas mudaram", pensou, ao aproximar-se do imperador, que dava a impressão de estar mais nervoso que de praxe.

"*Herr* Kepler, diga-me, por favor, estamos condenados?", perguntou Rodolfo II. "Essa estrela nova que surgiu nos céus é mesmo um mau agouro, como estão dizendo pelas ruas? E tão próxima da conjunção de Júpiter com Saturno? Por favor, matemático, *tenho* de saber a verdade."

O pobre suava abundantemente, aterrorizado. Kepler tinha de acalmá-lo de alguma forma. "Alteza, é verdade que estamos iniciando um novo trígono de fogo: Júpiter e Saturno estão em conjunção em Sagitário, um signo do fogo. Porém, isso não é necessariamente um mau agouro. Lembre-se de que trígonos se repetem a intervalos de oitocentos anos, permanecendo duzentos anos em cada um dos quatro elementos — terra, água, ar e fogo. Na última vez em que ocorreu um trígono de fogo, Carlos Magno foi coroado Sagrado Imperador Romano. Oitocentos anos antes disso, bem, foi o nascimento de Nosso Senhor Jesus Cristo que marcou o começo de outro trígono."

Rodolfo baixou a cabeça. "É verdade, *Herr* Kepler. Mas

uma estrela nova aparecendo bem ao lado de Júpiter e Saturno? É um fenômeno misterioso demais! Até Marte se aproximou dos irmãos distantes para dar uma olhada..." Aventurou-se em seus lábios um sorriso, que foi logo eclipsado pelo medo. "*Herr* Kepler, o senhor sabe o que se diz, *nova stella, novus rex*. Será que meu reino está chegando ao fim? Será que meu próprio irmão Matias vai me atacar?"

"Alteza, lembre-se do nascimento de Nosso Senhor. Não havia então uma estrela nova iluminando os céus, guiando os Reis Magos para o oeste? Acredito ser bem provável que a estrela nova que vemos agora seja um bom presságio, embora prefira não me fiar muito em aparições celestes." O imperador fitou-o desconfiado. "Acredito que Deus envie esses sinais para que não nos esqueçamos de nossa insignificância perante Ele, para que possamos nos arrepender de nossos pecados, melhorar nossa vida e a dos que amamos. Se é Sua escrita que vemos nos céus, é a escrita de um Deus que ama, não de um Deus que odeia."

Rodolfo sorriu, aliviado. "Muito bem, caro matemático, muito bem. Posso, então, contar com um manuscrito contendo suas observações a respeito da estrela nova?"

"Certamente, Alteza. É um privilégio testemunharmos um fenômeno tão magnífico e raro. Tycho teve a sua estrela nova em 1572, e eu, a minha, agora, em 1604. Rogo-lhe que me ouça, Alteza, quando afirmo que aquela joia que brilha no céu noturno não deve ser temida, mas adorada. Ela anuncia o despontar de uma nova era para os homens, uma era de sabedoria e conhecimento. E, se Vossa Alteza me permite uma opinião pessoal, estou convencido de que a estrela nova anuncia a chegada de uma nova astronomia."

"Como assim, *Herr* Kepler? O senhor teve êxito em seus estudos de Marte? Estou ansioso à espera de um manuscrito."

Kepler sorriu, sem graça. Já fazia dois anos que prometera ao imperador um trabalho sobre Marte. "Sim, Alteza, e peço-lhe desculpas pelo atraso. Dediquei boa parte dos últimos dois anos ao meu tratado sobre ótica, e tive pouco tempo para os mistérios do astro guerreiro."

"E sua *Parte ótica da astronomia*, com a explicação magistral sobre o olho humano e seu funcionamento, proporcionou-me inúmeras horas de prazer", disse Rodolfo.

"Mas, agora que *Herr* Tengnagel finalmente me entregou os dados que faltavam, voltarei ao trabalho sobre Marte. Na verdade, desde que Vossa Alteza o nomeou supervisor das Tabelas Rodolfinas, meu acesso aos dados de Tycho foi limitado."

Rodolfo ergueu as sobrancelhas. "Fico surpreso e desapontado com isso, *Herr* Kepler. Insisti com ele para que vocês trabalhassem juntos."

"Infelizmente, Alteza, não foi o que aconteceu. Contudo, a situação está para mudar. O envolvimento com a política tem deixado *Herr* Tengnagel muito ocupado. Recentemente, ele me permitiu mais uma vez livre acesso aos dados de Tycho. Creio que em breve obterei resultados importantes."

"Esplêndido, *Herr* Kepler, esplêndido. Caro matemático, antes de nossa conversa eu estava profundamente preocupado. O senhor tem a dádiva de acalmar meus temores. Vamos então rezar para que sua interpretação da estrela nova esteja correta, para a paz e estabilidade deste Império." Rodolfo sorriu e deu a entender que a audiência estava encerrada.

Acabara de anoitecer, e Kepler, que saíra exultante do castelo, tinha pela frente uma caminhada de meia hora até sua casa na Cidade Velha. Olhou para a estrela nova, prestes a se esconder no horizonte. "Uma estrela nova para uma nova astronomia", murmurou. Marte surgiu de trás das colinas, brilhando alaranjado contra o céu azul e saudando o homem que havia jurado decifrar seus segredos.

Maestlin acordou sentindo-se bem. Milagrosamente, suas costas e articulações não doíam. Até as pernas pareciam mais firmes. O último encontro com Christian, apesar da intensidade catártica, era uma lembrança distante, mais sonho que realidade. Restava apenas a estranha sensação de ter abraçado Kepler, de ter estado ao lado dele como no passado. Sua juventude, os olhos castanhos faiscando, sedentos de saber, as discussões noturnas, secretas, sobre as ideias de Copérnico... O velho mestre deu-se conta de como sua mente tinha se acalmado, deixado de divagar, desde que ele começara a ler o diário; era como se tivesse achado o que procurava havia muito. "Johannes sabia, por isso enviou-me o diário antes de morrer", pensou. "Talvez, mesmo após anos de silêncio, tenha compreendido meu tormento e decidido dar-me mais uma chance. E assim será, caro pupilo, assim será", murmurou, enquanto lavava o rosto.

Tendo notado a mudança no humor do dono, Urânia roçava-se nas suas pernas. Maestlin pegou um brinquedo que Christian havia feito para ela, uma pena de coruja presa a uma linha. A gata saltava no ar como se ali houvesse um pássaro provocando-a. Maestlin brincou até os braços cansarem. Maria não viria naquele dia, pois duas de suas crianças estavam com catapora. O velho astrônomo resolveu ir comprar pão e alguns ovos. Era um dia quente de verão, o céu estava carregado de nuvens cor de chumbo, as quais se uniam e se afastavam ao capricho do vento. Ocasionalmente, um rasgão revelava o azul por trás do cinza, um azul que se estendia ao infinito, lembrando aos homens seu contrato com Deus.

Maestlin sentiu-se forte o suficiente para subir a ladeira até o castelo de Hohentübingen, o que havia feito tantas vezes na companhia de Kepler. Andava devagar, para conseguir chegar até o final. Parou na entrada principal e olhou para baixo. Quantas vezes ainda veria toda Tübingen a seus pés? Sentou-se no muro baixo que ladeava o portão e ficou admirando o céu, observando como ele mudava. "Causa e efeito", pensou. "O vento esculpe as nuvens, o tempo esculpe a alma dos homens. O vento, porém, dissipa as nuvens, enquanto o tempo jamais dissipará a alma. Sua essência permanece a mesma, intacta. É ela que define quem somos. E, quando a chama da vida deixa de brilhar e o corpo tomba, é essa essência que ascende aos céus, unindo-se a Deus por toda a eternidade."

Maestlin sorriu e, apoiando-se ao muro, levantou-se. Um carrilhão de sinos começou a tocar, anunciando o meio-dia. O velho mestre apressou-se ladeira abaixo, atento para não tropeçar nas pedras irregulares.

Quando ele chegou à porta de sua casa, Christian, que o aguardava conversando animadamente com o padeiro e deliciando-se com uma fatia de torta de maçã, perguntou: "Olá, vovô! Por onde o senhor andava?".

"Ah, decidi dar uma caminhada, e devo ter perdido a noção do tempo. Vamos entrando. Preciso alimentar-me antes de começarmos."

Sentaram-se à mesa, e Maestlin comeu um prato de pão com ovos e repolho cozidos.

"O senhor parece animado hoje", disse Christian, sondando o avô para ver se ele se lembrava do que havia ocorrido.

"Estou ótimo. Aliás, há muito tempo não me sentia assim."

"Que bom, vovô! Acho que a leitura está lhe fazendo bem, embora meu pai viva dizendo que é uma grande perda de tempo."

"Seu pai fala muita bobagem! De qualquer forma, quem está me parecendo meio cansado é você, Christian. Se continuarmos a ler todos os dias, vou acabar voltando a ser jovem, e você vai ficar velho!" Os dois riram. Estava claro que prefeririam não comentar o que havia se passado no dia anterior.

"Bem, estou pronto", disse Maestlin, empurrando Urânia da poltrona e entregando o diário ao neto.

15 de agosto de 1602

Tantas coisas aconteceram neste último ano, que mal tive tempo de trabalhar ou escrever neste diário. Sinto-me abençoado! Bárbara deu à luz uma menina saudável, Susanna! Talvez Deus finalmente deixe nossa criança viver. Bárbara está feliz, claro, mas não descansará até ter um menino. Quanto a mim, confesso que também me alegraria ver um pequenino Johannes correndo pela casa.

Acho que desta vez Marte enfim se renderá às minhas investidas. É chegada a hora! Se Marte não nos revelar os segredos da astronomia por meio de seus movimentos celestes, eles ficarão ocultos para sempre. Estou convencido de que o Sol é o centro de sua órbita. E o centro da órbita da Terra também. Por que a Terra deveria ser diferente dos outros planetas? Se uma força que emana do Sol controla as órbitas planetárias, então o Sol <u>tem de</u> ser o centro, e sua força <u>tem de</u> agir em <u>todos</u> os planetas, tornando-se mais fraca à medida que estes se afastam dele. Tem de ser assim, e eu sabia disso desde que cheguei a Benátky, há mais de um ano. Mas preciso provar minha hipótese com muito cuidado, mostrando que os dados de Tycho não estariam de acordo com nenhuma outra. Sei que ele queria que eu os usasse para comprovar o seu modelo cósmico. Porém, seus dados é que são seu legado imortal, e revelarão ao mundo a verdadeira estrutura do cosmo. Decidi proceder por eliminação, até encontrar a resposta correta. Pela reação de meus colegas, sei que será mais fácil convencê-los se me mantiver o mais próximo possível da tradição astronômica, ao menos no início. Esse é decerto o caminho mais diplomático.

Resolvi começar conciliando as ideias de Ptolomeu às de Copérnico. Como fiz isso? O cosmo de Ptolomeu não era estritamente geocêntrico: ele deslocou a Terra do centro, opondo-a ao equante. No meu esquema, desloquei o Sol ligeiramente do centro, também opondo-o ao equante: substituí a Terra de Ptolomeu pelo meu Sol. Cada planeta tem sua órbita e seu equante, cuja posição deve ser ajustada para coincidir o máximo possível com as observações.

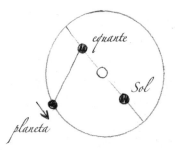

Foi mesmo genial a ideia de Ptolomeu de criar o equante. Assim sua teoria pode descrever a variação nas velocidades orbitais dos planetas à medida que eles viajam pelos céus. Quando os planetas circularem em torno do equante com velocidade uniforme, um observador sentado no Sol vai vê-los com velocidades variáveis, mais rápida ao se aproximarem dele e mais lenta ao se afastarem. O desafio é encontrar a posição correta para o equante, de modo que o esquema reproduza o mais satisfatoriamente possível as observações de Tycho.

Passei meses tentando encontrar a posição do equante para Marte. Os cálculos são infernais, absurdamente complexos, e tive de repeti-los mais de setenta vezes! Quase cheguei à loucura! Ah, como as coisas seriam fáceis se o Sol estivesse de fato no centro geométrico do círculo...

Após incontáveis horas de agonia, por fim encontrei a posição do equante que gera uma órbita para Marte com uma precisão de 2 minutos de grau, ou seja, 1/30 de 1 grau, exatamente a precisão dos dados de Tycho! Será então essa a resposta? Será que os equantes sobrevivem na nova astronomia heliocêntrica? O grande Copérnico certamente não gostaria nada disso... Antes de comemorar, é bom testar meus resultados para outros pontos ao longo da órbita de Marte. Bendito Tycho, e benditas as suas medidas!

3 de setembro de 1602

Cantei vitória cedo demais! Ao contrastar meu modelo com dados de Tycho ao longo de outros pontos da órbita de Marte, obtive resultados desastrosos: uma discrepância de 8 minutos de grau, tão ruim quanto na época de Ptolomeu ou no modelo de Copérnico. Não, os dados de Tycho merecem muito mais que isso. O modelo cósmico deve, a todo custo, estar de acordo com as observações. Pois, se é por meio delas que os homens calculam como Deus construiu o mundo, é por meio da matemática, da razão, que podemos descrevê-lo. Os dois, dados e modelo, têm de concordar. Fui vítima desse planeta traiçoeiro, e devo começar tudo de novo. <u>Oito minutos de grau!</u> Eu sinto, sei que esses 8 minutos escondem a nova ciência dos céus. Afinal, meu modelo com o equante para Marte não tinha o Sol como centro. Talvez esse tenha sido o meu erro. Deus me dê forças para prosseguir.

"Devo continuar, vovô?"

"Claro, claro", respondeu Maestlin, impaciente. "Esta não é hora de parar."

10 de outubro de 1602

Meu objetivo é calcular onde Marte estará em sua órbita num dado momento. Desenvolvi uma estratégia que, acho, vai me ajudar. Devo agradecer ao velho e sábio Arquimedes: para calcular a razão entre a circunferência de um círculo e seu diâmetro — o número pi —, o grego dividiu o círculo em pequenos triângulos, como dividimos uma torta. Portanto, imaginei linhas originando-se do Sol como aros de uma roda, uma a cada grau, tocando o círculo da órbita de Marte (a roda). Levei em conta que o Sol não deve estar exatamente no meio do círculo. Para facilitar, considerei apenas meio círculo, ou seja, 180 graus, gerando 180 linhas. Afinal, a outra metade tem de ser idêntica. Deus pode ser sutil, mas malicioso não é.

Calculei, então, o comprimento de cada linha, a distância entre Marte e Sol, à medida que o planeta avança em sua órbita, como uma pérola num colar. A matemática é terrível, em virtude da excentricidade do Sol. Meus dedos estão repletos de calos. Bárbara não tem dúvida de que enlouqueci de vez. Talvez ela esteja certa!

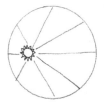

Mais uma vez, devo agradecer ao gênio de Arquimedes. Ele usou essa partição em triângulos para calcular a área do círculo. Fiz o mesmo, cada triângulo contribuindo com sua pequena área, que está diretamente relacionada ao tempo que o planeta demora para ir de triângulo a triângulo: 10 graus, 10 triângulos; 50 graus, 50 triângulos, e assim por diante. Será que existe uma regra simples entre a área dos triângulos e o tempo que Marte demora sobre eles em sua órbita em torno do Sol? Por tentativas, obtive o seguinte resultado: <u>a linha que liga o Sol ao planeta varre áreas iguais em tempos iguais</u>. Se estiver correto, que belíssima regularidade a lei revela nos movimentos celestes!

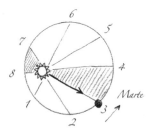

Primeiro, testei a lei com a Terra, já que sua excentricidade é muito menor que a de Marte: a órbita da Terra é praticamente centrada no Sol. A lei funcionou perfeitamente, de acordo com a precisão dos dados de Tycho. Quase explodi de emoção! Porém, quando a testei com Marte, não houve tanta compatibilidade. Os mesmos 8 minutos de grau voltaram a atormentar-me! Receio que chegarei a uma conclusão drástica: ou a lei das áreas e tempos está errada, ou é a hipótese de que as órbitas celestiais são circulares que está errada. Talvez elas não sejam círculos perfeitos? Talvez a deformação seja maior quanto maior for a excentricidade da órbita do planeta? Vou experimentar órbitas com formas diferentes e ver o que obtenho. De uma coisa, no entanto, estou convencido: só aqueles que buscam obstinadamente a verdade sabem dos tormentos que enfrentam no caminho... e merecem gozar a glória do triunfo! Deus ilumine minha mente.

"Quer dizer que Kepler foi além dos círculos?", perguntou Christian, fingindo não conhecer a resposta.

"É, assim foi", disse Maestlin. "Seu objetivo era conciliar os dados de Tycho com sua noção de que uma força que emana do Sol empurrava os planetas em suas órbitas. Para ele, os dados de Tycho eram sagrados. Uma descrição matemática do cosmo tinha de concordar com eles, mesmo que isso significasse abandonar dois mil anos de astronomia, mesmo que significasse opor-se a tudo e a todos! Como era teimoso, lutando sozinho... Praticamente ninguém lhe deu ouvidos. E poucos lhe dão ainda agora, mais de vinte anos passados."

"E o senhor?"

"Ah, você está ansioso para saber, não é?" Maestlin encarou o neto com suspeita. "Mas terá de esperar mais um pouco pela resposta."

"Por que tanto mistério?", insistiu Christian, dando-se conta de que o avô parecia mesmo não se lembrar do que havia ocorrido no dia anterior. Será que ele vivia em dois mundos?

"Você está parecendo seu pai, Christian. Basta de leitura por hoje. A caminhada me cansou muito. Preciso repousar."

Kepler cruzou a sala apressado, tentando não tropeçar nos brinquedos de Susanna nem nos desenhos de Regina. Sua vida mudara muito nos últimos anos. Finalmente tivera um filho, Friedrich, que lhe enchia o coração de alegria. Lá estava ele, seis meses e já sentando sozinho, exultante com mais essa conquista. Até mesmo Bárbara havia mudado. Passara a frequentar os círculos sociais, embora continuasse a reclamar das pretensiosas "mulheres de Praga". E a casa da Cidade Velha estava sempre cheia de crianças e de visitas.

Aquela noite, contudo, seria especial. Kepler tinha convidado alguns de seus melhores amigos para contar-lhes suas mais recentes descobertas sobre a órbita de Marte. Compareceriam seu novo correspondente, o astrônomo David Fabricius, o barão Hoffmann e, infelizmente, Franz Tengnagel, muito curioso para saber como ele usava os dados de Tycho — ainda sob a guarda dele. Até mesmo Herwart von Hohenburg iria, aproveitando sua rápida passagem por Praga, a negócios.

"Bárbara, por favor, tome conta de Friedrich. Tenho de preparar minha apresentação para hoje à noite. Regina, mantenha Susanna longe de mim, pelo menos por algumas horas.

Preciso de silêncio para me concentrar!" A enteada pegou a menina pela mão e levou-a para fora.

"Johannes, nunca o vi assim, tão nervoso", disse Bárbara. "Que está havendo?"

"Querida, descobri verdades profundas sobre o cosmo, verdades que, sei, chocarão muita gente, até mesmo os amigos que convidei para vir aqui hoje. Bem, quase todos são amigos: Tengnagel também virá." Bárbara franziu o cenho. "Se não conseguir convencê-los, receio que não conseguirei convencer ninguém."

"Ah, não seja tão pessimista, Johannes." Kepler olhou surpreso para a esposa. Não conseguia lembrar a última vez que ela o apoiara em seu trabalho. Talvez nunca. "Tenho certeza de que vai conseguir, você é como o sapo na história que conto sempre para Susanna, o que caiu numa tina de leite e, de tanto bater as perninhas para não se afogar, acabou fazendo o leite virar manteiga e pulou para fora da tina, contente da vida."

"Por que ela não pode ser sempre assim?", perguntou-se Kepler, e disse: "Isso mesmo, querida, vou perseverar. Como diziam os romanos, *guta cavat lapidem*, água mole em pedra dura...".

"É, mas a água demora muito tempo para furar a pedra."

"É o que acontecerá com minhas ideias", lamentou-se Kepler.

Os quatro convidados chegaram logo após a ceia, e o anfitrião chamou-os para sentar-se diante da lareira, apagada naquela noite surpreendentemente quente de maio.

"Caros amigos", começou Kepler, "antes de mais nada, deixem-me dizer como fico feliz em vê-los aqui esta noite, especialmente Herwart, que veio de tão longe." Herwart cumprimentou-o com um gesto de cabeça e um leve sorriso nos lábios finos; não escondia o orgulho que sentia por seu jovem protegido. Tengnagel, por sua vez, bufou.

"Como sabem, há anos venho tentando desvendar os segredos da órbita de Marte", continuou Kepler.

"É, e você nunca pagou o que me deve", provocou Tengnagel. "Lembra de nossa aposta de 1600? 'Ah, resolvo o mistério de Marte em sete dias...' Sete dias... Já se passaram quatro anos!"

"É verdade, Franz, demorei um pouco mais do que imaginava. Mas espero que, depois de ouvir o que tenho a dizer, você me perdoe."

"Veremos", grunhiu Tengnagel.

"Em 1602, obtive uma regra extremamente simples, que demonstrei ser satisfeita por Marte e pela Terra em suas órbitas ao redor do Sol."

"Então, suas descobertas estão relacionadas ao sistema de Copérnico?", indagou Fabricius.

Kepler encarou-o com frieza. Os dois correspondiam-se sobre o assunto havia mais de um ano. "David, você sabe muito bem que sigo sempre a hipótese heliocêntrica de Copérnico. Contudo, como verá, meus resultados vão muito além. Se me permitem, tentarei explicar." Hoffmann e Herwart menearam afirmativamente a cabeça, encorajando-o. "Como dizia, em 1602 descobri que uma linha que liga o Sol ao planeta varre áreas iguais em tempos iguais. Imaginem, portanto, um círculo e ponham o Sol ligeiramente deslocado do centro dele. Imaginem agora linhas conectando o Sol a pontos ao longo da órbita do planeta. De acordo com minha regra, quando um planeta se aproxima do Sol, anda mais rápido e, ao se afastar, anda mais devagar. Sei que os astrônomos sabem disso há muito. O que não sabiam é que os movimentos satisfazem uma relação matemática precisa. Comparei a regra com a órbita da Terra, e os resultados foram excelentes. Estou convencido de que a regra é consequência de uma força que emana do Sol, responsável pelas órbitas planetárias."

"E que força é essa, que age sobre o planeta sem tocá-lo?", interrompeu Fabricius. "Para mover uma bola, tenho de tocá-la. Trata-se de uma força-fantasma, talvez?"

Tengnagel caiu na gargalhada. "Só mesmo Kepler para acreditar que um fantasma carrega os planetas ao redor do Sol. Prefiro crer que os responsáveis por isso são os anjos."

"Nem sempre o que é invisível é sobrenatural", interveio

Herwart. "O ilustre dr. Gilbert, médico da corte de Sua Alteza a rainha Elizabeth I da Inglaterra, acaba de publicar um livro em que explica como funcionam as bússolas, argumentando de forma brilhante e convincente que a Terra é um ímã gigantesco. Embora ninguém veja a força magnética, ela faz objetos metálicos moverem-se pelo espaço."

"Exatamente!", exclamou Kepler. "A ideia de Gilbert pode ser estendida ao sistema solar. A força que emana do Sol é de natureza magnética: com seus braços invisíveis, empurra os planetas ao longo de suas órbitas e enfraquece com o inverso da distância."

"Você não tem como provar isso, Johannes", protestou Fabricius.

"A prova é minha explicação da órbita de Marte. Se um modelo é capaz de explicar os dados de Tycho, esse modelo tem de estar correto. E estou convencido de que tais dados não são compatíveis nem com o modelo de Ptolomeu nem com o do próprio Tycho. A Terra simplesmente não pode estar parada no centro do cosmo."

"Quer dizer que é assim que agradece a Tycho por sua generosidade?", estourou Tengnagel. "Tentando ridicularizá-lo perante todos quando ele não pode mais se defender? Agora entendo por que ele nunca confiou em você!"

"Isso é um absurdo! Eu nunca tentaria ridicularizar Tycho! Ninguém jamais mediu os céus com tal genialidade e precisão. As observações dele são um legado imortal. Sem elas, eu não teria chegado às conclusões que cheguei. Seria uma injustiça muito maior se eu usasse os frutos de seu árduo trabalho para justificar o modelo errado. Seria um insulto à sua memória. Tycho abriu a janela que nos permitiu vislumbrar a glória da Criação."

"Muito bem, Johannes", apoiou Hoffmann. "Os dados de Tycho devem servir de alicerce para uma nova astronomia, uma astronomia capaz de explicar como Deus arquitetou o cosmo."

"Justamente", concordou Kepler, aliviado. "Mas deixem-me continuar, por favor. Como disse, provei que a Terra, em seu movimento circular em torno do Sol, satisfaz à lei das áreas. Quando tentei provar o mesmo com Marte, os resultados foram desastrosos. Não conseguia me livrar de uma discrepância de 8 minutos de grau, uma monstruosidade quando comparada à belíssima precisão de 2 minutos de grau dos dados de Tycho. Recalculando inúmeras vezes a lei das áreas, notei que Marte passava mais tempo no topo e na base de sua órbita do que nas extremidades. Tentei então mudar a forma da órbita. Quem sabe? Talvez ela não fosse um círculo perfeito, mas uma espécie de oval."

Tengnagel resmungou algo ininteligível. Herwart e Hoffmann mal continham a curiosidade. Renegar círculos era uma heresia em astronomia. Em dois mil anos, ninguém ousara sequer pensar em outro formato para as órbitas celestes.

"Ah, eu me lembro", interveio Fabricius. "Acho que foi no verão de 1603 que recebi uma carta sua dizendo que essas ovais ainda o levariam à loucura. 'Ah, se ao menos a órbita fosse elíptica', você escreveu."

"É verdade, amigo. Só que, estupidamente, esqueci-me disso logo depois que lhe escrevi! Passei o ano inteiro de 1604 testando mais de vinte tipos de curvas ovais. Minha ideia era simples: se Marte passa tempo demais no topo ou na base de sua órbita, só o que eu tinha de fazer era achatá-la um pouco, como fazemos com uma salsicha. Dessa maneira, Marte teria uma distância menor para percorrer no topo e na base de sua órbita, e eu obteria uma compatibilidade maior com os dados de Tycho. Mas qual forma devia escolher? Qual oval era a mais indicada? Onde devia ser achatada, e quanto? Ah, como sofri com esses cálculos... Nada parecia funcionar. Cheguei a pensar que minha frustração me levaria à loucura. E, então, há apenas algumas semanas, enfim encontrei a resposta. Foi como se tivesse acordado de um longo sonho e visto uma nova luz, um novo modo de olhar para o mundo. Eu estava certo em 1603, David, *a órbita é uma elipse!* Quando tentei essa forma, com o Sol num dos focos da elipse, houve total compatibilidade com os dados de Tycho!"

"Que está dizendo, homem?", espantou-se Fabricius. "Que vai levar isso a sério?"

"Exatamente", respondeu Kepler, seco. "Se é isso que os dados nos dizem. Não escolhemos o mundo com nossa mente, e sim com nossos olhos."

"Que atrevimento!", protestou Tengnagel. "Como ousa comparar-se a Aristóteles? Ou a Ptolomeu?"

"Não estou me comparando a ninguém, você é que está", replicou Kepler. "Apenas revelei o que faz a Natureza. A elipse é a mais harmoniosa das formas ovais, exatamente simétrica nas duas extremidades, como o número zero. Eu devia ter percebido isso muito antes! O pior foi que percebi mas não acreditei. Nenhuma outra figura fechada é tão elegante e simples. De fato, o círculo nada mais é do que um tipo de elipse: à medida que a elipse fica menos achatada, isto é, menos excêntrica, sua forma aproxima-se da do círculo. No limite em que a distância do centro à curva é a mesma para todos os pontos, a elipse *é* um círculo! Talvez seja por isso que Deus tenha usado elipses para construir os movimentos celestes: são mais gerais que os círculos. Quaisquer que tenham sido Suas razões, que não me cabe questionar, tive o privilégio de descobrir a verdade e tenho o dever de revelá-la o quanto antes ao mundo", concluiu, exultante.

"Bravo", exclamou Herwart, em rara demonstração de entusiasmo. "Um feito dos mais notáveis, digno de nossa admiração. E a Terra e os outros planetas?"

"Excelente pergunta, caro Herwart. A excentricidade da Terra é tão pequena, que mal podemos diferenciar sua órbita elíptica de uma circular. Por isso afirmo que a elipse é uma forma mais geral: se a órbita de um planeta é uma elipse de excentricidade pequena, não podemos diferenciá-la de um círculo! Isso explica por que a velha astronomia funcionou por tanto tempo. A precisão dos dados de Tycho, contudo, demanda mudança. Pretendo investigar as órbitas dos outros planetas em breve, dando andamento ao meu trabalho com Tengnagel nas Tabelas Rodolfinas, que, aliás, anda terrivelmente atrasado." Kepler recebeu um olhar furioso de Tengnagel.

"Vamos com calma, Johannes", disse Fabricius. "Suas elipses abolem os círculos da astronomia e, com eles, a uniformidade das órbitas celestes. Isso viola a regra platônica que estabelece que todos os movimentos celestes devem ser uniformes e circulares. Perdão, amigo, mas não posso concordar com você."

"E como Platão obteve essa regra?", revidou Kepler. "Por acaso podia contar com os dados de Tycho? Ou será que, ao usar a solução mais simples, o círculo, não estava apenas *adivinhando* o que o Criador tinha em mente?" Falou, e olhou preocupado para Fabricius. Sabia que a crítica ecoaria em toda a Europa.

"Johannes", insistiu Fabricius, "quanto mais penso nas suas elipses, mais absurdas elas me parecem. Órbitas planetárias na forma de salsichas? Será que você não pode justificar com órbitas circulares esses movimentos elípticos? Talvez usando epiciclos? Eu ficaria muito mais feliz se isso fosse possível. Acho até que sei como fazê-lo..."

"Mas para quê?", protestou Kepler. "Para que abarrotar o cosmo de círculos-fantasmas quando a solução é tão mais simples e elegante? Está na hora de os astrônomos olharem para a frente, não para trás! Precisamos de uma *nova* astronomia, baseada em relações causais entre os corpos celestes, não em círculos imaginários. Essa nova astronomia é justamente a que proponho, na qual uma força vinda do Sol é responsável pelas órbitas elípticas dos planetas. Tenho certeza de que Deus está sorrindo no firmamento, agora que uma de suas criaturas vislumbrou, ainda que por instantes, os segredos de Sua mente."

"Não tenha tanta certeza de que é o único que pode vislumbrar a mente divina, Johannes", criticou Fabricius.

"Não estou dizendo que sou especial ou escolhido, mas apenas que a alta precisão dos dados de Tycho me permitiu encontrar a forma da órbita de Marte."

"Bem, Johannes", interrompeu Herwart, procurando desfazer a tensão, "quais são seus planos agora?"

"Pretendo organizar minha montanha de cálculos e anotações, mais de cinquenta capítulos até o momento, num livro que intitularei *Astronomia nova*. Porém, os comentários de vocês sugerem que terei muito trabalho para tentar convencer nossos colegas. Preciso estruturar o livro como uma busca exaustiva pela forma das órbitas, começando com Ptolomeu e epiciclos, descartando uma possibilidade após outra, até chegar às elipses. Afinal, foi esse também meu caminho até a Verdade."

"Esplêndido!", exclamou Hoffmann, batendo palmas. "O imperador ficará muito feliz, tenho certeza."

"Assim espero. Bem, meus caros, se não tiverem outras perguntas, sugiro encerrar nossa discussão. Agradeço com sinceridade a atenção de vocês. Vou pedir a Bárbara que traga vinho e alguma coisa para comermos. Trabalhamos arduamente, está na hora de deixar que o vinho afogue nossas diferenças."

Enquanto os demais convidados se dirigiam à sala de jantar, Tengnagel aproximou-se de Kepler. "Precisamos discutir urgentemente esse seu livro. Não esqueça que só pode usar os dados de Tycho com minha permissão."

Kepler já esperava por aquilo. "Mas claro, Franz. Que tal nos encontrarmos amanhã, depois do pôr do sol, no Signo do Grifo Dourado?"

"Amanhã, depois do pôr do sol."

O Signo do Grifo Dourado, a taverna mais popular da Cidade Velha, estava lotado como sempre quando Kepler chegou, mais cedo do que o combinado, para tomar um ou dois cálices de vinho antes de enfrentar Tengnagel. Tendo se convertido à fé papista, o dinamarquês envolvia-se cada vez mais com a política da corte de Rodolfo II, tentando acalmar, nem sempre com sucesso, as crescentes tensões entre católicos e protestantes. Com a Áustria controlada pelo radical Ferdinando, os esforços de Rodolfo não surtiam efeito. Tengnagel não tinha tempo nem interesse de lidar com astronomia. Para piorar as coisas, estava convicto de que a intenção de Kepler era humilhar seu falecido sogro, que o plebeu alemão usaria os dados dele para se promover. Kepler sabia que precisava ser extremamente cauteloso; qualquer erro, e o outro lhe proibiria o acesso aos dados de Tycho.

Quando Tengnagel chegou, Kepler já estava no segundo cálice. O conselheiro imperial, orgulhoso de seu novo *status*, aproximou-se da mesa e sentou-se. "Johannes", começou, "serei franco e objetivo. Não gosto de você. Estou aqui em nome de meus laços com Tycho e com o imperador. Se pudesse, trancaria todas as observações de meu sogro num cofre, bem longe de seus olhos gananciosos."

Kepler notou que, apesar das palavras duras, Tengnagel era incapaz de olhar nos olhos dele. "Um tolo, tolo e fraco, nada mais", pensou. E retorquiu com firmeza: "Franz, agradeço-lhe por ter me concedido estes instantes de seu precioso tempo. Gostaria de lembrar-lhe que sou o matemático imperial e que, como tal, tenho o dever de completar os trabalhos de que me incumbiu Sua Majestade. Não peço nem espero sua amizade ou sua simpatia. Só o que quero é cumprir a promessa que fiz a Tycho e ao imperador. Para tanto, necessito de acesso livre a todos os dados de Tycho, bem como de sua permissão para publicar meus resultados sobre Marte".

"Sua teoria de elipses e forças que emanam do Sol vai desgraçar o nome de meu sogro. Não posso permitir que difame o legado do grande Tycho Brahe."

"Franz, você está muito enganado sobre minha atitude com relação a Tycho e seu legado. É evidente que não concordávamos em tudo, mas nosso amor pelos céus e pela verdade era idêntico. Tycho deu-me a tarefa de estudar Marte e, pouco antes de morrer, nomeou-me seu assistente oficial para trabalharmos nas Tabelas Rodolfinas, com a bênção do imperador. Você sabe disso melhor que eu. E, Franz, você também sabe que sou o único homem em toda a Europa capaz de decifrar a confusão de dados armazenados por seu sogro, de pô-los a serviço da humanidade, usando-os para revelar a glória de Deus. Teria coragem de condenar Tycho ao anonimato, de tirá-lo de seu justo posto no ápice da astronomia?

Prefere mesmo que as observações dele sejam trancadas e esquecidas para sempre? É assim que se diz leal ao seu amado sogro?" Tengnagel não respondeu. Kepler insistiu: "Escute, prometo que o nome de Tycho será enaltecido neste e em todos os meus trabalhos futuros. Deixarei claro o quanto devo a ele, que a astronomia jamais poderia estar onde está sem seu magistral trabalho. Como garantia, só publicarei o manuscrito após seu consentimento. Que tal?".

"Bom, mas ainda não é o suficiente", replicou Tengnagel, tentando restabelecer seu tom original. As palavras de Kepler costumavam enturvar os pensamentos dele. "Exijo também escrever um prefácio explicando ao leitor como deve interpretar suas ideias."

Kepler sorriu, deliciando-se com a ironia da situação. Copérnico tivera sua grande obra profanada pelo prefácio de Osiander, no qual o teólogo luterano declarava ser a hipótese heliocêntrica apenas isso, uma hipótese, sem nenhuma intenção de corresponder à realidade. "E aqui estou eu", pensou Kepler, "com outro idiota tentando profanar minha obra. Mas tenho uma vantagem sobre Copérnico: o pobre homem morreu sem saber que Osiander escreveu o prefácio de seu livro." E disse: "Se esse é o seu desejo, que assim seja".

Tengnagel fitou-o, surpreso. Esperava ao menos alguma resistência. "Muito bem, pedirei ao meu secretário que redija um contrato com nosso acordo. Até breve", disse, levantando-se abruptamente e dirigindo-se à saída.

Kepler acenou ao taverneiro para que trouxesse outro cálice. Seria fácil lidar com o prefácio de Tengnagel, considerando-se que o tolo não sabia nada de astronomia e era um escritor de talento limitado. A missão seguinte seria terminar o manuscrito e obter financiamento do imperador para sua publicação.

26

Bárbara e Regina entraram em casa às pressas, assustando Friedrich e o irmão, Ludwig, de seis meses. Antes de passarem a tranca na porta, olharam para fora, a fim de certificar-se de que não haviam sido seguidas. Tremiam dos pés à cabeça.

"Johannes", gritou Bárbara. "Venha cá! Rápido!" Regina bateu à porta do escritório do padrasto.

Kepler abriu a porta, irritado com a interrupção. "Que é isso? Não veem que estou trabalhando?"

"Aconteceu uma coisa horrível." Bárbara sentou-se e abanou-se com as mãos. Ludwig começou a berrar, amedrontado. Friedrich, de três anos, correu para o pai e escondeu a cabeça entre as pernas dele.

"Bárbara, você está assustando os meninos. Que aconteceu?"

"É horrível, Johannes, estamos perdidos. Matias, o irmão do imperador Rodolfo, está marchando em direção a Praga com um exército de vinte mil soldados. Vinte mil! E estão a apenas um dia de distância. Ele quer que o irmão abdique. Se Rodolfo se recusar a fazê-lo, ameaça invadir e pilhar a cidade."

"Meu Deus, Rodolfo tinha razão, *nova stella, novus rex*. Quando a estrela nova apareceu no céu há quatro anos, ele me disse que temia isso, que seu próprio sangue o traísse. Matias deve achar que Rodolfo está louco."

"E não está? Só o que faz é ficar no castelo, cercado de brinquedinhos. Abandonou as ruas, que estão no mais completo caos. Se os turcos invadissem a cidade, não se importaria, contanto que pudesse continuar a brincar."

"Bárbara, não tem o direito de falar dessa maneira do nosso benfeitor."

"Que benfeitor o quê! Ele nunca paga seu salário, só promete. Não fosse o dinheiro da venda das minhas propriedades em Graz, estaríamos na rua. Meu pai tinha razão. Contar estrelas não enche a barriga de ninguém!"

"Mãe!", interrompeu Regina. "Papai não merece isso. A senhora sabe que ele faz tudo o que pode."

"Não é o suficiente! E só porque a senhorita cresceu não significa que pode se dirigir à sua mãe desse modo. Estou cansada de vocês todos!" Bárbara correu para o quarto, em prantos.

Kepler fitou a enteada, cujos olhos estavam cheios de lágrimas. "Regina, não ligue para as palavras da sua mãe. Na verdade, ela só quer o nosso bem. É que está preocupada, agora que a família cresceu tanto. Vou até a casa do barão Hoffmann ver se descubro mais alguma coisa. Tome conta de Ludwig, por favor. E veja se Susanna está escondida debaixo da cama." Pegou Friedrich pela mão e disse: "Você, meu jovem, vem comigo. Preciso de um protetor caso encontre algum inimigo nas ruas".

O rosto de Friedrich, a quem Kepler chamava de "minha caixinha de felicidade", iluminou-se num sorriso. "Claro, papai. E eu vou levar minha espada para bater nos soldados malvados." O menino apanhou sua espada de madeira e brandiu-a no ar.

Nas ruas, estavam todos alvoroçados. Corriam, procurando mercados ainda abertos e vendedores ambulantes, tentando abastecer-se antes que fosse tarde. Kepler e Friedrich atravessaram a imponente ponte Carlos em direção à ladeira que levava a Hradcany, onde vivia o barão. O calor era insuportável, mesmo para junho; o ar recusava-se a transformar-se em brisa, sutil que fosse.

Do portão, um dos soldados saudou Kepler, fazendo-lhe sinal para que entrasse. Os dois cães de caça do barão cercaram Friedrich, latindo, animados, e o trio desapareceu pelos majestosos jardins que se debruçavam sobre o Moldau.

O barão desceu as escadas às pressas. Kepler nunca o

vira assim: cabelos despenteados, barba por fazer, rosto suado. "Johannes", começou, ofegante, "o problema é grave, muito grave."

"Como assim?" Na mente de Kepler, brotavam mil perguntas. Matias seria o novo imperador? E iria mantê-lo no posto de matemático imperial? Ou, mais uma vez, seria expulso da Boêmia?

"Acabo de ser informado de que o imperador cedeu o reino da Hungria e os arquiducados da Áustria e da Morávia a Matias, ficando apenas com o controle da Boêmia e da Silésia. Como se não bastasse, prometeu ao irmão que ele será o novo rei da Boêmia. Portanto, a menos que algo ocorra até a morte de Rodolfo, Matias será nosso próximo rei e imperador. Parece, meu caro, que a sua Alemanha nativa também está em apuros."

"Bem, pelo menos não vai haver guerra, certo?"

"Johannes, sua compreensão dos céus obviamente não se estende aos afazeres dos homens! Não sabia que Frederico IV, Eleitor do Palatinado Alemão, forjou uma aliança entre os príncipes protestantes, a União Protestante? Quanto tempo acha que vai demorar para que os nobres católicos da Baviera façam o mesmo? Essa cisão religiosa ameaça não só a Alemanha mas todo o Império!" O barão interrompeu-se, lutando para respirar como um enorme peixe fora d'água.

Kepler fitava-o, boquiaberto. Ocupado com a família e imerso nos cálculos astronômicos, aplicando suas elipses às órbitas de todos os planetas, não prestara mesmo muita atenção no andamento da política. Sorriu, sem graça. "Barão, realmente não tinha ideia de que as coisas estavam tão ruins. O senhor sabia que Regina, minha enteada, está para se casar com Philip Ehem, um diplomata da corte de Frederico IV?"

"Parabéns, Johannes. Philip é uma ótima escolha, bem no centro do poder protestante alemão. Mas fique atento, caro amigo. Prevejo tempos muito difíceis. Faça planos alternativos, caso as coisas piorem em Praga. Lembre-se de que você é um astrônomo luterano numa corte católica. O que aconteceu em Graz pode acontecer aqui." Kepler olhou assustado para o barão, que, esboçando um sorriso, continuou: "Agora basta desta conversa agourenta. Como vão os instrumentos que lhe dei?".

"Ótimos, caro barão, ótimos. O sextante funciona muito bem. O quadrante de latão também produz boas medidas, embora o calor e a umidade afetem um pouco sua precisão."

"Excelente, excelente! Ao menos as estrelas vão continuar nos céus, imunes à estupidez dos homens."

"É verdade, caro barão. Não sei como manteria a sanidade se não pudesse contemplar a harmonia celeste."

"Eu entendo, Johannes. Porém, às vezes, e este é um desses momentos, é importante olhar para o mundo ao redor. Fique atento, meu caro, abra os olhos! Bem, tenho de ir ao palácio imediatamente. Estamos tentando um acordo entre as duas facções, para manter a paz a todo custo. Pelo menos ainda me escutam na corte, mesmo sendo eu um luterano da Estíria. Deus nos proteja!" Em seguida, o barão chamou o criado e o instruiu para que conduzisse o visitante até a porta.

Kepler procurou Friedrich pelos jardins, gritando seu nome. O menino, coberto de lama, o rosto brilhando de alegria, surgiu de um canteiro de flores. "Ah, papai, não podemos ficar só mais um pouquinho?" Os cachorros lambiam-no, mordiam sua espada, excitados, também querendo mais. "Ah, meu filho...", lamentou-se Kepler, abraçando-o, "como gostaria que você pudesse ficar aqui, brincando para sempre."

"Majestade", disse Kepler, ajoelhando perto do trono de Rodolfo, "é com imensa alegria que o informo de que a impressão de meu livro, *Astronomia nova*, já está quase concluída. Acredito que o livro fará jus ao esplendor de Vossa Alteza, introduzindo um novo modo de interpretar os céus."

"Barvitius! Traga-me o relógio de água, aquele que chegou de Veneza na semana passada. Rápido!"

Kepler olhou para Rodolfo, que parecia não ter notado a presença dele, e comprovou que o imperador submergia cada vez mais nas profundezas de sua mente, evitando o máximo possível lidar com os negócios do mundo. "O grande líder", refletiu, "está cansado dos homens, que não compreende. Apenas a mais pura beleza, filosófica ou mecânica, ainda o distrai."

Aproximou-se do trono, curvou-se respeitosamente aos pés de Rodolfo e esperou até que ele o visse, com seus enormes olhos que brilhavam com uma luz triste, como estrelas prestes a morrer. Mostrou-lhe algumas páginas do livro, elegantemente impressas pelo famoso Ernst Vögelin, de Heidelberg, cada uma decorada com diagramas geométricos e ricas ilustrações, em meio ao texto e a expressões matemáticas.

Os olhos do imperador pareceram renascer. "Ah, belíssimo, *Herr* Kepler. Fico muito satisfeito." Kepler suspirou. "E então?", perguntou Rodolfo. "O manuscrito está pronto? Quando posso vê-lo?"

"Bem, Majestade, é por isso que estou aqui." Barvitius, que retornara com o relógio de água, fitou-o com desconfiança. "O financiamento inicial não foi suficiente. Vögelin interrompeu a impressão, e só vai recomeçá-la quando receber o restante do pagamento. Quinhentas coroas."

O imperador não se alterou. "Barvitius, leve imediatamente *Herr* Kepler até o tesoureiro e assine nota promissória de quinhentas coroas. *Herr* Kepler, poucas coisas hoje em dia me dão o prazer e o orgulho que me dá seu trabalho. Espero ansioso o livro e as verdades que, sei, serão reveladas. Por falar em verdades, e minhas tabelas, como andam?"

Kepler sorriu. Barvitius balançou a cabeça, irritado com aquela despesa em tempos tão instáveis. "Estou trabalhando nelas com afinco, Majestade", respondeu Kepler. "Antes de partir, gostaria de expressar meu orgulho por servir um líder tão sábio e generoso, bem como minha gratidão. Deus proteja Vossa Majestade." Curvou-se mais uma vez e foi atrás de Barvitius.

Minutos depois, descia a ladeira que levava ao Moldau, com a promissória no bolso. Mal podia acreditar em sua sorte. Conseguir dinheiro do tesouro imperial nunca fora fácil, ainda mais agora, que praticamente todos os impostos se destinavam a financiar os vultosos custos do exército. A guerra esvazia os cofres e o espírito dos homens. Assim que viajasse para Heidelberg, arrecadaria o dinheiro. De lá, com o livro em mãos, iria promovê-lo na Feira de Frankfurt. Talvez tivesse tempo de visitar alguns dos antigos mestres em Tübingen, presentear Maestlin com uma cópia, mesmo sabendo que o mentor não apreciaria suas novas ideias. Seria difícil encará-lo após tantos anos de silêncio. Mas como poderia deixar de dividir suas descobertas com aquele que o ensinara a amar a astronomia? Quatro anos depois de ele ter desvendado o segredo da órbita de Marte, sua *Astronomia nova* enfim veria a luz do dia. O mundo tinha de conhecê-la.

"Consegui, Bárbara! Consegui o dinheiro com Rodolfo!"
Bárbara saiu do quarto, pálida. Movia-se com dificuldade, pois ganhara muito peso após o casamento de Regina. Fingiu sorrir e desabou numa cadeira, onde ficou fitando o chão com olhos vazios. Kepler deu de ombros. Não sabia o que fazer com a esposa. Nada parecia alegrá-la, nem mesmo as crianças que tanto quisera.

Susanna entrou correndo na sala, segurando a mão de Friedrich. "Que foi, papai?"

"Ah, filhinha, é que consegui o dinheiro de que precisava para terminar de imprimir meu livro, algo que vinha tentando desde que você tinha três anos. Devo ir à Alemanha, cuidar de algumas coisas." Bárbara enfim ergueu os olhos. "Não se preocupe, querida, não será uma viagem longa. Um mês ou dois, no máximo. Quero aproveitar a oportunidade para visitar minha mãe e ir a Tübingen, agora que a situação parece estar mais calma aqui."

"Por que cargas-d'água você vai a Tübingen?" Bárbara despertou de seu estupor. "Ninguém lá dá a menor importância para você ou para o seu trabalho. Ainda não percebeu? Até o seu amado Maestlin o abandonou quando você mais precisava dele."

Kepler franziu o cenho. Após doze anos de casamento, a

mulher sabia bem como feri-lo. "Bárbara, por favor, não vamos brigar outra vez por causa disso. Maestlin tinha suas razões. Eu insisti demais para que conseguisse um cargo para mim, pedia sempre alguma coisa, e ele cansou."

Friedrich veio correndo e pulou nas costas do pai, quase jogando-o ao chão. "Papai, papai, vamos brincar de cavalinho?" Kepler, incapaz de dizer não à sua "caixinha de felicidade", começou a galopar pela sala, relinchando. "Eu também, papai", pediu Ludwig, "eu também!"

"Silêncio, vocês todos!", gritou Bárbara. Kepler deteve-se. "E então?", continuou, irritada. "Vamos ganhar algum dinheiro com esse livro ou é só para decorar a estante de dois ou três nobres excêntricos?"

"Ainda não sei", respondeu Kepler, pondo Friedrich no chão. "Tudo vai depender de Vögelin, de quanto vai cobrar para terminar de imprimi-lo."

"Mas você não acabou de dizer que o imperador deu o dinheiro para a impressão?"

"É, mas não sei se é o bastante."

"Aqui vamos nós mais uma vez, meu marido inocente. O Contador de Estrelas, não é esse seu apelido? O Contador de Estrelas *Faminto*, deviam dizer."

"Esta conversa é uma grande perda de tempo. Vou para o escritório, planejar minha viagem. Ah, quase me esquecia: trouxe tartaruga para o jantar", disse Kepler, pegando o pacote e entregando-o a Susanna. Bárbara não reagiu.

Kepler cruzou a ponte sobre o Neckar, nervoso como em sua época de estudante. Já fazia treze anos que não visitava Tübingen, desde que trabalhara com Maestlin na publicação do *Mysterium*. Dizia a si próprio que não era mais um mero pupilo, mas o matemático imperial, pelo menos enquanto Rodolfo II fosse o rei da Boêmia, e que trazia consigo seu livro recém-impresso, o qual apresentava uma nova astronomia, um modo novo de interpretar os céus. A antiga astronomia, passiva, sem menção alguma às causas dos movimentos celestes, era coisa do passado. Em sua nova astronomia, forças invisíveis atravessavam os céus, ligando o Sol aos planetas e a todo o espaço, como o Espírito Santo liga o Pai ao Filho. Seu cosmo era dinâmico, fundamentado nas relações entre causa e efeito; as órbitas celestes, elipses que obedeciam a leis matemáticas precisas. Sua nova astronomia revelava a verdadeira ordem cósmica, com uma elegância digna da mente divina. Perante Maestlin, contudo, Kepler iria sentir-se o pupilo imberbe de quinze anos antes.

A casa do velho mestre não havia mudado, apesar de ter parecido menor a Kepler, que soou a sineta, apreensivo. A porta foi se abrindo aos poucos. Os olhos do mestre e os do pupilo cruzaram-se rapidamente. Maestlin, quase escondido atrás da porta, ignorou a mão estendida de Kepler; talvez não a tivesse visto.

"Johannes, entre, entre. Que bom que você se lembrou de seu velho mestre." Maestlin, olhando para o chão, não viu Kepler sorrir. "Achava que não viria", continuou, conduzindo o visitante à sala de estar, onde os dois sentaram diante da lareira. Kepler notou uma corda suspensa de uma viga no teto, sem dúvida para ajudar o velho a levantar-se da poltrona. Uma jovem criada trouxe-lhes água. "Johannes, esta é Maria. Tem me ajudado muito desde que Margaret faleceu. Sem ela, eu estaria perdido." A mocinha roliça fez uma mesura e voltou para a cozinha, corada como uma maçã.

Seu mestre tinha envelhecido mais do que ele imaginara. Os cabelos, antes castanho-claros, estavam grisalhos. Rugas cobriam-lhe o rosto como as rachaduras que descem pelas paredes da casa. Mas não foi isso que mais o impressionou: foram seus olhos. Não porque pareciam tristes, mas porque pareciam derrotados.

"Mestre, fico muito feliz em vê-lo após tanto tempo. Já faz treze anos que não nos falamos! E mal nos escrevemos nos últimos anos."

"É verdade, Johannes, mas a culpa não é sua. Sou eu o correspondente infiel. Espero que perdoe meu silêncio..."

"Não há necessidade de desculpar-se, caro mestre. Sei que exagerei, sempre pedindo alguma coisa, fazendo perguntas..."

"Pode ser, mas também o vi ascender profissionalmente, tornar-se famoso. Nunca entendi direito o que eu, um mero professor numa universidade protestante, podia fazer para ajudá-lo. Afinal, você é o matemático imperial, um homem de enorme sucesso, respeitado em toda a Europa. Enquanto você trabalhava com o grande Tycho Brahe, morava em castelos e frequentava banquetes, eu acompanhava seus feitos daqui, isolado em minha obscuridade."

"Mestre, o senhor exagera. Não sou tão famoso. E o senhor sabe que honrarias e títulos não significam nada para mim. Meu trabalho é dedicado a Deus e à posteridade. A corte raramente paga meu salário, vivo do que ganho com os mapas astrológicos e de doações de patronos que encontro aqui e ali. Tenho uma vida simples, sem luxo; procuro a glória de Deus na Natureza. Do senhor, quero apenas amizade e proteção."

"Como assim, proteção, se seus patronos são condes e barões?", protestou Maestlin, amargo, evitando deliberadamente os olhos de Kepler.

"Mestre, o senhor será sempre meu protetor. Devo-lhe tudo o que sei. Que teria sido de mim sem sua generosidade, sem sua influência? O senhor revelou-me a beleza da astronomia, sabia que esse seria meu destino antes mesmo que eu o soubesse. Queria dizer-lhe isso pessoalmente, mestre, que minha gratidão pelo que fez por mim é eterna."

"Não se deixe levar por emoções tolas", disse Maestlin. "Sabe muito bem que há tempos me deixou para trás. O papel de um mentor é dar asas a seu pupilo, para que ele possa alçar voo sozinho, descobrir novas terras. Pois bem, missão cumprida. Você alcançou alturas que eu jamais sonharia alcançar. Agora, prefiro que não olhe para baixo, para a figura patética, minúscula, de seu velho mestre."

Kepler fitou-o em silêncio, chocado com suas duras palavras, que soavam tal qual uma despedida. Sentiu-se como alguém que, ao retornar após longa viagem, não encontra a casa onde cresceu porque ela foi destruída. Aquele velho amargo na sua frente não era o mesmo homem de quinze anos antes. Inútil insistir. "Mestre, suas palavras enchem-me de tristeza. Só o que queria era dividir com o senhor minhas alegrias e desafios. Mas vejo que não me quer aqui." Lutando contra as lágrimas, tomou um gole de água e levantou-se. "Trouxe-lhe uma cópia de meu livro. Espero que encontre tempo para lê-lo. É o resultado de anos de muito trabalho, que, acredito, será a base de uma nova astronomia."

"A base da sua astronomia, Johannes! É mesmo um belo volume", disse o mestre, sem emoção. "Parabéns."

"Obrigado, mestre. Agora devo ir. Amanhã visitarei minha mãe em Weil."

"Envie meus cumprimentos a *Frau* Kepler."

"Sem dúvida, mestre."

Maestlin agarrou-se à corda e levantou-se. Kepler tentou abraçá-lo, mas ele deu um passo para trás, limitando-se a um rápido aperto de mão. Kepler sentiu um nó na garganta.

Assim que ouviu a porta bater, o velho mestre desabou na poltrona, a cópia do *Astronomia nova* no colo. Cobrindo o rosto com as mãos trêmulas, chorou em silêncio, para que Maria não ouvisse.

A viagem até Weil foi mais demorada do que costumava ser. As chuvas da primavera tinham transformado as estradas em lamaçais. Não era essa, porém, a causa principal do lento progresso de Kepler, que deixara Tübingen certo de que jamais voltaria para lá. Em vão ele vasculhou a memória tentando encontrar algo que justificasse a amargura com que seu mestre o recebera. Embora Maestlin nunca houvesse concordado com sua busca pelas causas físicas dos movimentos celestes, Kepler não entendia como uma censura quase paternal se tornara um sentimento destrutivo. "Em algum momento durante 1605, ou talvez até antes", pensou, "Maestlin deve ter percebido que eu estava certo, que a descrição das órbitas em termos de forças fazia mesmo sentido e que dois mil anos de círculos e movimentos uniformes tinham de ser abandonados. Mas não podia aceitar isso... Seu pupilo promissor passou a ser um demônio que o atormenta com uma visão do cosmo que ele considera herética."

Olhou para o céu repleto de nuvens. Ocasionalmente, raios de sol cortavam o ar. Uma brisa fresca trazia um forte cheiro de terra úmida, pronta para parir o novo ciclo da vida. Imperceptivelmente, a tristeza de Kepler foi se dissipando. Ele amava seu mestre, mas antes de mais nada tinha um compromisso com Deus e com a Verdade. Se o preço de sua busca era distanciar-se de Maestlin, estava pronto para fazê-lo. Mas jurou a si mesmo que um dia tentaria se reconciliar com ele. Iria ao menos tentar.

Kepler chegou a Weil logo após o pôr do sol. Duas jovens camponesas conversavam animadamente em frente à casa de sua mãe. Decerto esperavam por ela. Quando o viram aproximar-se, vestido de veludo negro, como um nobre, e com o medalhão do avô no peito, calaram-se de imediato e o fitaram, boquiabertas.

"Boa noite, donzelas. Johannes Kepler, às suas ordens", disse, desmontando de seu cavalo branco e curvando-se formalmente. "Imagino que estejam esperando por minha mãe, Katharina Kepler."

"Sim, senhor", respondeu a mais velha, fingindo naturalidade. "Ela pediu que aguardássemos um instante."

"Será que as senhoritas poderiam contar-me a razão de sua visita?"

As moças enrubesceram. "Bem, senhor... é que... sua mãe está nos ajudando com algo."

"É mesmo? Será que ela está preparando alguma poção para as senhoritas? Quem sabe para que seus amores secretos se apaixonem pelas senhoritas? Ou para que as inimigas das senhoritas caiam doentes?"

As moças empalideceram. Afinal, não sabiam quem era aquele homem. E se estivesse mentindo e pertencesse à Igreja?

E se fosse um caçador de bruxas? Na semana anterior, haviam queimado uma na praça central de Weil, uma pobre velha, com uma verruga enorme no lábio superior, que vivia nos arredores da cidade. A infeliz fora acusada de conjurar demônios e de fazer várias pessoas adoecerem com sua magia. "Não, senhor, nós só quere…"

"Johannes! Quer assustar minhas clientes?", gritou Katharina da porta, sorrindo para o filho. As jovens suspiraram, aliviadas.

"Mãe, há quanto tempo! Que bom ver a senhora!" Kepler aproximou-se para abraçá-la, mas ela deu um passo para trás.

"Greta, aqui está seu remédio. Sabe o que deve fazer, não sabe?" Katharina entregou à mais jovem um vidrinho embrulhado num pano encardido.

"Sim, senhora. Sei, sim. Quanto tempo vai demorar para funcionar?"

"Isso, mocinha, vai depender do quanto você quer que funcione", respondeu Katharina, os olhos negros brilhando maliciosamente. A moça deu-lhe uma moeda, fez uma mesura e olhou para Kepler, provocadora, antes de dar meia-volta e sumir pela rua de mãos dadas com a amiga.

"Entre, Johannes, a ceia está pronta."

"Ótimo, mãe. Estou mesmo faminto. Passei o dia viajando."

Kepler examinou a mãe e concluiu que ela havia mudado pouco nos últimos doze anos. Embora tivesse perdido todos os dentes e seu rosto estivesse mais enrugado, Katharina pareceu-lhe cheia de energia.

A casa é que tinha encolhido, ou ele assim a via, agora que morava em lugares mais espaçosos. O que mais o chocou, contudo, foi o silêncio. Seu irmão Heinrich havia partido já fazia alguns anos para servir na Guarda Imperial em Praga. Sua mãe vivia completamente só.

"Mãe", perguntou Kepler, sentando-se à mesa, "a senhora não se sente sozinha nesta casa vazia?"

"De jeito nenhum, filho. Pela primeira vez na vida tenho um pouco de paz."

"Então não conseguirei convencê-la a vir morar em Praga comigo?"

"Nunca! Não quero depender de você nem de ninguém, muito menos daquela sua mulher, que parece mais morta do que viva."

"Fico preocupado, mãe. E se acontecer alguma coisa com a senhora?"

"Ora, não vai acontecer nada comigo." Katharina falou, e cuspiu no chão para afugentar algum espírito desgarrado que porventura tivesse más intenções. Jurava que volta e meia os via voando sobre sua cama, pequenas criaturas com corpo de sapo, asas de dragão, e um par de chifres na testa.

"Bem, ao menos a senhora tem uma ocupação..."

"Uma ocupação que me ajuda a pagar as contas. O dinheiro que você manda também ajuda, mas não é suficiente."

"Eu sei, mãe, e peço que me perdoe. Infelizmente, meu título, embora pomposo, não vem acompanhado de um pote de ouro."

"Não entendo, filho. Quando o matemático imperial do Sagrado Imperador Romano era Tycho Brahe, ele vivia como um príncipe em seu castelo, enquanto você parece passar a vida correndo atrás de dinheiro."

"Mãe, pelo amor de Deus, a senhora está parecendo a Bárbara, sempre reclamando por causa de dinheiro."

"Não, filho, eu nunca reclamei por causa de dinheiro. Estou muito bem assim, obrigada."

"Voltando ao assunto, mãe, eu fico muito preocupado com a senhora. Essas suas poções ainda vão causar-lhe problemas. As pessoas falam, os rumores se espalham. Conversei com aquelas duas moças. Vi o medo nos olhos delas. Devem ter pensado que eu era um caçador de bruxas."

"Isso é besteira, Johannes. Estou segura em Weil. Todo mundo me conhece, e a maioria gosta de mim, fora um ou dois vizinhos que reclamam do cheiro de vez em quando. E, claro, a Ursula Reinbold, aquela idiota."

"Ah, é, eu me lembro dela: 'Ursula, a Louca', a mulher do vidraceiro."

"Ela anda espalhando mentiras a meu respeito, dizendo que tentei envenená-la com uma das minhas poções, imagine."

"E por que ela anda dizendo essas coisas, hein, mãe?" Katharina desviou os olhos. "Mãe, responda!"

"Tivemos uma discussão no mercado outro dia. Fiquei furiosa e ameacei-a: disse-lhe que, se insultasse minha honra mais uma vez, eu contaria à cidade inteira que ela quase tinha sido presa por prostituição e que as poções que eu fazia para ela eram para livrá-la dos bastardos que carregava no ventre."

"Mãe, por favor, prometa que não vai mais se meter em discussões. As autoridades estão loucas para queimar bruxas por aqui. A senhora seria a vítima ideal para esses ignorantes sedentos de sangue."

"Pare de se preocupar tanto, filho." Katharina tentou disfarçar o medo, que, no entanto, acabou aparecendo em seu olhar. "Vamos, coma. Fiz sopa de repolho, sua preferida."

Durante a ceia, falaram sobre a vida de Kepler em Praga e sobre os problemas políticos que ameaçavam a estabilidade da Europa Central. Com Matias prestes a subir ao trono da Boêmia, nobres católicos e protestantes organizaram-se em ligas, conforme Hoffmann tinha previsto. Kepler temia que seus dias em Praga estivessem contados. Katharina, contudo, estava mais interessada nos netos. "Quando acha que poderei vê-los? E Ludwig, o pequenino? É teimoso feito o pai?"

"Mãe, a senhora sabe muito bem que pode vir quando quiser. Ludwig é um ótimo menino, mas não tão doce quanto Friedrich. Aliás, ninguém tem o temperamento de Friedrich. Bem que os astros diziam…"

"Então você continua brincando com astrologia, hein?"

"*Brincando* não é a palavra adequada, mãe. Levo a astrologia muito a sério. Não a uso como prognóstico, como um oráculo banal, mas para esclarecer as relações entre os homens e os astros, entre a alma e o cosmo."

"Entendo. Você acredita nos seus espíritos, e eu, nos meus."

"Não, mãe. O único espírito em que acredito é o Espírito Santo. Vejo-o cada vez que olho para os céus."

"Continuo achando que damos nomes diferentes para a mesma coisa."

"Pode ser, mãe, pode ser."

"Está ficando tarde, filho, preciso descansar. Você vai dormir no quarto de seu avô. Já preparei a cama." Katharina levantou-se.

"Obrigado, mãe. Quem sabe não sonho com ele?"

"É, quem sabe..." Katharina olhou intensamente para o filho. No mesmo instante, o medalhão começou a esquentar no peito dele, como uma brasa que renasce ao ser soprada. Kepler fitou-a, maravilhado. Que poderes eram aqueles? Deviam vir de um mundo que não se podia ver, que se ocultava nas sombras do possível. A mãe sorriu, terna, e desejou-lhe boa-noite. Com as mãos no medalhão, Kepler retribuiu o sorriso. Katharina entendeu que, com aquele sorriso, o filho demonstrava aceitar a existência de outras formas de saber e declarava que, embora ele tivesse escolhido um caminho diferente, seu coração estaria sempre perto dela.

27

Kepler entrou às pressas em casa, com medo de que seus pulmões congelassem. Não conseguia recordar-se de inverno mais deplorável que o daquele ano de 1611, o frio cruel misturado à miséria da guerra e das epidemias. Nem as reflexões sobre a belíssima simetria hexagonal dos flocos de neve, algo que Regina lhe perguntara anos antes, davam-lhe ânimo. Seu *Astronomia nova* fora publicado havia dois anos, e, como ele já esperava, praticamente nada ocorrera. A maioria dos astrônomos guardaram suas opiniões para si, se é que leram o livro. Kepler consolava-se lembrando-se de Copérnico, de que foram necessárias décadas para que ao menos alguns compreendessem suas ideias. Aconteceria o mesmo com ele, imaginava, repetindo a si mesmo que não visava a fama efêmera, mas revelar ao mundo a verdade de Deus. Ouviu dizer que quem estava fazendo sucesso era Galileu Galilei, cujas descobertas causavam enorme alvoroço. Queria reproduzi-las, e chegou a escrever para ele, pedindo que lhe enviasse um telescópio. O italiano, reconhecidamente competitivo, nem sequer respondeu. De qualquer modo, a astronomia devia esperar. Kepler tinha questões familiares bem mais urgentes para tratar no momento.

A casa parecia um hospital. O ar pesava com o odor acre dos doentes; por toda parte, jaziam panos e potes sujos. Desde o Ano-Novo, Bárbara sofria terrivelmente com a febre húngara, que se espalhara por Praga. Os três filhos haviam contraído varíola ao mesmo tempo. Choravam dia e noite: "Pai, estou com sede. Pai, está coçando muito. Pai, estou com dor de cabeça, vou vomitar...". Kepler corria de um lado para outro, carregando compressas, baldes de água, cobertores, unguentos, tentando inutilmente aliviar o sofrimento deles. E, por temer o contágio, ninguém o ajudava.

Friedrich surgiu do quarto, descalço e tremendo de frio. "Friedrich, volte já para a cama!", berrou Kepler. "Você quer piorar?" O menino ignorou as ordens do pai e continuou cambaleando na direção dele. Agarrou-se às suas calças e ergueu os olhos, amarelados e sem vida, tentando sorrir. Kepler abaixou-se para beijar-lhe a testa. Friedrich ardia em febre. Lutando para manter a calma, Kepler pegou-o no colo, deitou-o no sofá diante da lareira e cobriu-o. "Friedrich, querido, fique aqui. Volto logo, vou pegar uma compressa de água fria." O menino tentou sorrir novamente. Kepler correu até o quarto da mulher, acordando-a com um beijo no rosto. Aliviado, viu que sua febre baixara. "Bárbara", sussurrou, "Friedrich está muito mal. Vou chamar Jesensky. Fique com ele, conforte-o, ponha compressas na sua testa. Está deitado no sofá." Bárbara correu para a sala.

"Ai, meu Deus, Johannes", disse, depois de tocar no filho, "ele vai morrer. Nunca vi uma criança arder assim de febre." Pegou-o no colo, chorando compulsivamente. "Vá, Johannes, vá logo!"

Kepler vestiu o casaco de pele e pôs o chapéu. "Volto já."

Curvado para proteger-se do vento gelado e da neve que caía pesadamente, Kepler subiu até Hradcany, onde Jesensky morava. Logo, os dois desciam a ladeira, escorregando na neve e no gelo que lhes chegava aos joelhos. Quando entraram na casa de Kepler, viram Bárbara, aos prantos, debruçada sobre o corpo lívido de Friedrich, e Susanna e Ludwig, cobertos de feridas purulentas, imóveis ao lado da mãe. Kepler ajoelhou diante da mulher. O filho amado, de apenas seis anos, tinha morrido. Sua "caixinha de felicidade" não encheria mais a casa com a música de sua alegria. Não haveria mais lutas contra exércitos invisíveis, eles não brincariam mais de cavalinho. Kepler sentiu o coração estilhaçar-se em mil pedaços, que, sabia, jamais iriam unir-se novamente. Mais uma vez, a Morte roubara-lhe uma de suas crianças. Por quê? Será que os céus precisavam de mais um anjo? Já não havia anjos suficientes lá? Olhou para cima, como se procurasse por Deus, pedindo uma explicação. "Quantas vezes mais terei de enterrar meus filhos?", bradou, batendo no peito com os punhos cerrados. "Bárbara, deixe-o descansar", rogou à mulher. "Susanna e Ludwig estão olhando para você, estão com medo."

Jesensky, chapéu amassado na mão, afastou-a delicadamente do corpo do menino. "*Frau* Bárbara, a senhora precisa ser forte. Suas duas outras crianças necessitam do seu amor, agora mais do que nunca."

Bárbara ergueu pela primeira vez os olhos, que estampavam o desespero de uma alma derrotada. Kepler pegou o filho morto, deitou-o em outro sofá, e chamou Ludwig e Susanna para dizerem adeus ao irmão. A menina correu para a mãe, e o menino escondeu-se entre as pernas do pai.

"Meus pequenos", disse Kepler, entre soluços, "seu irmão Friedrich agora é um anjo e está ao lado de Deus. Hoje à noite, vou mostrar-lhes uma estrela especial, a estrela onde a alma dele vai morar para sempre, com os outros anjos, seus novos amiguinhos. Quando vocês sentirem saudades, olhem para a estrela e mandem um beijo. Se ela brilhar mais forte, é porque Friedrich também está mandando um beijo para vocês. Tenho certeza de que ele nunca se esquecerá de nós."

O funeral foi no domingo, durante uma nevasca. Em Praga, a guerra era questão de dias. As tropas do arquiduque Leopoldo, seguindo instruções absurdas de Rodolfo II, primo dele, haviam cercado a cidade e preparavam-se para atacá-la. Dizia-se que daquela vez o imperador enlouquecera de fato, que planejava sua própria ruína e a morte de seus súditos. Os mercenários de Leopoldo já tinham devastado os campos e fazendas em torno, e ameaçavam fazer o mesmo com a capital se não recebessem logo o que lhes deviam. A nobreza protestante tentava organizar às pressas um exército para proteger suas terras e propriedades. Todos temiam o pior.

Os restos de Friedrich foram transportados na carruagem

fúnebre da família Hoffmann. O próprio barão acompanhava Kepler e a esposa. O véu que cobria o rosto de Bárbara não era suficiente para ocultar sua agonia. Ela não havia dito uma palavra sequer desde a morte do filho, e deixara todos os preparativos para o enterro nas mãos do marido. Não fosse o barão, Kepler não saberia o que fazer. "É irônico", pensou ele, "que a sociedade obrigue aqueles que sofrem a perda de um ente querido a tomar as providências para o sepultamento. Talvez seja para mostrar aos que preferem ficar com seus mortos o caminho de volta ao mundo dos vivos."

Quando o pequeno caixão começou a ser baixado, Bárbara tentou jogar-se na cova, gritando: "Tenho de ir com ele, ele está sozinho, com frio, precisa de mim, tenho de ir!". Kepler quis segurar a mulher, mas só a força de três homens foi capaz de controlá-la.

"Johannes", disse o barão, quando os dois ficaram a sós, "perdoe-me falar disso numa hora tão difícil, mas devo alertá-lo. Você precisa pensar no seu futuro. A situação aqui é explosiva. Matias reaparecerá em breve e roubará o trono de Rodolfo, se antes não acontecer algo pior com as tropas de Leopoldo, que se encontram ao redor da cidade." Kepler aquiesceu com um gesto de cabeça. "Olhe", continuou o barão, apontando para as nuvens negras que pairavam sobre a Cidade Nova, "os conflitos já começaram. A cidade inteira vai virar um campo de batalha se esses mercenários não forem detidos. Você precisa pensar em outras oportunidades de trabalho, como já lhe disse há dois anos. Os perigos aqui só aumentarão para você. Eu mesmo estou pensando em retornar à Estíria com minha família."

Kepler não sabia o que dizer ao fiel amigo. Não conseguia raciocinar. O amor que tinha a Deus permanecia intacto, mas ele não entendia Seus motivos. Sentiu-se profundamente só, um nada ante um cosmo indiferente. Ergueu os olhos para o céu, que estava cinza, como que refletindo o descaso de Deus, e tentou ascender além das nuvens, juntar-se à ordem perfeita das alturas etéreas, fugir. Seu coração, porém, puxou-o para baixo, para o chão gelado, para a sepultura do filho. Era inútil insistir. Entendeu, então, que algumas dores têm de ser sentidas, são necessárias, que a razão não pode ocultá-las. São as que sentimos quando perdemos a quem amamos. Entendeu que o amor é o maior dos mistérios. Embora não possa ser explicado em termos de movimentos e leis, não possa ser medido e quantificado, não tenha substância, nada é mais real ou palpável que ele. "É tão fácil, até tentador", pensou, "sucumbir à dor, deixar-se abater pela pressão constante das dificuldades da vida, sentir-se vítima indefesa nas mãos perversas do destino. Mas o amor nos dá força, nutre nosso espírito. Nem mesmo a morte pode roubá-lo. Enquanto viver, amarei meu Friedrich, minha caixinha de felicidade. E, enquanto o amar, ele permanecerá vivo dentro de mim. A Morte só vence quando nos esquecemos…"

"Entendo, caro barão", concordou tristemente. "Mais uma vez devo fugir do fanatismo religioso, da intolerância. Sempre imaginei que o homem, sendo uma criatura inteligente, criada à imagem de Deus, aprenderia a resolver essas questões. A história, contudo, é o melhor dos espelhos, e o que vemos é que, cegos de ganância e preconceito, somos incapazes de aprender com o passado. Se o homem é, de fato, imagem de Deus, eu diria que é uma imagem profundamente imperfeita."

"Assim é, Johannes, assim é", disse o barão.

Ao chegar em casa, Kepler foi direto ao quarto das crianças certificar-se de que estavam bem. Satisfeito, procurou a mulher, para tentar consolá-la. Encontrou-a diante da lareira, olhando para o fogo. "Bárbara", murmurou, tocando levemente em seu braço, "você precisa ser forte. Friedrich está ao lado de Deus, feliz. Pense nas nossas outras crianças, como disse o bom dr. Jesensky. Elas também precisam de você."

Pela primeira vez depois de dias, Bárbara olhou para o marido. "Johannes", balbuciou, "uma parte de mim foi enterrada hoje com nosso Friedrich. Vou tentar pensar em nossas outras crianças, prometo. Mas agora não posso, não tenho forças… Espero que vocês me perdoem."

"Claro que perdoamos, querida. Mas não se esqueça de nós. Também estamos sofrendo com a morte de Friedrich."

Mal terminou de falar, um clarão iluminou a sala, seguido de uma explosão ensurdecedora. Bárbara deu um salto, aterrorizada. "Que foi isso, em nome de Deus?" Ouviam-se tiros e gritos ao longe.

"Começou." Kepler pensava como iria explicar à mulher que teriam de mudar-se novamente. "As tropas de Leopoldo entraram em Praga. Mais uma vez, a guerra atravessa nossa vida."

"Guerra? Que guerra?"

"A guerra entre católicos e protestantes, que ameaça espalhar-se pela Europa inteira. Deus nos proteja."

Bárbara correu para o quarto. Kepler pôs as crianças na cama, trancou todas as janelas e portas, e foi para o escritório. Antes de dormir, tinha de verificar algumas posições planetárias.

Havia passado mais de uma semana desde a última leitura. Maestlin caíra vítima de uma forte gripe, e uma tosse persistente ainda lhe machucava o peito. O verão, contudo, estava agradavelmente seco, e, com os cuidados de Maria, o velho mestre ia se recuperando.

"Senhor, vou preparar um chá de ervas com mel. Ouvi dizer que é muito bom para tosses."

"Maria, você vai acabar me afogando com seus chás. Estou me sentindo bem melhor hoje, não se preocupe." Maestlin sentou-se na cama. "Aqueça um pouco de água para que eu possa me lavar. Depois, vá até a casa de Christian e diga-lhe que venha esta tarde. Está na hora de retomarmos nossa leitura", continuou, com voz rouca.

"Mestre, o senhor tem certeza de que já está bem?"

"Sim, Maria, tenho certeza. Agora, por favor, traga-me a água." Maestlin ergueu-se com esforço. Suas pernas inicialmente protestaram, mas a água morna despertou-as do torpor. Após dias na cama, sentiu o vigor voltar às articulações doloridas.

Em menos de uma hora, Christian batia à porta. "Vovô querido, que bom vê-lo de pé novamente! Estive aqui todos os dias da semana passada, mas o senhor estava tão cansado que mal me reconheceu."

"Mas agora estou bem melhor, querido neto. Você e Maria podiam pôr duas cadeiras lá fora, assim aproveitamos um pouco o sol. O ar fresco vai me fazer bem."

"Não sei se é uma boa id...", começou o jovem.

"Vamos logo, rapaz. Não crie problemas para o seu avô. São poucos os prazeres que tenho me permitido."

Sentaram-se em frente à casa, e Christian deu início à leitura.

17 de maio de 1611

Faz quase dez anos que rabisquei algumas linhas neste diário. Nem sei por onde começar. Os últimos seis meses foram os mais trágicos da minha vida. Logo depois da publicação do Astronomia nova, *tudo se tornou um caos. A Morte parece seguir-me como minha própria sombra, obstinada.*

Meu querido Friedrich morreu, vítima de um ataque de varíola. Nem tentarei descrever minha dor, pois sei que falharei. Ainda ouço as risadas dele enchendo a casa de vida, sua voz chamando por mim. Lembro-me de quando o punha na cama e ele me puxava pelas roupas, implorando que ficasse mais um pouco, que contasse outra história... É impossível recuperar-se de uma perda como essa. Peço apenas para aprender a viver com ela, mantendo meu filho vivo na lembrança. Seu sorriso radiante jamais me abandonará. Toda noite, procuro sua estrela no céu. A Morte só vence quando nos esquecemos.

Bárbara jamais será a mesma. Caiu num profundo abismo, de onde já não vê o resto do mundo. Está somente meio viva, cuidando de Lud-

wig e Susanna com tanta indiferença que os pobrezinhos se sentem culpados do que aconteceu. Não sei o que será dela.

Parto em breve para Linz. Atendendo os pedidos insistentes do barão Hoffmann, meu querido amigo, procurei outro emprego, agora que Matias se tornou o novo imperador. Encontrei um posto numa escola luterana em Linz, semelhante ao que ocupei em Graz no início de minha carreira. Não tive escolha. A paz entre católicos e protestantes é extremamente frágil. Exércitos estão sendo mobilizados nas duas frentes. Uma grande conflagração parece-me inevitável. E Praga fica no coração do conflito.

O pobre imperador Rodolfo tem me chamado com frequência para ouvir meus conselhos astrológicos. É triste ver o grande líder nesse estado, abandonado às suas fantasias, vida e mente destruídas. Faço o que posso para livrá-lo das tolas superstições em que insiste em acreditar. Temo, contudo, que a alma dele já o tenha deixado quase por inteiro e que reste apenas uma mera chama queimando precariamente em seu coração.

Recebi outras ofertas, da Inglaterra e até da Itália. Recusei todas. Está na hora de levar Bárbara para a Estíria. Talvez assim ela volte a ser quem era. Afinal, até as estrelas renascem nos céus, brilhando com nova luz. Matias concordou em manter-me como seu matemático. Mas nada de salário. Que ironia, um título tão pomposo para um professor de uma escolinha situada num lugar ermo... Não importa. A calma de Linz ser-me-á útil. Preciso concluir as Tabelas Rodolfinas, provar ao mundo que <u>todos</u> os planetas seguem órbitas elípticas, honrar meu imperador, que tanto me apoiou, honrar Tycho. Tenho quase quarenta anos e sei que a saúde pode abandonar-me a qualquer momento; está na hora de retornar à minha busca pela harmonia, a harmonia do mundo, as leis com que Deus construiu o cosmo.

Christian olhou para o avô. Maestlin dormia, a cabeça apoiada no ombro. Chamou Maria, pediu uma almofada e um cobertor, certificou-se de que o avô estava confortável. Assim que ele partiu, Maria sentou-se ao lado do patrão e ficou raspando nabos para o jantar.

Kepler entrou em Praga pelo sul, numa noite quente de junho. A viagem a Linz tinha sido um sucesso, e ele ganhara um novo título: matemático oficial da Áustria Superior. Agora, era matemático imperial e provincial, títulos que na verdade significavam muito pouco.

Praga ainda se recuperava das batalhas da primavera. As tropas austríacas de Matias, espalhadas em grupos pela cidade, lutavam contra bandos de rebeldes protestantes e de mercenários que insistiam em pilhar igrejas e mosteiros católicos. A ponte Carlos estava bloqueada. O acesso a Hradcany era limitado. As ruas da Cidade Velha, focos de várias batalhas, achavam-se em estado execrável, repletas de lixo e dejetos. Havia mendigos por toda parte. Mutilados pediam esmolas. Kepler seguiu cavalgando lentamente, tentando controlar seu horror. Diversos prédios tinham sido destruídos. Carcaças de cães, ratos e cavalos acumulavam-se nas esquinas. O odor era tão forte que Kepler cobriu o rosto com um trapo para não desmaiar. Um cartaz alertava a população sobre o perigo de doenças. A água na maioria dos poços estava contaminada. As tropas tinham disseminado febre tifoide pela cidade. Centenas haviam morrido, e muitos mais iriam morrer. "Se possível", sugeria o cartaz, "abandone a cidade e busque refúgio no campo." A majestosa Praga sucumbira à loucura dos homens. Kepler lembrou-se dos amigos no gueto. Estariam bem?

A casa estava às escuras. Susanna e Ludwig brincavam no chão da sala. Ao ver o pai, correram para ele e cobriram-no de beijos, como faziam quando despertavam de um pesadelo. A criada não se encontrava em parte alguma. As crianças estavam sujas e cansadas. "Onde está a mãe de vocês?", perguntou Kepler.

"A mamãe está cuidando dos doentes", respondeu Susanna. "Ela só faz isso agora, papai, quase nunca vemos ela. Vai à igreja todo dia."

Kepler abraçou os filhos. "Escutem, crianças, tenho de encontrar sua mãe. Volto já, já. Não abram a porta para ninguém, certo?"

"Sim, papai. Mas, por favor, não demore!", pediu Susanna. "Estamos com medo."

"Eu sei, querida, eu sei. Prometo não demorar. Mas preciso que vocês sejam corajosos agora."

Deixou seus pertences no escritório e partiu empunhando uma tocha. Ao entrar na igreja, levou as mãos à cabeça, horrorizado. O local havia sido transformado em hospital e necrotério. Cadáveres amontoavam-se à esquerda do altar, sob o rosto sofrido de Cristo, que tudo via de sua cruz, enquanto, do lado direito, fileiras de leitos acolhiam os doentes e feridos, pessoas de todas as fés e classes sociais. Kepler viu Bárbara pondo compressas na testa de um ancião desdentado.

"Bárbara!", exclamou, pegando na mão da esposa, que se limitou a sorrir. O rosto dela estava coberto de feridas, os cabelos sujos, despenteados; seu aspecto era pior que o de alguns dos enfermos. Sua expressão, porém, era pura. Kepler achou que ela não o reconhecera. "Bárbara, vamos para casa! Quem precisa de ajuda é você!" Puxou-a pelo braço para longe dos doentes. O ancião limitou-se a olhar para eles com olhos vazios, fraco demais para protestar.

Kepler não entendeu como Bárbara conseguira chegar à igreja, já que mal parava em pé. Carregou-a nas costas, como soldados carregam feridos. Ela ardia em febre. "Susanna, ferva água. Temos de lavar sua mãe, isso vai ajudar. Ela está muito doente." A menina correu até a cozinha. Kepler deitou a esposa na cama. "Bárbara, o que você fez? Você tem duas crianças para criar, pelo amor de Deus!" A mulher tentou responder, mas sua voz falhou. Após alguns minutos, Susanna voltou com um balde de água quente. Kepler lavou a esposa e vestiu-a com uma camisola. Quando a deitou novamente, ela o fitou com os olhos vítreos de quem já não via as coisas deste mundo e murmurou: "É esta a roupa da minha redenção?". Ele balançou a cabeça, aturdido, procurando conter as lágrimas.

Por volta da meia-noite, Bárbara começou a tremer sem parar. Kepler cobriu-a, mas ela empurrava os cobertores. Tentou acalmá-la com compressas frias na testa e nos braços. Sangrou-a, esperançoso de que a febre baixaria. Forçou-a a beber água. No entanto, de nada adiantaram seus esforços. Bárbara passou a noite gemendo de dor, lutando para respirar. Deu seu último suspiro ao nascer do Sol, morrendo com um sorriso congelado nos lábios. Finalmente, havia encontrado a paz que tanto buscava.

PARTE IV
Linz

Antes da origem de todas as coisas, a geometria coexistia com a mente de Deus.

Johannes Kepler

É hora de desprezarmos, unidos, os gritos selvagens que ecoam por estas terras nobres! Exaltemos nossa compreensão e nosso encanto pelas harmonias do mundo!

Johannes Kepler, dedicatória
das Efemérides de 1620 a John Napier

28

Kepler abriu a única janela do quarto, deixando entrar o sol quente, já alto. Momentaneamente cego, lembrou-se de que o solstício de 1613 ocorreria dali a alguns dias. Infelizmente, não poderia gozar a bela manhã caminhando ao longo do Danúbio: tinha uma audiência com o odioso pastor Hitzler, para defender sua posição sobre certas questões da teologia luterana. Olhando para a rua deserta, para a sonolenta Linz, recordou-se de Praga, de Rodolfo II, de Bárbara. Era difícil crer que mais uma vez lecionava numa pequena escola protestante, menor ainda que a de Graz. Nunca havia se sentido tão só, tão isolado. No último ano, suas únicas companhias eram a filha Susanna, de onze anos, e o filho Ludwig, de seis. Tinha, é verdade, um amigo devoto, Georg von Schallenberg. Porém, a devoção dele era tanta que o impedia de ter ideias, o que tornava sua companhia um tanto monótona. Seu protetor local, o barão Von Starhemberg, via-o como uma espécie de troféu, que exibia, orgulhoso, nos jantares que oferecia com frequência: "Sim, senhores e senhoras, graças a mim, Johannes Kepler, o grande matemático imperial, é também matemático provincial da Áustria Superior, estabelecido aqui, na nossa querida Linz". Kepler afastou-se da janela, suspirando. "Ao menos pagam meu salário em dia", pensou.

Avistou Georg virando a esquina e desceu para recebê-lo. "Bom dia, caro amigo", disse, acenando-lhe para que entrasse. "Posso oferecer-lhe alguma coisa? Pão? Amoras?"

"Não, Johannes, obrigado. Minha mulher já me entulhou de comida: sopa, presunto." Georg sorriu. "Para ela, acompanhá-lo a uma audiência com o pastor Hitzler é o mesmo que ir à guerra."

"Talvez seja pior..."

"Por quê? Hitzler chegou a algum veredicto no seu caso?"

"Imagino que sim. E eu não ficaria nada surpreso se não fosse a meu favor."

"Não seja tão pessimista, Johannes. Vocês não foram colegas em Tübingen? Isso deve contar." Georg tomou o amigo pelo braço, tentando animá-lo. "E nem tudo é má notícia. Não é esta tarde que vai encontrar mais uma candidata a senhora Kepler?"

"Ah, desgraça, por que me lembrou disso? Preciso concentrar as energias na conversa com Hitzler."

"Está mais do que na hora de levar isso a sério, Johannes! Suas crianças precisam de uma mãe. E, cá entre nós, você está ficando velho."

"Tem razão, Georg, tem razão. Mas por que tinha de ser hoje?"

"E por que não? O que poderia ser melhor do que a companhia de uma moça após uma hora de discussão com nosso asqueroso pastor?"

"O pior é que nem me lembro de quem se trata...", confessou Kepler, envergonhado.

"Ora, Johannes, francamente! Você precisa decidir! Não se fala em outra coisa na cidade. Vejamos...", Georg olhou para o amigo com ar matreiro. "Em Praga, foi a viúva com mau hálito, certo? E, quando você, sabiamente, desistiu dela, vetou também a filha, supondo que em breve sofreria do mesmo mal." Kepler sorriu, sem graça, lembrando-se de Koloman e da batalha que fora convencer Jobst Müller a ceder a mão de Bárbara. Como as coisas haviam mudado... "Depois", continuou Georg, "houve aquela outra viúva da Boêmia, a que já estava comprometida. Que aconteceu com ela?"

"Bem, de início ela me pareceu uma excelente candidata, e estava prestes a romper o noivado para casar-se comigo. Mas, pouco antes de fazê-lo, descobriu que o noivo tinha engravidado uma prostituta. Ah! A mulher transformou-se num monstro, e seu temperamento furioso assustou-me. Eu não queria outra Bárbara na minha vida."

"Mais uma decisão sábia, meu amigo. E como anda a lista agora?"

"Quisera eu saber", murmurou Kepler. "Acho que é mesmo verdade o que dizem sobre a escolha: mais fácil ter poucas do que ter muitas. Encontrei-me com duas damas da nobreza de Linz. Uma, a candidata número quatro, bastante atraente, e ótima com as crianças. Mas não sei... Sinto que falta algo. A outra, a número cinco, parece ter algum problema nos pulmões. Não quero que meus filhos sofram mais uma perda." Georg concordou com a cabeça. "A número seis é tão horrorosa e gorda que eu não suportaria olhar para ela todos os dias, muito menos tê-la na cama."

"Foram só essas seis até agora?" Georg esforçou-se para conter o riso.

"Não... Teve também a luterana devota, que desistiu de mim quando descobriu o que eu pensava sobre certos ritos do nosso credo."

"Acho que fez bem, não?"

"Sem dúvida. É melhor deixar esse tipo de polêmica fora das paredes de casa. Pena, pois ela parecia ser..."

"Johannes", interrompeu Georg, "temos de ir. Hitzler espera por nós."

"Tem razão." Kepler abotoou o colete. "Filha, devo sair por algumas horas", disse a Susanna, que acabara de aparecer na sala. "Tome conta de Ludwig. O dia está bonito, aproveitem para brincar no rio."

"Vamos, sim, papai!"

"Mas cuidado com a correnteza! Fiquem fora da água!"

"Pode deixar, papai", garantiu a menina.

Os amigos dirigiram-se ao escritório de Hitzler. "Johannes, você ainda não me contou: qual a candidata que encontrará esta tarde?"

Kepler vasculhou a memória. "Ah! O nome dela é Susanna Reuttinger, uma órfã que foi criada pela baronesa Von Starhemberg. Vi-a nos jantares do barão, mas nunca fomos apresentados oficialmente. É muito bonita, e muito jovem também. O barão parece estar bastante interessado nesse encontro."

"Imagino. Mas não se trata de uma aliança ruim, considerando-se que ele é seu principal patrono em Linz."

"É, eu sei. Mas pretendo deixar o coração falar acima dos meus interesses."

"Claro, Johannes. Assim deve ser."

Kepler bateu à porta de Hitzler. "Está aberta, *Herr* Kepler", disse uma voz seca. Georg apertou o braço do amigo.

Olhar para Hitzler era olhar para Hafenreffer: a mesma barba curta, cuidadosamente aparada, os olhos pretos que cintilavam com uma luz maliciosa, traiçoeira. Sua escrivaninha parecia um forte, cercada por uma muralha de livros sagrados e tratados teológicos. Tinha a mão direita sobre a Bíblia de Lutero, como se esta fosse uma extensão do seu corpo. Atrás dele, na parede branca, estava pendurado o diploma de Tübingen, assinado em letras douradas pelo duque de Württemberg. O diploma que Kepler nunca obtivera. Ele olhou para Hitzler com desdém, um desdém que sabia ser recíproco.

"*Herr* Kepler, obrigado por ter vindo. Por favor, sente-se." Kepler sentou-se diante de Hitzler, no lado oposto da muralha. "Cheguei a uma decisão final quanto ao seu pedido", disse Hitzler, os olhos faiscando. "A menos que aceite incondicionalmente a Fórmula de Concórdia, como determinam nossos irmãos luteranos, não posso conceder-lhe a comunhão."

Kepler fitou-o, incrédulo. Não receber a comunhão significava, na prática, ser impedido de participar dos serviços; significava ser efetivamente expulso da comunidade luterana de Linz. "Isso é um absurdo! Uma injustiça!", exclamou.

"Senhor", retrucou Hitzler, impassível, "sua oposição à interpretação da Eucaristia contraria diretamente o coração do credo luterano. Se o senhor não acredita na onipresença do corpo de Cristo, não pode integrar esta comunidade."

Kepler respirou fundo, lutando para controlar a fúria. "Senhor, com todo o respeito, insisto que é a sua interpretação do credo luterano que está equivocada. Nossa fé determina que qualquer homem versado nas ciências sagradas tem a liberdade de interpretar as Escrituras guiado pela sabedoria do Espírito Santo. A meu ver, estou sendo condenado por exercitar essa liberdade!"

"*Herr* Kepler, nossa fé determina que o vinho e a hóstia sacramentais são abençoados pela onipresença de Nosso Senhor Jesus Cristo. Não é apenas Seu espírito que fortalece os fiéis durante o sacramento, como afirma o calvinismo. Jamais permitirei, nem agora nem no futuro, que essa doutrina sacrílega se espalhe por nossa comunidade. Fui claro?"

"O senhor me acusa de ser calvinista? Logo eu, que condeno abertamente a doutrina de predestinação como absurda? Isso é ridículo! Deus não predetermina quais almas merecem a salvação eterna. Não poderia fazer algo tão anticristão! Nunca defendi o credo calvinista! Gostaria apenas de ter a liberdade de..."

"Basta, *Herr* Kepler! Aqui o senhor não tem essa liberdade!", interrompeu Hitzler. "Essa é minha decisão final. E veja bem que ela não é só minha: tenho o apoio unânime dos teólogos de Tübingen."

Kepler baixou os olhos, derrotado. Era a confirmação de que seus mestres o haviam traído. Se não fosse mais cuidadoso, seria excomungado definitivamente. "Isso não ficará assim! Escreverei para Hafenreffer", bradou, sem convicção.

"O senhor pode escrever para quem bem entender. Porém, devo informá-lo de que sua insistência poderá custar-lhe muito caro."

"Veremos, senhor. Não tenho medo de suas ameaças", replicou Kepler, e retirou-se.

Georg abraçou-o, ansioso. "Foi tão ruim quanto você temia?"

Kepler dirigiu-se à saída do prédio, balançando a cabeça. "A situação é muito pior do que eu pensava. Hitzler acusou-me de espalhar ideias calvinistas pela comunidade. Ameaçou-me de excomunhão!" Georg ficou chocado. "Disse que meus mestres em Tübingen apoiam a decisão dele", continuou

Kepler. "Agora entendo por que nunca me ofereceram um posto lá... Consideram-me uma ameaça à estabilidade da fé luterana! O que poderia ser mais absurdo? É por isso que Maestlin mal quis ver-me durante minha última visita. Comportou-se como se eu sofresse de uma doença contagiosa."

"Você precisa ter cuidado, Johannes. Sabe muito bem o que fazem com hereges hoje em dia."

"Eu, herege? Tem coisa mais ridícula? Só o que fiz foi tentar encontrar o que existe de justo nas três fés cristãs, para que se possa acabar com essa disputa que vem destruindo nossa querida Europa."

"Caro Johannes, sei que suas intenções refletem o que há de melhor no cristianismo, mas é tarde demais. Muito sangue já foi derramado. Você não vai mudar o curso da história. Acho que devia concentrar-se na sua família, no seu trabalho."

"Tem toda a razão, querido amigo. Mas sabe como sou. Não descansarei enquanto não receber uma carta dos teólogos de Tübingen detalhando os motivos de sua oposição às minhas ideias."

"Deus o proteja."

Kepler olhou para o céu, dando-se conta de que já era quase meio-dia. Apressou o passo. A candidata chegaria a qualquer momento.

"Georg, seja nosso convidado para o almoço. Assim conhecerá *Frau* Reuttinger."

"Com prazer."

Kepler pediu à criada que pusesse mais um prato na mesa. Susanna e Ludwig apareceram na sala.

"E então, crianças, como foi o passeio?", perguntou Kepler.

"Ah, papai, foi muito divertido. Estava cheio de gente lá", respondeu Susanna.

"Eu vi um peixe morto na beira do rio, todo inchado", contou Ludwig com entusiasmo. "Nem olhos tinha mais. Acho que se afogou!"

"É mesmo?" Kepler riu. "Está vendo? Até peixes podem se afogar!"

"Foi nojento, pai." Susanna torceu o nariz. "Ludwig tanto

cutucou o peixe que ele explodiu! Suas entranhas fedorentas ficaram todas para fora."

"Está bem, crianças, agora chega. Vamos mudar de assunto. Essa conversa está fazendo mal ao nosso convidado", disse Kepler. "Espero que hoje o almoço não seja peixe…"

Georg suspirou aliviado quando a criada serviu porco assado com ovos cozidos.

Alguém bateu à porta. "O almoço vai ter de esperar", reclamou Kepler, deixando o garfo cair sobre o prato cheio e dirigindo-se à porta. "Caríssima baronesa, desculpe-me os trajes", cumprimentou, curvando-se respeitosamente diante da enorme senhora, enquanto olhava com o canto dos olhos para a moça que a acompanhava. Um véu de renda branca cobria seu rosto, dando-lhe uma aparência de devota e misteriosa ao mesmo tempo. A combinação surtiu o efeito desejado, excitando Kepler. "Terminávamos de almoçar", continuou. "Entrem! Entrem, por favor!"

Após duas tentativas, a baronesa conseguiu acomodar-se na poltrona diante da lareira. A jovem, movendo-se com infinita graça, sentou-se ao lado de Kepler.

"Caro *Herr* Kepler, obrigado por receber-nos hoje", disse a baronesa. "Sei que talvez não seja o momento mais apropriado, justamente após sua reunião com Hitzler, aquela raposa repugnante."

Kepler fitou-a, perplexo. Será que não havia segredos naquela cidade? "Bem, baronesa, é melhor deixarmos Hitzler para lá. Como a senhora e o barão sabem, minhas disputas teológicas não afetam meu posto como matemático da província. Por que não falamos de coisas mais agradáveis? Quero ter a honra de conhecer *Frau* Reuttinger!" Quando mencionou o nome da visitante, percebeu um leve tremor no véu. Quem sabe um sorriso?

"*Herr* Kepler, o senhor tem toda a razão. Perdoe-me a indelicadeza. Susanna, apresento-lhe *Herr* Johannes Kepler, nosso distinto matemático provincial, protegido de nossa família e matemático do Sagrado Império Romano."

Susanna ergueu lentamente o véu. Kepler teve a impressão de que uma aura tênue circundava o rosto dela, como se a pele, pálida feito a luz de janeiro, fosse incapaz de conter o brilho que lhe emanava da alma. Os olhos lembraram-lhe as esmeraldas que vira no tesouro de Rodolfo II, presente de um califa turco; nem mesmo as folhas do início da primavera têm mais viço. Os cabelos longos e finos pareciam entremeados de raios de sol. Kepler jamais imaginara que tal harmonia pudesse assumir forma humana. Olhou reverentemente para aquela imagem, ao mesmo tempo mulher e anjo. Seu silêncio dizia-lhe tudo.

A pequena Susanna quebrou o encanto. "Ah, como a senhora é bonita!", disse, envergonhada.

O rosto de *Frau* Reuttinger brilhou com mais fulgor ainda. "Obrigada, Susanna. Você também é uma mocinha muito bonita. E eu gosto muito do seu nome!" As duas riram.

A baronesa acenou a Georg para que despertasse o amigo do transe. Em seguida, Kepler segurou com delicadeza a mão de Susanna e declarou: "Estou absolutamente lisonjeado por conhecê-la, *Frau* Reuttinger".

"Eu também, senhor", respondeu a moça, sorrindo e baixando os olhos.

Kepler perguntou-se como uma criatura tão maravilhosa podia interessar-se por ele. Imaginou jovens oficiais enfileirados, esperando para dançar com ela nos bailes do barão. "Talvez não seja dada a frivolidades", pensou, esperançoso, e disse: "*Frau* Reuttinger, espero que goste de minha humilde casa. Perdoe-me a desordem".

"Sua casa é muito aconchegante, *Herr* Kepler. Precisa apenas de um pouco de cor, flores, quadros, coisas que podem ser arranjadas facilmente e a baixo custo."

"Ótimo", pensou Kepler, "a donzela sabe o valor do dinheiro." E concordou: "A casa precisa mesmo de um toque feminino".

"Susanna tem muito bom gosto e sabe economizar", interveio a baronesa, que conhecia as preocupações financeiras de Kepler.

"Perfeito! Quem sabe *Frau* Reuttinger não ensina minha Susanna?"

"Seria uma honra, senhor", respondeu Susanna, fitando-o.

Kepler sentiu alastrar-se pelo corpo um fogo havia muito adormecido.

Meia hora depois, Susanna e a baronesa partiram.

"É ela!", exclamou Kepler. "Encontrei minha nova esposa."

"*Frau* Reuttinger é mesmo uma belíssima mulher", disse Georg, "dotada de uma boa alma. Mas não a acha muito jovem? Dezessete anos de diferença? Será que vai ser uma boa companheira? Uma boa madrasta?"

Kepler sabia que o amigo apenas repetia as palavras de outros. Até sua querida Regina, agora mãe, escrevera de Regensburg quando soube da nova candidata, expressando sua preocupação. "Georg, algumas pessoas, mesmo jovens, têm a alma sábia. *Frau* Reuttinger é uma delas. Embora não acredite na predestinação dos calvinistas, juro que, assim que ela ergueu o véu, eu tive certeza de que ficaremos juntos até minha morte. Não sei por quê, mas estou convencido disso. É como se já a conhecesse, como se ela fosse uma criatura saída dos meus sonhos. E, depois, você viu como ela tratou as crianças."

"Bem, Johannes, vejo que sua decisão está tomada. Deus os abençoe, a você e à futura *Frau* Kepler, com muitos anos de alegria e muitas crianças!"

"Casamo-nos no próximo outono!", declarou Kepler.

29

Os primeiros anos com Susanna passaram depressa, felizes. Nem o fato de Kepler sentir falta dos luteranos de Linz atrapalhou essa felicidade. Susanna era o oposto de Bárbara: companheira, carinhosa, bem-humorada, cheia de energia e infinitamente dedicada ao marido e aos enteados. A família cresceu rápido: Margarethe Regina nasceu no verão de 1615, e, no de 1617, nasceu Katharina, que recebeu o nome da mãe de Kepler porque esta chegou a Linz no mês em que a menina veio ao mundo. Infelizmente, a velha Katharina não havia ido apenas visitar a família; acusada de bruxaria, tivera de fugir de Weil. Como temia Kepler, o processo oficial contra ela fora aberto.

Numa noite de agosto de 1617, Susanna apareceu no escritório com a pequena Katharina dormindo em seu colo. "Johannes, não está cansado? Está na hora de ir para a cama, não?"

"Sim, querida, vou num instante. Estou quase terminando meus cálculos."

Susanna aproximou-se da mesa. "Para que são? Um novo calendário?"

"De certa forma, sim. São para as efemérides de 1618, tabelas que listam as posições dos planetas no céu dia a dia. Marinheiros e astrólogos não podem viver sem elas!"

"Posso imaginar. E você está usando sua nova astronomia nos cálculos?"

Kepler fitou sua jovem mulher com admiração. Não imaginava que ela soubesse a diferença entre a velha e a nova astronomia. "Isso mesmo, querida, estou usando minha nova astronomia nas tabelas", disse, sorrindo. Depois, levantou-se e beijou suavemente a testa de Susanna. "Você me enche de alegria", sussurrou, para não acordar a filha.

"E você, a mim." Susanna beijou os lábios dele.

"Sabe por onde anda minha mãe?"

"Ah, no seu local favorito quando está quente demais para acender a lareira: debruçada na janela. Acho que ela sente muita saudade de casa."

"Sem dúvida. Sua casa é seu santuário, especialmente o quarto onde ela faz suas poções fedorentas. Tenho certeza de que se sente como uma prisioneira aqui."

"Talvez. Mas, se não tivesse vindo para cá, teria virado prisioneira de verdade."

"Ou pior. Passei anos dizendo-lhe que tomasse cuidado, que parasse com as poções, e ela nunca me deu ouvidos. Agora é tarde. Recebi hoje a notícia de que o julgamento acontecerá em três meses. Os desgraçados querem humilhar uma velha de sessenta e oito anos. Deus tenha piedade de sua alma…"

"Johannes, vá conversar com ela, tente descobrir algo sobre as acusações. Se quer mesmo ajudá-la, precisa saber mais."

"E você acha que ela vai me contar? Não contou nunca!"

"Acho que vai contar, sim. A situação mudou. Vamos logo! Vou só pôr Katharina na cama."

Kepler foi até a janela juntar-se à mãe, que o recebeu com um resmungo, os olhos fixos no oeste, na direção de Weil. A noite estava clara, a lua crescente sorrindo com preguiça veraneia sobre o horizonte. Permaneceram em silêncio por alguns instantes. Susanna logo apareceu e pôs-se ao lado de Katharina.

"Mãe, faz alguns meses que a senhora chegou, e ainda não nos contou por que *Frau* Reinbold decidiu denunciá-la. Se quer que a ajude no julgamento, preciso saber o que aconteceu."

"Ora! Você deve estar feliz agora, não?", ironizou Katharina. "Adorando isso tudo… Verdade seja dita, Susanna, este meu filho bem que me alertou." Susanna, que segurava a mão dela, muito sabiamente preferiu calar.

"Mãe, não diga asneiras. A senhora sabe muito bem que quero apenas protegê-la. Susanna, você tem ideia de quantas mulheres foram queimadas na fogueira só na pequena Leonberg nos últimos meses? Seis! Seis mulheres! Jovens e velhas. A Alemanha virou uma terra de fanáticos ignorantes! E não é só lá, não. Veja o que a Inquisição anda fazendo na Espanha, em Portugal, na Itália..."

Susanna apertou a mão de Katharina. "Você tem de fazer alguma coisa, Johannes", disse com voz trêmula. "Escreva para seus conhecidos, veja se pode montar uma defesa."

"Isso mesmo, Johannes", concordou Katharina, "use esse seu nome para algo de útil." Por trás do sarcasmo usual, Kepler detectou medo na voz dela.

"Farei tudo o que puder, mãe, pode estar certa disso. Mas primeiro preciso saber o que aconteceu."

"Está bem, está bem!", bufou Katharina. "Como você sabe, tive uma discussão com aquela louca da Ursula Reinbold no mercado. A idiota acusou-me de tê-la envenenado, disse que sangrou durante dias depois de tomar uma das minhas poções. Eu disse a ela que, se ela continuasse a espalhar aquelas calúnias, eu contaria para todo mundo que as poções eram para livrá-la dos bebês que metade dos homens da cidade meteram no seu ventre."

Susanna levou a mão à boca para esconder o riso. Podia imaginar a cena: as duas velhas aos gritos no mercado, cercadas por boa parte da população de Weil.

"E depois, o que aconteceu?", perguntou Kepler.

"Uma noite, faz uns seis meses, Ursula invadiu minha casa acompanhada do irmão, o barbeiro-cirurgião do duque de Württemberg, e de Lutero Einhorn, o oficial judiciário de Weil e Leonberg." Kepler levou as mãos à cabeça. "Estavam todos completamente bêbados. Gritei para que me deixassem em paz, mas eles não me deram ouvidos. O idiota do irmão saltou por trás de mim e encostou a espada no meu pescoço, ordenando que eu preparasse um antídoto para a vagabunda da irmã. Enquanto isso, Einhorn assistia a tudo, com um sorriso diabólico."

"E a senhora, o que fez?", indagou Kepler.

"Claro que não preparei antídoto nenhum! Primeiro, porque não saberia como. Segundo, porque, se o fizesse, estaria dando a eles a prova que queriam."

"Ótimo, mãe. Ao menos a senhora não perdeu completamente a razão."

"Perdi, sim, no dia em que pus você no mundo!", revidou Katharina, cuspindo para fora da janela.

Kepler não escondia sua preocupação. É que, quando era estudante em Tübingen, escrevera uma fábula sobre uma criatura da Lua que tinha poderes mágicos e que podia invocar demônios do Inferno com seu canto. "Será que alguém em Weil ou Leonberg ficou sabendo disso?", pensou. A fábula poderia ser considerada prova indireta e até incriminá-lo. Não faltavam inimigos à espera de uma chance para derrubá-lo. "Mãe", disse, "começarei a trabalhar na sua defesa o mais rápido possível. Precisamos ir a Weil e coletar todas as informações relevantes. Talvez o julgamento possa ser anulado por falta de provas concretas."

Katharina e Kepler chegaram a Weil durante a noite, escondendo-se nas sombras como ladrões. Kepler fez a mãe jurar que não se meteria em encrenca. "*Jamais* saia sozinha, mãe. Se precisar de algo, fale comigo. Se eu não estiver em casa, é porque estou consultando advogados. Espere-me voltar!"

Apenas dois dias depois, Katharina violou o acordo. Foi comprar algumas ervas no mercado central, um grupo de mulheres reconheceu-a e barrou-lhe a passagem.

"Bruxa velha! Como se atreve a aparecer aqui?", gritou uma.

"Volte para o Inferno, que é de onde você veio, sua desgraçada", gritou outra.

Ignorando as provocações, Katharina baixou a cabeça e tentou passar, mas, sem querer, esbarrou numa adolescente. Esta jogou-se ao chão, contorcendo-se de dor. "Meu braço! Ela queimou meu braço!", berrava, aos prantos. As mulheres cercaram a mãe de Kepler. De punhos cerrados, avançaram em sua direção, urrando maldições e insultos.

Dois guardas correram até Katharina e ordenaram às mulheres que recuassem. Kepler, que acabara de sair de uma reunião, chegou à praça guiado pela algazarra. Quando avistou a mãe, ela já estava com pernas e braços acorrentados. Os guardas levaram-na para a prisão municipal, seguidos por uma multidão enfurecida.

Lutero Einhorn, o mesmo que vira o irmão de Ursula encostar a espada no pescoço de Katharina, era o oficial judiciário da corte local e, portanto, responsável pelo caso. Ele instruiu a adolescente e os pais para que se juntassem a Katharina e Kepler na sua câmara privada. Àquela altura, a adolescente gritava que seu braço estava completamente paralisado. A mãe dela teve de ser contida pelos guardas para que não atacasse a mãe de Kepler. Este, aflito, ergueu os olhos para o teto e imaginou Marte percorrendo sua órbita elíptica em torno do Sol, elegante, regular, distante do caos que o cercava.

"Vá até *Herr* Reinbold", ordenou Einhorn a um dos guardas. "Diga-lhe que preciso de sua opinião de médico imediatamente."

"Quê?", protestou Kepler. "O senhor não sabe que *Herr* Reinbold quase matou minha mãe?"

"Claro que sabe!", interveio Katharina. "Ele estava lá, ajudando-o!"

"Silêncio!", ordenou Einhorn. "Eu é que decido quem posso ou não consultar em minha jurisdição."

"Isso é um ultraje!", insistiu Kepler. Einhorn não lhe deu ouvidos.

Após alguns minutos, Reinbold chegava à câmara. Katharina cuspiu no chão, acertando o pé dele.

"*Herr* Reinbold", pediu Einhorn, tentando soar o mais intimidador possível, "por favor, examine o ferimento no braço dessa jovem e, se puder, determine sua causa."

Reinbold aproximou-se da menina e ergueu-lhe o braço contra a luz que entrava pela janela. A menina fez um esgar de dor. Uma marca vermelha cobria seu cotovelo. "Não há dúvida", disse Reinbold. "Apenas o contato físico com uma escrava de Satã provoca um ferimento assim. Posso até distinguir a cruz invertida, símbolo do Demônio!"

"Isso é ridículo!", gritou Kepler. "Se não soltarem minha mãe imediatamente, os senhores é que vão acabar na cadeia!"

"*Herr* Kepler", respondeu Einhorn, "talvez o senhor tenha algum poder em determinados círculos. Mas não aqui, na minha jurisdição. O senhor e sua mãe são uma ameaça a esta comunidade. Está na hora de pôr um fim nisso."

"Você ainda vai se arrepender, Einhorn", ameaçou Katharina.

"Não, *Frau* Kepler. Quem vai se arrepender é a senhora! Guardas, levem-na para o calabouço! Só sairá de lá no dia do julgamento."

"Isso é monstruoso!", protestou Kepler. "Minha mãe tem quase setenta anos. Morrerá se ficar presa por muito tempo."

"Assim prescreve a lei, e assim deve ser feito", replicou Einhorn.

"Exijo que o senhor me envie cópias de *todos* os documentos e acusações contra minha mãe o quanto antes", disse Kepler.

"O senhor vai recebê-los dentro de alguns dias."

Dois dias depois, Kepler tinha em mãos a lista completa das acusações contra a mãe: eram quarenta e nove, resultado de décadas de boatos e intrigas. E leu-a, sentado à mesma mesa onde, vinte e três anos antes, decidira com a família sua ida a Graz. Katharina era acusada de, entre outras coisas, abater animais para extrair-lhes os órgãos; cavalgar bezerros, matando-os de exaustão; induzir jovens a servir a Satã; causar dores em inimigos sem nem sequer tocá-los; atravessar portas e janelas trancadas, como um fantasma; conjurar espíritos malignos com seus encantamentos; assassinar bebês nos berços pronunciando palavras mágicas; pagar um coveiro para desenterrar a caveira de seu pai, banhando-a em prata e com ela presenteando o filho (essa, ao menos, era verdade:

a caveira estava na mesa do seu escritório). Kepler começou a arquitetar um plano de defesa. Resolveu escrever para um advogado de Tübingen e pedir-lhe que o ajudasse a refutar, uma a uma, todas as acusações.

O trabalho demorou um mês. Todo dia, ao entardecer, Kepler visitava a mãe na cela. Sofria terrivelmente ao vê-la, acorrentada, os cabelos imundos, as roupas rasgadas e fétidas, a pele coberta por feridas e hematomas.

"Mãe, estou fazendo tudo o que posso para tirá-la daqui."

"Eu sei, filho, eu sei. Eles vão pagar caro por isso um dia, juro que vão! Deus não me abandonará."

Kepler fitou a mãe, desolado. As palavras dela, embora fortes, soaram fracas, resignadas. A chama indomável que animara seu espírito durante toda a vida estava se extinguindo.

"Nos próximos dias, entregarei sua defesa a Einhorn, que a enviará a Tübingen, onde será julgada pelos professores da faculdade de direito. Eles é que vão deliberar sobre seu caso."

"Espero que você ainda tenha amigos na universidade. Ou será que conseguiu irritar a todos por lá, como fez com aquele seu querido Maestlin, que o abandonou?"

Kepler estremeceu ao ouvir o nome do velho mestre. Tentou imaginar o que ele pensaria daquilo tudo. Provavelmente, ficaria horrorizado com o escândalo e o evitaria ainda mais. Que mais poderia esperar de alguém que passara a vida escondido à sombra de Lutero?... "Bem, um, pelo menos, eu tenho", disse. "Chama-se Christoph Besold. Temos trabalhado juntos na sua defesa. É um excelente advogado."

"Ótimo. Agora, vá. Não se esqueça de pagar os guardas na saída. Não tenho nem mais um centavo para dar-lhes. E você sabe o que acontece aos prisioneiros que não pagam seus guardas... Vão me deixar morrer de fome ou de frio."

Os olhos de Kepler encheram-se de lágrimas. "Não se preocupe, mãe. Não vou me esquecer."

Concluído, o documento de defesa tinha 126 páginas, em letra miúda. Kepler, que tratou de cada uma das acusações isoladamente, argumentou que a maioria se fundamentava em boatos, enquanto as demais contavam apenas prova circunstancial ou eram falsas. Acusar Katharina de matar um bezerro constituía uma estratégia óbvia para que ela pagasse por outro animal. Boa parte dos acusadores, sobretudo os Reinbold, estavam atrás de dinheiro: queixaram-se de que a mãe de Kepler gastava tanto com os guardas que não ia acabar lhe sobrando nada para quitar as dívidas. Kepler apontou o envolvimento de Einhorn no caso e alegou que ele não podia exercer sua função com imparcialidade. Isso servia também para o irmão de Ursula Reinbold, que diagnosticara o "toque de bruxa" no braço da jovem. Kepler observou ainda que a dita jovem engravidara "misteriosamente" e implorara à mãe dele uma poção que a livrasse da criança ilícita. Katharina recusara-se a ajudá-la, insistindo que ela devia casar-se com o responsável, o qual suspeitava ser o próprio pai da menina, um bêbado que, todos sabiam, surrava a mulher e as três filhas.

Os advogados de Tübingen demoraram um mês para responder. Einhorn enviou mensagem a Kepler, ordenando-lhe que se apresentasse na corte na manhã seguinte. Quando ele chegou, Katharina já estava lá. Dois guardas obrigaram-na a ficar em pé diante do pódio. A pobre velha tremia de tão fraca, os calcanhares e os pulsos dilacerados pelas pesadas correntes que arrastava. Seus acusadores também haviam chegado, inclusive Ursula Reinbold, abraçada ao marido. O braço da adolescente já não parecia estar paralisado, e via-se que seu ventre, embora oculto por um vestido amplo, crescia.

Einhorn pediu silêncio e acenou a Kepler para que se aproximasse do pódio. E, pela primeira vez desde o início do processo, Kepler notou um traço de insegurança nos gestos do oficial de justiça.

"Esta corte recebeu o veredicto dos doutores de Tübingen", anunciou Einhorn. "Eles decidiram que não há provas suficientes para condenar *Frau* Katharina Kepler."

Kepler explodiu num sorriso, erguendo os braços para o céu. Katharina também sorriu, com as forças que lhe restavam.

"Isso é um absurdo!", protestou Ursula Reinbold. "Todos sabem que essa desgraçada é uma bruxa. Para a fogueira!"

"Para a fogueira, filha de Satã! Acabem com ela!", gritaram os outros.

"Silêncio!" Einhorn bateu no pódio com a mão aberta. "Ainda não terminei. Os doutores de Tübingen também especificaram que a prova é insuficiente para uma absolvição."

"Como assim?", perguntou Kepler, indignado. "Como alguém pode não ser condenado e não ser absolvido ao mesmo tempo?" Katharina olhou para ele, confusa.

Einhorn sorriu para Kepler com desdém. "Os doutores determinaram que o caso só poderá ser encerrado depois que *Frau* Kepler for submetida a mais um exame."

"E de que exame se trata?" Kepler esperou pelo pior.

"*Territio verbalis*!", respondeu Einhorn. Kepler encarou-o, horrorizado. "Sua mãe será levada à câmara de torturas, e, na presença de testemunhas, o carrasco mostrar-lhe-á vários instrumentos usados para extrair a verdade daqueles que mentem perante a lei. *Frau* Katharina terá então uma última oportunidade para declarar sua inocência ou sua culpa. Deus guie sua consciência."

Ursula e os demais acusadores festejaram. Kepler olhou para a mãe, com o coração partido. Katharina permaneceu calada, olhando para o chão. Quando Kepler tentou dizer-lhe algo, ela ergueu a mão levemente: não havia nada a ser dito. Sabia que o filho fizera o possível. Ao menos por enquanto, ela escapara da fogueira.

As duas semanas seguintes pareceram estender-se por dois anos. Kepler continuou a ir visitar a mãe todos os dias, pois estava convicto de que Einhorn tentava matá-la ainda no calabouço. Enviou carta ao duque de Württemberg, suplicando-lhe que revertesse a sentença. Ou, caso isso não fosse possível, que ao menos acelerasse sua execução. O apelo funcionou.

Na noite anterior ao *territio*, Kepler disse a Katharina: "Mãe, perdoe-me. Perdoe-me por não ter conseguido libertá-la".

"Não diga bobagens, Johannes. Há anos você vem me alertando. Se não fosse você, eu já teria virado cinzas."

"Talvez, mãe. Mas creio que algo mais está em jogo. Acho que meus inimigos em Tübingen estão tentando vingar-se de mim. Veem-me como um traidor da causa luterana, um herege que, para piorar, defende Copérnico."

"Pode ser que você tenha razão, filho, mas nem tudo gira ao seu redor, sabe? Ou você agora se julga tão importante quanto o Sol?", brincou Katharina.

"Sério, mãe. Não entendo por que Maestlin, que conhece a senhora há décadas, ou Besold, que trabalhou comigo no processo e comprovou que é tudo uma grande besteira, deixaram que isso acontecesse."

"Você confia demais nesse Maestlin, Johannes. O bem que você vê nele só existe na sua imaginação. Pelo amor de Deus! Desde que você se mudou para Praga, há dezoito anos, que ele nem se digna responder às suas cartas! Nunca fez nada por você, nem mesmo quando lhe implorou ajuda, desesperado, sem ter para onde ir. Eu tenho cá comigo que esse seu mestre morre de inveja do seu sucesso, da sua coragem. É isso mesmo. O velho é um invejoso, um frustrado!"

"Mãe, não diga asneiras! Maestlin não tem motivo para ter inveja de mim. A carreira dele também foi ilustre."

"Perdoe-me, filho, mas o único asno aqui é você, que não vê que esse homem só lhe trouxe desgraça. Como seu pai a mim."

Kepler olhou compadecido para a mãe acorrentada e foi abraçá-la, o que não fazia desde que era criança.

"Quisera ter sua coragem, mãe", disse, soluçando.

"Mas você tem, Johannes! Somos feitos da mesma carne, do mesmo espírito. Pequenos porém indestrutíveis! Você sempre lutou sozinho contra todos, contra seus mestres de astronomia, de teologia, contra seus líderes religiosos... E fez isso porque acredita nas suas ideias, porque acredita no que é justo." Katharina olhou ternamente para o filho por alguns instantes. "Acho que está na hora de dizer-lhe algo, antes que seja tarde."

"Mãe! Não será tarde para nada! Vai dar tudo certo amanhã."

"Quem sabe, filho, quem sabe. Mesmo assim, queria dizer-lhe como tenho orgulho de você, de tudo o que você fez. Meu coração se enche de alegria quando eu lembro que este homem famoso, este homem bom, é aquele garotinho de cinco anos que levei pela mão para ver um cometa. Viu o que comecei?"

Kepler pôs-se aos pés da mãe, aos prantos. "Mãe, estarei aqui amanhã de manhã para acompanhá-la."

Katharina abraçou o filho. "Não, Johannes. Einhorn proibiu sua presença. Tenho de ir sozinha. Talvez seja melhor assim."

"Quê? Eu vou matar aquele desgraçado com minhas próprias mãos!"

"Acalme-se, filho. Em breve, tudo estará terminado."

"Mãe, pelo amor de Deus, prometa-me que tomará cuidado amanhã. É sua última chance!"

Katharina não respondeu. Fitou o filho com seus olhos profundos, tentando esconder o pavor que sentia.

Ao nascer do sol, dois guardas foram buscá-la, acompanhados de Einhorn, um escriba e três representantes da corte que serviriam de testemunhas. Os guardas liberaram-na das correntes e ergueram-na.

"Katharina Kepler", disse Einhorn, com um brilho diabólico nos olhos. "A senhora está ciente do procedimento. Iremos imediatamente à câmara de torturas. Lá, o carrasco mostrar-lhe-á os vários instrumentos que poderão ser usados em seu corpo com o objetivo de extrair uma confissão verdadeira."

Depois de passar por incontáveis corredores escassamente iluminados por tochas, o grupo desceu uma escadaria de pedra que parecia espiralar-se até as entranhas da Terra. Katharina sentiu na sola dos pés a umidade viscosa dos degraus cobertos de fungos e de fezes de rato. Por fim, chegaram a um salão semelhante a uma caverna, repleto de máquinas e instrumentos desenhados para infligir o máximo de dor física possível.

O cheiro de carne humana queimada era insuportável: usara-se muito a câmara nos últimos meses. Numa fornalha, rugia um fogo impaciente por levar ferros à incandescência. Katharina acenou ao carrasco com a cabeça e deu-lhe duas moedas de prata, o preço da entrada no Inferno.

Einhorn pôs-se diante da prisioneira. "Katharina Kepler", quase berrou, competindo com o fogo, "esses instrumentos serão usados sem piedade até que confesse seus crimes. Primeiro, a senhora será desnudada e deitada nesta mesa de ferro. Suas pernas e braços serão imobilizados, e as unhas do pé removidas com essas pinças metálicas." Einhorn acenou ao carrasco para que lhe mostrasse as pinças; eram muitas, de tamanhos variados. "Caso a senhora continue se recusando a confessar, o carrasco arrancará as unhas das suas mãos." Katharina tentou dar um passo para trás, mas foi detida pelos guardas. "Em seguida", prosseguiu Einhorn, "várias partes do seu corpo serão mutiladas com ferros incandescentes, começando pela sola dos pés." O carrasco foi até a fornalha, retirou dois estiletes em brasa e aproximou-os do rosto da prisioneira a ponto de queimar-lhe alguns cabelos. Ela fechou os olhos e procurou visualizar sua alcova, o caldeirão e as poções, seu refúgio.

"Agulhas serão enfiadas em seu ventre, pernas e braços. Sua carne será retalhada. Se ainda assim a senhora não confessar, o carrasco cortará um dedo de cada um de seus pés. Depois disso, cortará mais dois, até, se for necessário, não sobrar nenhum. Seu corpo será então esticado até que esteja a ponto de partir-se ao meio. Finalmente, se a senhora sobreviver a essas torturas, o carrasco usará uma estranguladora até extorquir a verdade de sua alma pecaminosa." Einhorn encarou Katharina com os olhos frios de quem não dá ouvidos a súplicas de piedade. Os três representantes da corte mantiveram-se em silêncio, suando abundantemente. "Então, mulher! Confesse seus pecados, escrava de Satã!", urrou. Katharina permaneceu imóvel. "Fale agora ou se arrependa para toda a eternidade!"

Libertando-se dos guardas, Katharina avançou um passo

e ajoelhou no chão de pedra. Ergueu os olhos para o teto lúgubre, como se procurasse um raio de sol. Deu um longo suspiro, inflou o peito e proclamou: "Façam comigo o que bem entenderem! Jamais confessarei crimes que não cometi. Podem arrancar minhas veias, que não mentirei. Queimem minha carne se quiserem, e nem sequer uma palavra escapará de meus lábios. Durante toda a vida servi a Deus com devoção. Jamais fui escrava do Demônio. Minha alma pertence a Deus, somente a Deus!". Encarou Einhorn, furiosa. "Que Deus acabe com minha vida neste instante se estou mentindo. E você, Einhorn, se continuar a acusar-me injustamente, a ameaçar-me com suas torturas hediondas, saiba que Deus tudo vê e que um dia você é que será punido. O Espírito Santo não abandonará uma velha que dedicou a vida a ajudar os necessitados. Portanto, carrasco, vá em frente!" Em seguida, pôs-se a recitar um Pai-Nosso com tal fervor que os três representantes da corte se juntaram a ela. Até o carrasco baixou a cabeça, respeitoso.

Quando Katharina terminou, Einhorn foi ao seu encontro. A prisioneira olhou para ele, resignada. Estava preparada para o pior. Surpreendentemente, Einhorn ofereceu-lhe a mão para que se levantasse. "*Frau* Kepler", disse, "sua coragem e sua devoção ao Senhor são um exemplo para todos nós, testemunhas da pureza da sua alma. Como representante oficial da corte de Württemberg, declaro-a livre para viver o resto de seus dias como bem entender."

Katharina permaneceu calada, olhando para Einhorn com frieza até ser levada pelos guardas para longe de seu pesadelo.

Kepler, que esperava impaciente em meio a uma pequena multidão, viu incrédulo a mãe cambalear sozinha para fora daquele lugar e correu para abraçá-la. Katharina, apoiando-se no braço do filho, encarou triunfante seus acusadores. "Ardam para sempre nas labaredas do Inferno, desgraçados", gritou com as forças que tinha, enquanto Kepler, sorrindo, puxava-a na direção de casa.

30

Kepler mal pôde festejar a liberdade da mãe. Alguns dias após seu retorno a Linz, um mensageiro de Regensburg informou-o de que Regina, sua adorada enteada, havia falecido.

"Tinha apenas vinte e sete anos", balbuciou Kepler, desolado, para Susanna. "E era tão brilhante... Foi a única que me trouxe alguma alegria durante meu período mais difícil em Graz e em Praga."

"Sinto muito, Johannes, muito mesmo." Susanna sentou-se ao lado do marido e pegou em sua mão.

Kepler olhou para a jovem esposa, apenas três anos mais velha que Regina: ela podia adoecer, morrer a qualquer momento; ele também. "Philip está desesperado", disse. "Não sabe o que fazer sem Regina. O pobre coitado implorou que deixasse minha Susanna ir a Regensburg para ajudá-lo a cuidar dos três filhos."

Susanna permaneceu calada por um tempo. Depois protestou: "Mas ela tem apenas quinze anos, Johannes. Não é responsabilidade demais? E Ludwig? Morrerá de saudades... os dois são inseparáveis".

"Infelizmente, querida, a vida nem sempre nos dá o privilégio da escolha... Susanna não é mais uma criança. Meus netos precisam de sua ajuda. Tenho de fazer isso por Regina, pela memória dela."

"Entendo, Johannes. Talvez não seja por muito tempo. Quem sabe Philip não se casa em breve?"

"Do jeito que ele está, acho que vai demorar muito para encontrar outra esposa. E, depois, como podemos garantir que as crianças serão bem tratadas pela madrasta? Nem todo mundo tem a minha sorte..."

"Nesse caso, temos de falar com ela", disse Susanna, baixando os olhos.

Encontraram-na deitada ao lado de Margarethe Regina, que estava de cama havia dias, com sarampo.

"Filha, tenho uma notícia triste. Nossa querida Regina morreu subitamente. O marido dela, Philip, perguntou-me se você poderia ir morar em Regensburg por um tempo, para ajudá-lo a criar seus três priminhos."

"Pobre Regina", disse Susanna, sem muita emoção. Não via a meia-irmã desde os cinco anos. "Mas, pai, quem cuidará de Margarethe Regina? Ela está tão fraquinha..."

"Não se preocupe com Margarethe. Nós cuidaremos dela, de Ludwig e da pequena Katharina. Você precisa ser forte." Susanna tentou conter as lágrimas. "Ah, filha, não fique assim. Pense nessa viagem como uma grande aventura! Regensburg é muito bonita, e o Danúbio, de que você tanto gosta, passa bem pelo centro da cidade."

"Mas quando voltarei a vê-lo, a ver todos vocês?"

"Prometo que iremos visitá-la. E você também virá a Linz. É muito fácil hoje em dia, de barco, pelo rio. Um belíssimo passeio!"

Margarethe começou a choramingar. Kepler pôs a mão em sua testa: a menina ardia em febre. "Rápido!", gritou. "Precisamos cobri-la com compressas bem frias."

As duas Susannas dispararam para a cozinha. Kepler tentou ninar a filha, que tinha o corpo coberto de feridas purulentas como as que deixaram cicatrizes nas mãos dele, quase aleijando-as. Sentiu que não estava sozinho no quarto e olhou em torno. Em meio à penumbra, viu seus três filhos mortos. Friedrich, espada na mão, rindo, e Regina, sentada a seu lado, com Heinrich e Susanna, recém-nascidos, no colo. "Todos fantasmas", pensou, "queridos e adorados fantasmas." Margarethe, pobrezinha, não passaria daquela noite. Mais uma vez, teria de enterrar uma criança sua.

O funeral foi simples, numa fria manhã de outono, o vento forçando as folhas a tecer espirais no ar. Georg era o único amigo presente. Kepler teve de enterrar a filha num vilarejo vizinho, já que Hitzler não o deixaria seguir os ritos luteranos em Linz. Susanna ajoelhou diante do túmulo e atirou uma rosa vermelha sobre o caixão já na cova. Uma ruga havia surgido na sua fronte, o selo do pacto entre a alma, o corpo e o tempo, do qual ninguém escapa. Kepler olhou com admiração para ela, que demonstrava elegância até no sofrimento. A energia da mulher inspirava-o, instigava-o a viver, a voltar ao trabalho, a criar o novo. Ele sentiu que devia retomar a busca pela música das esferas, a qual ressoava nos céus junto às suas crianças mortas. A morte fazia-o olhar para o firmamento, para o eterno. Decidiu consultar suas antigas notas, que compilara em 1599, após a morte da primeira filha. Jurou que o faria ainda naquela noite. Era hora de encontrar as leis que regem a harmonia do mundo.

Depois de procurar pela casa inteira sem sucesso, Christian foi encontrar Maestlin sentado num banco à beira do rio, com o diário junto ao peito. O velho astrônomo parecia completamente alheio ao que o cercava, os olhos fixos na água. Desde que estivera doente pela última vez, preferia passar com Kepler a pouca vida que lhe restava.

"Vovô?", chamou Christian. "O senhor está me ouvindo?"

Maestlin virou-se devagar para o neto, aparentemente sem reconhecê-lo. Christian pegou em seu braço e insistiu: "Vovô? O senhor está bem?".

A mente do velho mestre parecia protestar contra a intromissão, tal qual um moinho abandonado que o vento força a girar. "Ah, Christian, é você... Estava mesmo à sua procura..."

O jovem olhou com ternura para o avô. "Eu sei, vovô querido. Desculpe-me pelo atraso."

"Não há de ser nada. O tempo para mim passa de forma diferente... Trouxe o diário. Aqui, pode começar." Maestlin entregou o pequeno volume ao neto. Estavam quase terminando a leitura.

"O senhor tem certeza de que quer ler hoje? Talvez fosse melhor descansar. Posso voltar amanhã cedo."

"Nada disso. Sinto-me perfeitamente bem. Por que esperar?"

"Se o senhor insiste... Mas antes vamos para casa!"

1º de fevereiro de 1618

Meu coração está dividido: de um lado, as tristezas que a vida me traz e, do outro, a alegria que sinto ao contemplar as verdades escritas nos céus. Depois de sofrer terrivelmente, minha mãe — ou o que restou dela — enfim foi libertada. Mal festejamos, minha enteada e uma filha minha morreram, e outra teve de mudar-se para longe. Susanna e eu temos tentado lidar da melhor forma possível com essa sucessão de tragédias. Ludwig e Katharina são nossa única inspiração nestes dias difíceis. Não sei o que faríamos sem os dois... Deus os proteja!

Quando posso, fecho-me no escritório e procuro as harmonias do mundo. Voltei a estudar os ensinamentos de Pitágoras e de seus discípulos sobre as relações entre os números e os sons harmônicos. Benditos sejam nossos antepassados da Grécia! Descobriram, soando as cordas da lira, que os sons são agradáveis, ou melhor, harmônicos, apenas quando o comprimento de duas cordas satisfazem razões simples entre si — 1:2 (uma corda duas vezes mais longa que a outra), 3:4, 5:8 etc. Ao refletir sobre isso, perguntei-me por que razões envolvendo o número 7, como 1:7 ou 3:7, criam sons dissonantes.

Descobri a resposta usando a geometria! Quais as figuras geométricas que cabem dentro de um círculo, dividindo-o em arcos de tamanhos iguais? Resposta: as que dividem os 360 graus do círculo em partes iguais! O triângulo, por exemplo, divide o círculo em arcos com 1:3 e 2:3 de sua circunferência; o quadrado, em arcos com 1:4, 1:2, 3:4; o pentágono, com 1:5, 2:5...; o hexágono, com seus seis lados, 1:6..., 5:6. Pois são justamente essas razões que criam as notas harmônicas! O mesmo já não ocorre com o heptágono (1:7..., 6:7). E por que não? Porque o heptágono é uma das *figuras que não podem ser construídas usando-se um compasso, uma régua e as regras da geometria de Euclides. O mesmo ocorre, por exemplo, com o polígono de onze lados. Isso não é uma coincidência! Ambas são uma aberração geométrica, justamente chamadas de formas "incomensuráveis". Portanto, não podem pertencer aos arquétipos harmônicos com que Deus construiu o cosmo.*

Sabemos disso porque nós, humanos, temos a habilidade instintiva de perceber ordem, em particular a ordem geométrica das coisas. É como se Deus nos houvesse dado o dom de enxergar o mundo como uma combinação de formas e proporções determinadas pelas leis da geometria. A música, como demonstraram os pitagóricos, foi o primeiro exemplo. E não é necessário que sejamos músicos para compreender isso: uma pessoa que não entende de música nem de matemática sabe, ou melhor, sente quando um instrumento está desafinado. Sua alma ressoa apenas quando aqueles sons são harmônicos... Sons dissonantes criam antagonismos, influências negativas. Conforme argumentei acima, os sons harmônicos têm representações geométricas, dadas pelos polígonos "comensuráveis". São esses os átomos que Deus usou para construir o mundo, os átomos da harmonia cósmica.

Afinal, não demonstrei no meu Mysterium que as órbitas dos planetas são descritas pelos cinco sólidos platônicos? E como são construídos esses sólidos? Com base em polígonos comensuráveis! Sim, existem discrepâncias entre os dados de Tycho e minha hipótese poliédrica. Mas quão ínfimas são quando consideramos a vastidão das distâncias cósmicas! Só o que podemos fazer é usar nossa mente imperfeita para imitar a perfeição divina. A astronomia e a filosofia natural devem ser vistas assim, como representações imperfeitas da obra perfeita de Deus.

Continuarei a buscar as relações harmônicas que regem as órbitas planetárias e as interações entre o cosmo e o homem. Se Deus usou arquétipos geométricos para construir o mundo, essa harmonia não se limita à música. Tudo o que existe, do comportamento humano aos movimentos celestes, deve obedecer às mesmas regras fundamentais. Preciso apenas encontrá-las!

"Que mente privilegiada!", exclamou Christian.

"Platão foi o último a tentar unificar todo o conhecimento num único sistema", disse Maestlin. "Que bela a ideia de que tudo pode ser explicado pela geometria, de que tudo *é* geometria. Ela seduziu Kepler por toda a vida…"

"E ao senhor?", provocou o jovem.

Maestlin olhou furtivamente para o neto, tentando ler suas intenções. "Ah, sou um homem bem mais simples, Christian, de ambições humildes. Conheço bem a geometria, é verdade. Mas usei-a apenas como uma ferramenta, sem a intenção de construir teorias que unificassem todo o saber."

"É mesmo?", insistiu Christian. "É difícil imaginar que um astrônomo possa resistir à tentação de procurar um sistema tão elegante…"

"Pois *este* astrônomo jamais esteve interessado nisso." Maestlin irritou-se. "Para começar, a lógica de Kepler nunca foi muito transparente. Ele sempre achava justificativas para seus preconceitos. Por exemplo, um polígono de quinze lados é 'comensurável'. Porém, não encontro nenhum em sua obra. Tenho certeza de que ele tinha uma boa desculpa para isso."

"Bem, pode ser que às vezes Kepler levasse um pouco longe demais seus argumentos. Mas o que importa não é a busca, a ânsia de encontrar a Verdade? Não é preciso sonhar, arriscar, para criar o novo?"

"Está insinuando que nunca fiz nada de novo, Christian? Que passei a vida fuçando detalhes inúteis, enquanto Kepler decifrava a obra divina?" Maestlin olhou para a estante sobre a lareira, onde seus livros repousavam ao lado dos de Kepler. Sabia bem a resposta.

Christian fitou o avô, entristecido. O velho mestre decretara a própria sentença: havia fracassado como astrônomo e mentor. Sua covardia levara-o a tentar destruir o que lhe era mais caro. "Não pensaria isso do senhor jamais!", protestou o jovem. "Sabe o quanto o admiro, e também ao seu trabalho. Caso contrário, por que voltaria aqui todos os dias? Venho porque quero saber mais da sua vida, das suas experiências."

"Se é esse o motivo das suas visitas, está desperdiçando a juventude na companhia de um péssimo exemplo."

"Não devia falar assim, vovô! Pense em tudo o que fez, nas suas descobertas, no livro que escreveu, lido em toda a Europa..."

"Um livro antiquado, e errado ainda por cima, cheio de asneiras aristotélicas", interrompeu Maestlin, olhando para sua cópia da *Epítome astronômica*, que estava ao lado da *Astronomia nova*, de Kepler.

"Pense nas observações que o senhor fez da estrela nova de 1572 e do cometa de 1577, comprovando que Aristóteles estava errado ao insistir que os céus eram imutáveis."

"As observações de Tycho foram infinitamente superiores às minhas."

"Pense nos seus alunos, no quanto foi importante para eles, para Kepler, nas portas que abriu."

"Exatamente! Fui apenas isso, um porteiro. Um mentor teria orgulho dos pupilos, do que alcançaram em suas carreiras. Eu abandonei o meu. Fui um covarde."

"Não diga isso, vovô! O senhor inspirou muitos, é querido por muitos!"

"Pode ser, caro neto, mas não vejo as coisas assim. Você é tudo o que me resta agora..." Maestlin fitou-o com uma ponta de malícia nos olhos. "E sei o quanto está interessado em Kepler. Afinal, a companhia dele é mesmo instigante. Sei que é por isso que volta aqui todos os dias."

"Não é verdade! Venho para estar com o senhor!"

"Não se preocupe, eu faria o mesmo se fosse jovem como você."

Christian baixou os olhos, envergonhado. O avô tinha razão. Kepler seduzira-o. Voltava para estar perto dele, da sua sabedoria, da sabedoria de Deus. Se Maestlin via em Kepler a vida que tinha desperdiçado, o jovem via nele a vida que almejava.

"O senhor... quer que continue a leitura?"

"Hoje não, meu caro. Preciso ficar só. Por que não volta em dois dias?", sugeriu Maestlin, os olhos fixos na estante.

31

Kepler abriu a porta da lavanderia, procurando por Susanna. Viu apenas sua silhueta, difusa em meio ao vapor que subia de duas enormes panelas de bronze. "Encontrei! Finalmente encontrei!", exclamou, correndo para abraçá-la.

"Encontrou o quê, Johannes? Que susto!"

"Encontrei a Lei Harmônica, querida, a lei que procuro há vinte anos! Entende o que isso significa?"

Susanna usava um lenço branco sobre os cabelos, o que realçava ainda mais suas maçãs do rosto protuberantes e o nariz de proporções perfeitas. Ela era a própria encarnação da harmonia. "E que lei é essa, Johannes?", perguntou, tentando não rir. Estava acostumada às explosões de entusiasmo do marido, que ocorriam sempre que ele imaginava ter descoberto algo novo. Na maioria das vezes, um erro era detectado, e o entusiasmo esvaía-se quase tão rapidamente quanto surgira.

"Desta vez é sério, Susanna. Sempre soube que devia existir uma relação entre o tempo que um planeta leva para circundar o Sol — o seu período — e sua distância até ele. Afinal, é o Sol que mantém os planetas em suas órbitas! Pois bem, usando os dados de Tycho, encontrei uma relação matemática que faz justamente isso, liga tempo e distância: o quadrado do período orbital é igual ao cubo da distância. Tão simples! Inacreditável! E isso para todos os planetas. Todos!"

"Que maravilha, Johannes! Agora sei o que anda fazendo desde que Margarethe..." Susanna calou-se e baixou a cabeça, olhando para a água que fervia nas panelas. Kepler acariciou seus ombros. "Como vai divulgar a descoberta?", perguntou ela, tentando sorrir. "Talvez escrevendo um novo livro?"

"Isso, querida, um novo livro. E quase já terminei de escrevê-lo! O título será *A harmonia do mundo*. Que tal? É o clímax do meu trabalho, minha comunhão com a mente de Deus. Finalmente, ouço a música das esferas...", disse Kepler, olhando para cima, os olhos brilhando com uma luz quase mágica e o corpo oscilando ao som de uma melodia que só ele ouvia.

"Não fala sério quando diz que *ouve* essa música, fala, Johannes? As pessoas vão achar que enlouqueceu de vez. Tome cuidado, querido, já tem problemas demais com a Igreja."

"Claro que não a ouço com os ouvidos. Essa música só pode ser ouvida pelo intelecto. Cada planeta tem sua escala musical, as notas que ele soa ao girar em torno do Sol. Juntos, os planetas formam um moteto, um moteto celeste, que ressoa em nossas mentes. Essa é a voz da Criação, meu amor. A voz da Criação!"

Susanna abraçou o marido, que a beijou ternamente nos lábios, no pescoço, bebendo seu suor, seu sal. Ao fazê-lo, sentiu descer ao ventre o êxtase que antes lhe ocupava a mente e começou a desabotoar o vestido da mulher. Nesse momento, eles ouviram Ludwig chamar: "Mãe! Pai! Venham rápido! A Katharina não para de tossir. Acho que ela cuspiu sangue".

Katharina, deitada no berço, suava abundantemente, os cabelos loiros grudados no rosto. Sua respiração era irregular, forçada. Kepler estremeceu ao ver uma pequena mancha vermelha no travesseiro.

"Johannes, que vamos fazer?", perguntou Susanna, a voz abafada pela dor.

"Temos de levá-la imediatamente à lavanderia. O vapor vai ajudá-la a respirar melhor."

Após alguns minutos, nos braços do pai, Katharina respirava com mais facilidade. Susanna cantarolava a cantiga preferida da filha, sobre um anjo que vivia sozinho num bosque. Ludwig assistia sério à cena. Tinha visto o irmão Friedrich e a meia-irmã Margarethe morrerem. Em silêncio, perguntava-se por que a Morte os punia tanto.

* * *

Passaram-se vários dias. Kepler trabalhava obsessivamente no novo livro. Parava apenas à noite, quando levava Katharina à lavanderia com Susanna para limpar os pulmões. Em seu desespero, começou a usar o medalhão do avô. Toda manhã, punha-o em torno do pescoço, segurava o anjo de asas abertas e pedia-lhe que ajudasse a filha enferma. Com imensa tristeza, sentiu que o calor diminuía a cada dia. Sua mãe, que insistia em morar sozinha em Weil, jamais se recuperara dos abusos sofridos na prisão.

Uma manhã, Kepler deu-se conta de que já não emanava calor algum do medalhão. O anjo era o que sempre devia ter sido, uma figura esculpida no metal. O espírito de sua mãe partira. "Susanna", murmurou, acordando a mulher, "minha mãe morreu ontem à noite."

"Quê? Como você sabe?", perguntou Susanna, sentando-se.

"O anjo está frio."

"Ah, Johannes... Ela viveu uma longa vida, estava cansada."

"Eu sei, querida, eu sei. Minha mãe sofreu muito, merece descansar em paz. Mas havia tantas coisas que eu queria ter dito a ela..."

"Ela sabia, Johannes, tenho certeza. Nem tudo precisa ser dito para ser sentido. O amor é assim..."

Abraçaram-se longamente, enquanto Kepler soluçava em silêncio, com o medalhão nas mãos.

Um ruído seco veio do quarto de Katharina. Susanna levantou-se e olhou para Kepler, temendo o pior. Os dois correram até lá. A menina tentava levantar-se, segurando-se na borda do berço.

"Olhe, Johannes!", exclamou Susanna. "Ela está sorrindo de novo!"

Tomado por uma alegria que não sentia havia muito, Kepler aproximou-se da filha para beijá-la. Assim que a menina viu o medalhão nas suas mãos, agarrou-o como se o tivesse reconhecido.

"Veja, Susanna. Foi minha mãe que salvou nossa filha. Sacrificou-se pela neta..."

"Talvez fosse mesmo uma bruxa", disse Susanna, sorrindo.

"Era, sim", murmurou Kepler. "Uma bruxa santa."

Uma chuva torrencial açoitava as ruas de Linz. Kepler corria pela casa, fechando as janelas, quando ouviu alguém bater à porta. Georg entrou aos tropeços, completamente encharcado.

"Que foi, amigo?", perguntou Kepler, surpreso. "O que o traz aqui numa noite como esta?"

"Johannes, desculpe-me por invadir sua casa neste estado. Não tive alternativa. É urgente." Georg tentou ler o rosto de Kepler. "Ainda não ouviu as novas, ouviu?"

"Que novas, homem? As únicas novas por aqui são que Katharina melhorou muito e que finalmente acabei de escrever meu livro. Dia 27 de maio de 1618 será lembrado como o dia em que Johannes Kepler terminou sua obra-prima, *A harmonia do mundo*. Agora, só me resta terminar as Tabelas Rodolfinas e o manual sobre a astronomia de Copérnico."

"Johannes, perdoe-me dizê-lo, mas acho que não terminará as Tabelas. Ao menos por um bom tempo."

"E por quê? Fale, homem!", impacientou-se Kepler. Susanna apareceu na sala. Georg cumprimentou-a.

"Quatro dias atrás, um grupo de nobres protestantes invadiu uma reunião do Conselho no castelo de Praga."

"Que Conselho?"

"O Conselho escolhido pelo imperador Ferdinando II para governar a Boêmia em sua ausência."

"Ferdinando nunca devia ter sido coroado imperador após a morte de Matias. Será que o mundo já esqueceu o que ele fez com os luteranos da Estíria? Foi ele quem me expulsou de Graz! Pode ter certeza de uma coisa, Georg: o homem só descansará depois que o último luterano da Boêmia e da Áustria tiver se convertido. E da Alemanha também."

"Não é à toa que sete dos dez membros do Conselho são católicos! Ele praticamente abandonou a Boêmia ao seu destino quando mudou a corte para Viena. Acho que queria mesmo que Praga explodisse."

"E explodiu?"

"Explodiu, amigo. Praga explodiu. Os protestantes que invadiram a reunião jogaram dois conselheiros católicos e seus secretários pela janela. Quase que imediatamente, as batalhas começaram, espalhando-se pela cidade como a peste."

"Meu Deus! Católicos e protestantes vão matar uns aos outros feito moscas. Nossa Europa será devastada!"

"E, como você já deve ter concluído, os protestantes de Linz, de toda a Áustria Superior, serão implacavelmente perseguidos. Nossos dias aqui estão contados, amigo."

Kepler voltou-se para Susanna: "Querida, tivemos cinco anos de relativa paz nesta cidade. Devemos ser gratos por isso. No entanto, temo que estou condenado a vagar por estas tristes terras carregando apenas meus livros e ideias pelo resto de meus dias. Essa é a maldição dos que teimam em ser livres num mundo dominado pela intolerância... O que mais me entristece é que sei que assim será por muito tempo, até o dia em que a religião deixar de separar os homens e começar a uni-los. Perdoe-me, querida, por forçá-la a acompanhar-me nesta minha vida errante".

"Meu destino é errar a seu lado, meu amor. Minha maldição virá no dia em que não puder mais acompanhá-lo."

"Que assim seja", disse Kepler. "Vasculharemos estas terras até encontrarmos um lar onde possamos viver em paz. E que essa paz dure até o dia em que nossas almas ascenderem aos céus."

"Até o dia em que nossas almas ascenderem aos céus", repetiu Susanna.

Georg despediu-se do casal, que, de mãos dadas, viu o amigo perder-se na escuridão. A chuva havia parado. Aqui e ali, uma brecha nas nuvens revelava retalhos do céu. Entre as estrelas, Marte brilhava orgulhoso, com sua luz alaranjada. Kepler ergueu os olhos. Sorrindo, respondendo a um convite que só ele podia ouvir, começou a cantarolar a música das esferas.

32

Após um passeio solitário, Maestlin voltou para casa a passos lentos, aproveitando os últimos raios de sol. Um grupo de crianças ainda brincava ao longo do rio, as mães aos berros para que tomassem cuidado. Alunos do Stift, recém-saídos das aulas vespertinas, passavam apressados pelo Neckarhalde na esperança de dar um mergulho antes de escurecer. Nenhum deles parou para saudá-lo. A indiferença dos jovens varou-lhe o coração como uma lâmina fria. Ele era um fantasma agora, apenas isso, olhando para o mundo dos vivos por uma janela que a cada dia se estreitava. Como desejava mais luz! Sentia-se tal qual Tântalo, capaz de ver mas não de tocar. De que adianta desejar o sucesso, se não se tem coragem de sacrificar-se por ele ou, pior, habilidade para atingi-lo?

O velho mestre esperou até que o último estudante passasse, olhando no rosto de cada um, procurando por alguém familiar, procurando, quem sabe, por Kepler. Já não o vira antes, passeando ao longo do rio com os amigos? Mas dessa vez não o encontrou, não poderia tê-lo encontrado. Seu pupilo havia morrido. Só lhe restava o diário e, dentro dele, a carta que ainda não lera. Mas era quase chegada a hora...

Maria estivera na casa. Maestlin sentia o cheiro de comida, sopa de repolho com carne de porco, arriscou. Não tinha fome. Queria apenas um cálice de vinho. Foi à cozinha e encheu um até a borda. A acidez despertou suas glândulas salivares. Tomou outro gole. Pareceu-lhe menos ácido. Outro. Menos ainda, quase bom. Destampou a panela: sopa de repolho com carne de porco. Sorriu. Maria, ao menos, jamais iria deixá-lo.

Maestlin foi para a sala. Urânia saudou-o com um ruidoso miado, que, no entanto, passou desapercebido. O velho astrônomo fechou as janelas e dirigiu-se à sua poltrona. Quando deixou o corpo cair lentamente sobre ela, a corda que usava para levantar-se roçou ao longo das suas costas, causando-lhe um arrepio. Ficou olhando-a balançar por um tempo, suspensa do teto, indiferente. Com o coração aos saltos, abriu o diário. Era a última entrada. Devia esperar por Christian? "Não", murmurou, "devo fazê-lo sozinho." Forçou os olhos a concentrar-se na letra miúda.

23 de maio de 1618

Desde fevereiro que procurava a música oculta no movimento dos planetas. Se Deus usou os mesmos arquétipos geométricos para criar o mundo, as mesmas leis que regem as órbitas celestes têm de reger as harmonias da música. Minha missão é – e sempre foi – encontrar essas leis. Às vezes, sinto-me como o viajante que deixou a tudo e a todos em busca das terras de seus sonhos. Amigos e parentes diziam-lhe que morreria antes de achar algo, que havia perdido a razão, que era loucura aventurar-se rumo ao desconhecido. Sozinho em seu barco, ignorando a todos, o viajante partiu, inspirado pela visão de terras mágicas, lutando contra o frio e a fome, enfrentando tempestades terríveis. Durante anos prosseguiu corajosamente, sem nada descobrir. Até que, um dia, Deus presenteou-o. Seu tesouro não consistia em montanhas de ouro e diamantes ou em mulheres belíssimas. Não, o viajante encontrou uma pequena janela, uma janela que lhe permitiu vislumbrar, por um breve momento apenas, a mente do Criador. E a luz que viu, a beleza que lhe foi revelada, transformou-o para sempre. Ele não se importou quando retornou à aldeia e ninguém acreditou nele, acusando-o de ter enlouquecido de vez; sabia que era uma questão de tempo, que no futuro as pessoas lhe dariam ouvidos e sua visão seria celebrada por toda a eternidade.

Primeiro, tentei encontrar padrões harmônicos nos períodos orbitais dos planetas. Usando os dados de Tycho, experimentei tomar razões entre os diferentes períodos, comparando os resultados com as razões harmônicas das escalas musicais. Não tive êxito. Tentei então encontrar relações entre as distâncias dos planetas ao Sol, novamente comparando-as às razões entre as notas musicais. Mais uma vez, fracassei. Comecei a entrar em pânico. Será que estivera errado todos aqueles anos? Será que minha busca obsessiva por uma lei harmônica era o devaneio de um louco? Será que o viajante terminara seus dias espatifado contra um recife? Não, não era possível. Eu não podia viver num cosmo dissonante. A sabedoria de Deus <u>tinha</u> de estar oculta na estrutura do Universo, eu estava convencido disso. Não podia desistir, precisava continuar a navegar. Talvez as razões harmônicas estivessem entre as velocidades mais extremas das órbitas dos planetas: a mais rápida no ponto mais próximo ao Sol, e a mais lenta no ponto mais distante dele. Outro fracasso. Dias se passaram. Faltavam-me ideias.

Foi então que aconteceu. Resolvi, numa intuição louca, transferir-me dos planetas para o Sol, imaginando como os movimentos cósmicos seriam percebidos por um observador solar. Mas claro! Afinal, o Sol não era o centro dos movimentos? Nesse caso, lá é que devia residir o segredo da harmonia do mundo. Comecei por Saturno: em relação ao Sol, sua velocidade mais lenta é de 106 segundos de arco por dia, e a mais veloz, de 135 segundos de arco por dia. A razão entre as duas é 0,785, <u>muitíssimo</u> perto de 4:5 (ou 0,8), uma terça maior! Minha mão tremia, mal conseguia segurar a pena. E os outros planetas? Todos satisfazem razões semelhantes às notas musicais: Júpiter, uma terça menor; Marte, uma quinta. Podia ver as notas dançando diante de mim. Em seguida, comparei as mesmas duas velocidades extremas entre pares diferentes de planetas, usando os resultados para construir escalas harmônicas para cada planeta, a música que criam ao girar pelos céus, a harmonia cósmica. É essa a sinfonia de Deus, a música eterna da Criação, que revelarei ao mundo para que todos possam deleitar-se com suas harmonias. Seria *impossível tentar expressar minha felicidade... Apenas aqueles que passaram longos anos buscando a verdade, imersos na escuridão da ignorância, podem compreender o júbilo transcendente da descoberta.*

Maestlin interrompeu a leitura, aguçando os ouvidos. Nada. Nenhum som ecoava em sua mente. Fechou os olhos para aumentar a concentração. Ouviu então algo, um zumbido incessante. Não era, porém, nada de novo: era o ruído da audição cansada de tantos sons frívolos por toda uma longa vida. A outra melodia, a que importava, escapava-lhe. Não conseguia ouvi-la, não fora abençoado como Kepler. Sabia apenas que ela existia e ressoava pelas esferas celestes. Deus, em seu desdém, fizera-o surdo às Suas harmonias.

Para completar minha obra, restava uma última tarefa: encontrar a lei que relaciona a distância do planeta ao Sol (D) ao tempo que ele leva para completar sua órbita (T). A razão entre os dois números, expressão máxima da harmonia cósmica, tinha de ser a mesma para todos os planetas. Comecei com a razão mais simples, T/D. Não funcionou: para Mercúrio, obtive 0,62, e, para Saturno, 3,10. Tentei, então, a combinação T/D^2. De novo, não obtive sucesso. Mercúrio contava agora a maior razão, e Saturno, a menor. Em seguida, calculei T^2/D^2. Nada. Por fim, já quase sem esperanças, tentei T^2/D^3. E <u>funcionou</u>! A razão é igual a 1 para todos os planetas! No início, pensei que se tratava de um sonho. Confirmei e reconfirmei os números freneticamente, e não encontrei erro algum! Uma única lei relaciona distância e tempo, revelando em sua simplicidade a concepção harmônica do cosmo. É essa a lei que tanto procurei, a lei que liga cosmo e mente, que demonstra que toda a Criação provém da unidade de Deus. Minha busca está encerrada.

Termino este diário com uma oração:

Que a unidade revelada nestas páginas, expressão da perfeição divina, ilumine o espírito enfraquecido dos homens, alimentando o amor ao próximo e restaurando a paz entre todos os credos. Que a harmonia que rege o mundo conforte nossos pesados corações e desperte os homens para uma nova era, baseada na liberdade e no respeito à vida.

Maestlin fechou o diário. A sala estava escura. Apenas duas velas ardiam na mesa ao lado. Sua cabeça latejava. Um cão latia ao longe. Ele aguçou mais uma vez os ouvidos. Somente o mesmo ruído, familiar... incessante.

Era hora. Com um movimento brusco, tirou a carta do diário.

Caro mestre,

Peço-lhe que leia esta carta apenas depois de terminar o diário. Sei que o senhor compreenderá.

Eternamente seu, Johannes

Eternamente seu, Johannes... Com a mão trêmula, Maestlin correu o dedo indicador sob a dobra do papel até atingir o selo. Um gesto rápido, e o quebraria. O velho mestre hesitou. Não conseguia fazê-lo, seria fácil demais. Dessa vez, ao menos dessa vez, não fugiria à sua responsabilidade, não deixaria que Kepler o perdoasse. Recolocou a carta no diário e o pôs na mesa. Com enorme esforço, segurou a ponta da corda, levantando-se. Queria ver o céu. Foi devagar até a janela e abriu-a. A noite quente, sem lua, penetrou na sala. Ele procurou algum planeta, mas não avistou nenhum. Tentou ouvir sua música, mas apenas o silêncio chegou-lhe. Uma brisa vinda dos campos trazia o aroma de flores silvestres e esterco. Pensou em Margaret. Pensou em Ludwig e em Michael. Pensou em Maria. E pensou em Christian, na sua alma, que ardia com a fúria da juventude à procura de algo maior que a vida, à procura do que Kepler havia encontrado.

Deixou a janela aberta para que a noite continuasse a fazer-lhe companhia. Era hora. De volta à poltrona, agarrou-se à corda com as duas mãos. Dessa vez, porém, não a usou para sentar-se. Amarrou-a num laço e certificou-se de que era forte o suficiente. Urânia roçou em suas pernas, pedindo carinho.

Mais uma vez, foi ignorada. O velho mestre segurou a corda acima do laço e, reunindo todas as suas forças, subiu na poltrona. Ajustou o nó pacientemente, de modo que o laço ficasse na altura do rosto. Num gesto solene, pôs a corda em torno do pescoço, assegurando-se de que não havia folga, e sorriu. Olhou para o céu, deu um passo adiante e, lutando para manter os olhos abertos, viu as estrelas multiplicarem-se, milhões delas, até que o céu inteiro se encheu de luz, a luz mais pura que jamais vira. Então, vislumbrou os contornos de um rosto que sorria. Era o rosto do seu adorado Kepler, convidando-o a ouvir a harmonia celeste. E, dessa vez, Maestlin finalmente a ouviu.

Nota do autor

E ao senhor, em primeiro lugar,
caro mestre, em tua velhice feliz:
pois foste tu quem me inspirou,
com palavras e esperança.

Johannes Kepler, na conclusão
d'*A harmonia do mundo*,
Livro v, capítulo x

A dedicatória acima encontra-se, quase imperceptível, numa anotação marginal no final da grande obra de Kepler sobre as harmonias do mundo. É a expressão derradeira do apreço que ele tinha por seu mentor, o homem melancólico que o introduziu na beleza da astronomia copernicana. Embora a relação profissional dos dois tenha sido interrompida ainda no início da carreira de Kepler, a relação afetiva sobreviveu até o fim de suas vidas.

Neste romance, todos os eventos são factuais, com exceção dos que envolvem as únicas personagens fictícias, Maria e Christian. O diário de Kepler também é fictício. As circunstâncias da morte de Maestlin, pelo que pude descobrir, continuam ignoradas. Kepler faleceu em 1629 e foi enterrado em Regensburg. Seus restos mortais desapareceram quando o cemitério foi destruído, durante a Guerra dos Trinta Anos. Nem mesmo após a morte ele deixou de errar pelo mundo. Sua fé no poder da razão e sua devoção à verdade e à justiça merecem ser permanentemente celebradas.

Devo agradecer em primeiro lugar a generosidade do Dartmouth College, que, através de uma bolsa (Wilson Faculty Fellowship), permitiu-me seguir os passos de Kepler na Alemanha, na Áustria e em Praga. Ulrich Gebhardt concedeu-me acesso ilimitado à preciosa coleção de livros raros da biblioteca da Universidade de Tübingen. *Frau* Renate Gnad permitiu que eu visitasse a casa de Kepler em Weil der Stadt com a liberdade de que precisava. Ricardo Hoineff abriu-me as portas da maravilhosa biblioteca do mosteiro de Strahov, em Praga, onde pude estudar manuscritos originais dos séculos XVI e XVII.

A lista de amigos que bondosamente me cederam seu tempo e sua sabedoria durante os três anos que dediquei a esta obra seria extensa demais. Entre eles, menciono com gratidão Louis Begley, K. C. Cole, Jonathan Crewe, Orrin Devinsky, Owen Gingerich, David Glass, Luiz Gleiser, Roald Hoffmann e Oliver Sacks. Na versão em português, meu eterno agradecimento a Luis Giffoni, Sonia Gleiser e, em particular, a Rodolfo Franconi, que leu cuidadosamente o original, cedendo-me um pouco do seu vasto conhecimento gramatical e estilístico. À minha agente, Agnes Krup, pela inspiração e apoio. E, por fim, a Kari, minha sábia Susanna, pela paciência em ler, reler e criticar as várias versões do manuscrito.

Bibliografia

Além destas biografias e estudos — e dos dois romances citados mais abaixo —, há dezenas de outros livros sobre a obra de Kepler.

Kepler, de Max Caspar. Dover Publications, Nova York, 1993.
Tycho & Kepler: the unlikely partnership that forever changed our understanding of the heavens, de Kitty Ferguson. Walker & Company, Nova York, 2002.
A *bruxa de Kepler*, de James A. Connor. Rocco, Rio de Janeiro, 2005.
The sleepwalkers: a history of man's changing vision of the universe, de Arthur Koestler. Pelican Books, Londres, 1982.

Kepler, de John Banville. Vintage Books, Nova York, 1981.
The redemption of Tycho Brahe, de Max Brod. e Alfred A. Knopf, Nova York, 1928.

ESTA OBRA FOI COMPOSTA EM PALATINO PELO ESTÚDIO O.L.M.
E IMPRESSA PELA GRÁFICA PAYM EM OFSETE SOBRE PAPEL PÓLEN SOFT
DA SUZANO S.A. PARA A EDITORA SCHWARCZ EM SETEMBRO DE 2021

A marca FSC® é a garantia de que a madeira utilizada na fabricação do papel deste livro provém de florestas que foram gerenciadas de maneira ambientalmente correta, socialmente justa e economicamente viável, além de outras fontes de origem controlada.